定量化学分析

齐美玲　赵郑通　主编

北京理工大学出版社
BEIJING INSTITUTE OF TECHNOLOGY PRESS

内容提要

本书介绍了分析化学的基本概念、定量分析中的误差和数据处理、滴定分析法概论、酸碱滴定法、络合滴定法、氧化还原滴定法、沉淀滴定法、重量分析法和定量分析中的分离方法等内容。本着突出重点、重在实用、便于自学的原则编写，在基础理论和实际应用方面有着较丰富的内容。本书采用法定计量单位，每章后附有思考题、习题及其参考答案。附录列出了定量化学分析中常用数据和常用英文术语，供学习参考。

本书可作为高等院校化学化工类专业及其相关专业分析化学课程的教材或考研复习参考书，亦可供科研或生产单位从事理化分析检验工作人员参考及培训使用。

图书在版编目（CIP）数据

定量化学分析/齐美玲，赵郑通主编. —北京：北京理工大学出版社，2009.3（2012.10重印）

ISBN 978-7-5640-2008-8

Ⅰ. 定…　Ⅱ. ①齐…②赵…　Ⅲ. 定量分析　Ⅳ. O655

中国版本图书馆CIP数据核字（2008）第191133号

出版发行 / 北京理工大学出版社
社　址 / 北京市海淀区中关村南大街5号
邮　编 / 100081
电　话 / (010)68914775(办公室)　68944990(批销中心)　68911084(读者服务部)
网　址 / http://www.bitpress.com.cn
经　销 / 全国各地新华书店
印　刷 / 保定市中画美凯印刷有限公司
开　本 / 787毫米×1092毫米　1/16
印　张 / 15.25
字　数 / 335千字
版　次 / 2009年3月第1版　2012年10月第2次印刷
印　数 / 3001～5000册　　责任校对 / 陈玉梅
定　价 / 30.00元　　责任印制 / 王美丽

前　言

北京理工大学分析化学教研室成立于1952年。长期以来分析化学学科师生在老一辈学者傅若农教授、朱济亚教授、顾峻岭教授等言传身教下，团结协作，在分析化学教学和科研方面积累了丰富的经验。1989年朱济亚教授编写了《分析化学》，此书曾作为我校化工类专业的本科分析化学课程教学用书。在此教材基础上，1997年赵郑通老师结合教学需要，重新编写了《分析化学》，并多年用于我校相关专业的本科教学。

本书是在赵郑通老师编写的《分析化学》一书的基础上，本着突出重点、结合实际、培养能力、便于自学的原则重新编写的。近些年出版的分析化学教材都明显地压缩了定量化学分析的内容，有时读者会有知其然不知所以然的感觉。定量化学分析是从事分析测试工作的必备基础，为了使学生能较好地掌握定量化学分析的基础理论和基本知识，同时培养他们分析问题和解决问题的能力，为其学习后继课程和今后工作打下基础，本书对各章内容都作了较全面、系统的叙述，同时增加了一些新方法和实例，以满足不同专业学生或相关科技工作者的学习或工作需要。

本书由齐美玲组织整理定稿，由傅若农先生审阅。在编写过程中得到了分析化学有关教师的帮助和支持；张慧敏博士阅读了本书各章节，并提出了宝贵建议；林丽亚在本教材的初期录入工作中提供了帮助；本书出版得到了北京理工大学"十一五"教材建设计划经费的支持。编者在此表示衷心的感谢！

本书在编写过程中参考了国内外出版的一些优秀教材和专著，编者在此向有关作者表示由衷的谢意！

由于编者水平有限，书中难免有差错或不妥之处，敬请读者批评指正。

编　者

目　录

第1章　绪　论

第1章 绪 论

1.1 分析化学发展简史

分析化学有悠久的历史。在科学史上，分析化学曾是研究化学的开路先锋，它对元素的发现、原子量的测定、化学基本定律的确立、矿产资源的勘察利用等，都曾做出重要贡献。但是，直至19世纪末，人们还认为分析化学尚无独立的理论体系，只能算是“分析技术”，不算一门科学。

进入20世纪后，分析化学经历了三次大变革。第一次变革在20世纪初到30年代。由于物理化学中溶液理论的发展，结合分析化学的需要，形成了酸碱、络合、沉淀、氧化还原“四大平衡”理论，对分析反应过程中各种平衡的状态、各成分的浓度变化和发生反应的完全程度有较高的预见性，使分析化学由一门技术逐渐发展成为一门科学。第二次变革在40～60年代，在物理学和电子学的推动下，进一步发展了以光谱分析、极谱分析为代表的仪器分析法，同时丰富了这些分析方法自身的理论体系，使分析化学面貌一新。

20世纪70年代末直至现在，分析化学进入第三次变革，以计算机应用为代表的高新技术迅速发展，为分析化学提供了高灵敏度、高选择性、高速化、自动化、智能化等新的手段；同时，材料科学、环境科学、生命科学等综合性科学的发展，又给分析化学提出各种各样的难题，要求在确定物质组成和含量的基础上，提供物质更全面的信息：从常量到微量及微粒分析，从组成到形态分析，从总体到微区表面分布及逐层分析，从宏观组分到微观结构分析，从静态到快速反应追踪分析，从破坏试样到无损分析，从离线到在线、原位、实时分析，等等。分析化学广泛吸取了当代科学技术的最新成就，丰富了本身的内容，并在国民经济的各个领域中越来越多地发挥作用，成为当代富有活力的学科之一。

1.2 分析化学的特点、任务和作用

分析化学是研究物质的组成、含量、结构和形态等化学信息的分析方法及有关理论的科学，是化学学科的一个重要分支。它所要解决的基本问题是：物质中含有哪些组分，这些组分在物质中是如何存在的，以及各个组分的相对含量是多少。显然，要解决这些问题，不仅要研究物质的分析方法，还要研究有关的理论。

分析化学具有以下突出的特点：

（1）突出“量”的概念。分析化学中的数据不再是单纯的数字，如0.1 g、0.10 g、0.100 g和0.100 0 g等在分析化学中具有不同的含义。分析化学中数据的位数、数据的取舍、分析结果的可信程度等都不能由人的主观愿望决定，要学会用分析化学中量的概念来说明和分析问题。

（2）试样分析是一个获取信息、降低系统不确定性的过程。这就要求操作过程必须合理规范、方法适当、获取的信息量大且准确。用单纯一个数字来表示分析结果没有意义，必须

同时给出采用的方法、误差及可信度。

（3）实验性强。只有通过实际操作过程的训练才能掌握正确规范的操作和技能，获得正确的分析结果，才能提高动手能力和分析解决实际问题的能力。

（4）综合性强。随着近年分析化学新技术的不断出现和发展，分析化学与相关学科（如生物、电学、光学、计算科学等）的交叉越来越广泛，这就要求分析化学工作者应具有良好的专业素质和进取精神。

分析化学在国民经济各领域的科学技术等方面应用广泛，人们常把分析化学比喻为生产、科研的“眼睛”，它在实现我国工业、农业、国防和科学技术现代化的进程中发挥着不可或缺的作用。在农业生产方面，土壤成分的测定，化肥、农药及作物生长过程的研究；在工业生产方面，从资源勘探、开发、工业原料选择、工业流程控制、新产品试制、成品检验以至“三废”的处理和利用；在国防、公安方面，如武器装备的生产和研制，案件的侦察破案等，都需要运用分析化学的相关方法和技术。在科学技术的发展和应用方面，分析化学的作用已超出化学领域，在生命科学、材料科学、能源科学、环境科学、医药、物理学、生物学等许多领域，都需要了解或掌握相关物质的组成、含量、结构及其他信息。

1.3　分析方法的分类

根据分析任务（目的）、分析对象、测定原理、试样用量、被测组分含量或分析方法所起的作用不同，可将分析方法进行以下分类。

1. 根据分析任务分类

根据分析任务，分析方法可以分为定性分析、定量分析、结构分析和形态分析等。

定性分析（qualitative analysis）的任务是鉴定试样由哪些元素、离子、基团或化合物组成；定量分析（quantitative analysis）的任务是测定试样中某一或某些组分的含量，有时是测定所有组分，即全分析；结构分析的任务是研究物质的分子结构或晶体结构；形态分析是研究物质的价态、晶态、结合态等性质。

在试样的成分已知时，可以直接进行定量分析。否则需先进行定性分析，确定试样成分后再进行定量分析。对于新发现的化合物，需首先进行结构分析，以确定分子结构。

2. 根据分析对象分类

根据分析对象，分析方法可以分为无机分析和有机分析。

无机分析的对象是无机物，由于组成无机物的元素多种多样，因此在无机分析中要求鉴定试样是由哪些元素、离子、原子团或化合物组成，以及各组分的相对含量。无机分析又可分为无机定性分析和无机定量分析。

有机分析的对象是有机物，虽然组成有机物的元素种类并不多，主要是碳、氢、氧、氮、硫及卤素等，但有机物的化学结构却很复杂，化合物的种类有数百万之多，因此，不仅需要元素分析，更重要的是要进行官能团分析及结构分析。有机分析也可分为有机定性分析和有机定量分析。

按照被分析的对象或者试样，还可将分析方法进一步分类。例如分析对象为食物则称为食品分析，还有水分析、岩石分析、钢铁分析等。此外，根据研究的领域，还可将分析方法分类为药物分析、环境分析和临床分析等。

3. 根据分析方法的测定原理分类

根据分析分析方法的测定原理，分析方法可以分为化学分析和仪器分析。

化学分析（chemical analysis）是以物质的化学反应为基础的分析方法。化学分析法，又称为经典分析法，其历史悠久，是分析化学的基础。根据分析化学的任务，化学分析又分为定性化学分析和定量化学分析。通过分析化学反应的现象和特征鉴定物质的化学成分的方法，称为定性化学分析。依据化学反应的计量关系准确测定试样中被测组分含量的过程，称为定量化学分析。定量化学分析又分为重量分析（gravimetric analysis）与滴定分析（titrimetric analysis）或容量分析（volumetric analysis）。化学分析法所用仪器简单，结果准确，因而应用范围广泛，但也有一定的局限性，一般只适用于常量组分和半微量组分的分析，灵敏度较低。

仪器分析（instrumental analysis）是使用专门仪器、以物质的物理或物理化学性质为基础的分析方法。根据物质的某种物理性质，如相对密度、相变温度、折射率、旋光度及光谱特征等，不经化学反应，直接进行定性、定量、结构和形态分析的方法，称为物理分析法，如光谱分析法等。根据物质在化学变化中的某种物理性质，进行定性分析或定量分析的方法称为物理化学分析法，如电位分析法等。仪器分析法具有灵敏、快速、准确的特点，发展很快，应用很广。主要包括电化学分析法、光学分析法、质谱分析法、色谱分析法、放射化学分析法等。

尽管仪器分析方法近年来应用越来越广泛，但化学分析尤其是定量化学分析仍以其操作简单、准确度高的特点而具有不可替代的作用，是分析化学的重要组成部分。

4. 根据试样用量分类

根据试样用量，分析方法可以分为常量分析、半微量分析、微量分析和超微量分析等。根据试样用量的分类方法见表 1-1。无机定性分析一般为半微量分析；化学定量分析一般为常量分析；进行微量分析及超微量分析时，常常需要采用仪器分析方法。

表 1-1 根据试样用量的分析方法的分类

分析方法	试样质量/mg	试液体积/mL
常量分析法	>100	>10
半微量分析法	10～100	10～1
微量分析法	0.1～10	1～0.01
超微量分析法	<0.1	<0.01

5. 根据试样中被测组分的含量分类

根据试样中被测组分的含量，分析方法可以分为常量组分分析、微量组分分析和痕量组分分析等。

可将试样的组分粗略地分为常量组分（质量分数 >1%）、微量组分（质量分数为 0.01%～1%）及痕量组分（质量分数<0.01%）。这些组分的分析分别称为常量组分分析、微量组分分析和痕量组分分析。要注意这种分类法与试样用量分类法不同，两种概念不要混淆。例如，痕量成分的测定有时取样千克以上。

6. 根据分析方法所起的作用分类

根据分析方法所起的作用，分析方法可以分为例行分析和仲裁分析。

例行分析是指一般实验室在日常生产或工作中的分析，又称为常规分析。例如，工厂质量检验室的日常分析工作即是例行分析。仲裁分析是指不同单位对分析结果有争议时，要求某仲裁单位（如一定级别的检验所、法定检验部门等）用法定方法进行裁判的分析。

1.4 定量化学分析的一般步骤

定量化学分析（以下简称定量分析）中的试样是多种多样的，对分析的要求（如准确度、分析项目、完成速度等）也各不相同。但是，一般的定量分析大致包括取样、试样的制备、分析测定及分析结果的数据处理和表达等几个环节。

1. 取样

定量分析的试样种类有固体、液体和气体；均匀试样、不均匀试样；等等。试样的采集和制备是指先从大批物料中采取最初试样（原始试样），然后再制备成供分析用的最终试样（分析试样）。分析试样要能反映原始试样的真实性，能代表原始试样的组成，即分析试样应具有高度的代表性，否则分析结果再准确也是毫无意义的。有时由于提供了没有代表性的试样，给实际工作带来难以估计的后果。因此，在进行分析前，首先要保证所取试样具有代表性。

对组成较为均匀的金属、水样、液态和气态物质等取样比较简单；对组成不均匀的物料，如矿石、煤炭、土壤等，需按照相关要求进行取样。一般情况下，应由有经验的工作人员取样和制备分析试样。在实验课中的分析试样，都是已制备好的，学生很少遇到取样和制样这个问题，但是必须知道取样和制样的重要性以及如何才能得到具有代表性的试样。不同类型的分析对象（固体、液体、气体等）的取样方法各有不同，对于具体分析对象应以各行业标准为准。下面分别简单介绍固体、液体、气体试样等的一般取样方法。

对于固体试样取样，为了取得能代表固体物料总体平均组成的样本，必须解决三个问题：确定取样单元、取样量和取样方法。

（1）取样单元。根据物料的性状确定取样单元。有的物料是不均匀的固体，如植物、生物组织或其他含有组成不同的块或颗粒等。有的物料是组成基本一致的均匀物料，如成批的化工原料、化学试剂等。前者可把运输过程中的自然单元如每卡车（车皮、船）或每捆、每包物料作为取样单元；后者可根据具体情况，以每一个批号的产品或同一批号产品中各个大包装看做取样单元。

（2）取样量。确定取样量首先要确定大批物料中选取多少取样单元（或称取样点），取样单元数可以依据相关公式计算获得。

（3）取样方法。对于组成分布比较均匀的物料，各取样单元基本一致，可用随机取样法取样。所谓随机取样，就是使总体物料的每一部分都有相等的被取样的机会。对于组分不均匀的物料，要采用分层取样法，即将取样过程分成几个层次，首先在各取样单元之间选取，而后再按随机取样法在各单元内取样。

对不均匀的固体物料，按前述方法取样后，其总量总是比较多，组成也不均匀，因此在取样过程中还必须经过适当处理，使之数量缩减为组成均匀、颗粒细小、能代表整批物料的分析试样。试样的处理包括粉碎、过筛、混合和缩分等步骤。

为减少试样量，常采用缩分法（四分法）处理，如图 1-1 所示。将样品放在钢板或光面纸上混合混匀，先堆成锥形然后稍压平成圆盘状，通过中心将样品四等分，弃去两个对角部分，把剩余的两份再粉碎，继续用四分法缩分，直至符合分析要求为止。分析试样应贮存在具有磨口玻璃塞的广口瓶中，贴好标签，注明试样的名称、来源和采样日期等。

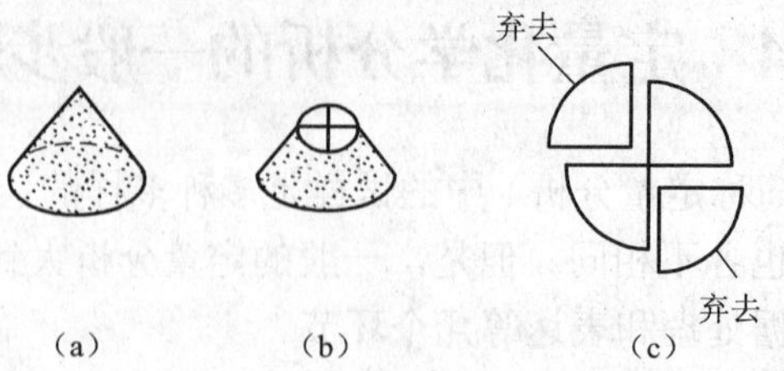

图 1-1　四分法

(a) 堆成锥形；(b) 稍压平并通过中心分四等份；(c) 弃去相对的两份

对于液态样品，如装在大容器里的液体物料，只需在储器的不同深度取样后混合均匀，即可作为分析试样。对于分装在小容器里的液体物料，应从每个容器里取样，然后混匀作为分析试样。

采集水样时，应根据具体情况采取不同的方法。当采集水管中水样时，取样前需将水龙头先放水 10～15 min，然后再用干净的试剂瓶收集水样至满瓶即可。当采集江、河、池、湖中的水样时，首先要根据分析目的及水系的具体情况选择好采样地点，用采样器在不同深度各取几份水样，混合均匀后作为分析试样。

对于气体试样的采取，亦需根据具体情况采用相应的办法。例如对大气污染物的测定，采取大气样品通常选择距地面 50～180 cm 高度处采样，使与人呼吸的空气相同；对于烟道气、废气中某些污染物的分析，可将气体样品采入空瓶或大型注射器中。

需注意的是，在采取液体或气体试样时，必须先将容器及通路洗净，再用要采取的液体或气体清洗数次，然后取样，以免混入杂质。

2. 试样的制备

试样制备的目的是使试样适合于选定的分析方法，消除可能的干扰。根据试样的性质，试样制备可能包括干燥、粉碎、研磨、溶解、滤过、提取、分离和富集（浓缩）等步骤。此外，应该进行空白试验或回收试验等来确定试样制备过程中可能带来的误差。

在试样粉碎过程中，应注意避免混入杂质，过筛时不能弃去未通过筛孔的粗颗粒试样，而应磨细后使其通过筛孔，也就是说，过筛时全部试样都要通过筛孔，以保证所得试样能代表整个物料的平均组成。

3. 分析测定

一个分析试样的分析结果都是由“测定”来完成的。试样测定前必须对所用仪器（或测量系统）进行校正。实际上，实验室使用的计量器具和仪器都必须定时经过权威机构或法定方法的校验。所使用的具体分析方法必须经过认证（validation），以确保分析结果的准确性。定量分析方法的认证包括准确度、精密度、检出限、定量限、线性范围和耐用性等项目。

4. 分析结果的数据处理和表达

分析结果不只是列出测定数据，还必须包括平均值、标准偏差（或相对标准偏差）、测量次数和置信区间等（详见第二章）。最后，还要将分析结果写成书面报告并给出结论。

分析过程大致归纳为上述四个环节，在具体样品的分析测定中应根据实际情况综合考虑。

1.5　本课程的基本任务和要求

分析化学是高等学校化学、化工类专业以及相关专业的一门基础课，在课程基本理论、专业技术、基本实验操作技能、数据分析处理及创新意识和能力培养等各方面，都发挥着其他学科所无法取代的作用。

本课程的基本任务和要求是：

① 树立明确的“量”的概念；

② 掌握各种定量化学分析方法、原理及应用；

③ 掌握各种定量分析方法的有关计算，初步具备应用数理统计方法对测定结果进行评价的能力；

④ 掌握分析化学的基本实验技能，培养严格、认真、实事求是的工作作风和科技工作者应有的基本素养；

⑤ 培养观察、分析问题和解决问题的能力，为学习后继课程和今后从事科研实践等打下良好的基础；

⑥ 初步具备查阅文献资料、选择分析方法、拟定实验步骤的能力。

思　考　题

1. 分析化学的作用、任务和特点主要有哪些？
2. 分析方法是如何分类的？
3. 定量分析过程一般包括哪些步骤？
4. 本课程的基本任务和要求有哪些？

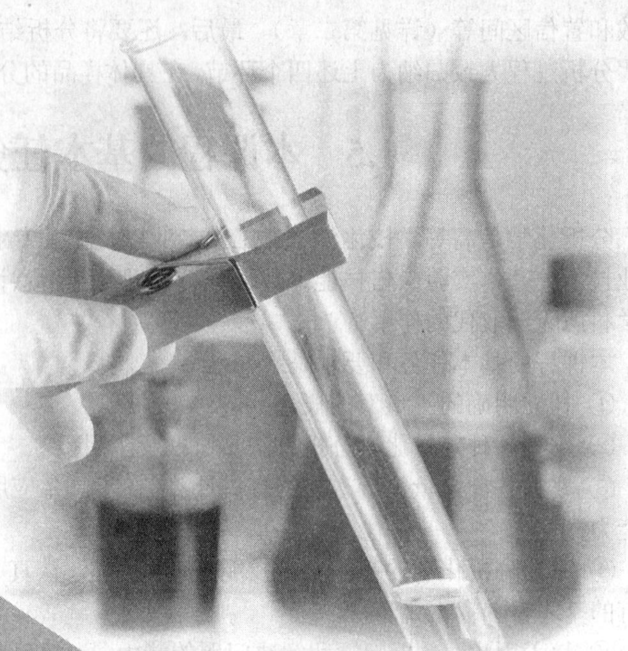

第 2 章　定量分析中的误差和数据处理

内 容 提 要

本书介绍了分析化学的基本概念、定量分析中的误差和数据处理、滴定分析法概论、酸碱滴定法、络合滴定法、氧化还原滴定法、沉淀滴定法、重量分析法和定量分析中的分离方法等内容。本着突出重点、重在实用、便于自学的原则编写，在基础理论和实际应用方面有着较丰富的内容。本书采用法定计量单位，每章后附有思考题、习题及其参考答案。附录列出了定量化学分析中常用数据和常用英文术语，供学习参考。

本书可作为高等院校化学化工类专业及其相关专业分析化学课程的教材或考研复习参考书，亦可供科研或生产单位从事理化分析检验工作人员参考及培训使用。

图书在版编目（CIP）数据

定量化学分析/齐美玲，赵郑通主编. —北京：北京理工大学出版社，2009.3（2012.10 重印）

ISBN 978－7－5640－2008－8

Ⅰ. 定…　Ⅱ. ①齐…②赵…　Ⅲ. 定量分析　Ⅳ. O655

中国版本图书馆 CIP 数据核字（2008）第 191133 号

出版发行／北京理工大学出版社

社　　址／北京市海淀区中关村南大街 5 号

邮　　编／100081

电　　话／(010)68914775(办公室)　68944990(批销中心)　68911084(读者服务部)

网　　址／http：// www. bitpress. com. cn

经　　销／全国各地新华书店

印　　刷／保定市中画美凯印刷有限公司

开　　本／787 毫米×1092 毫米　1/16

印　　张／15. 25

字　　数／335 千字

版　　次／2009 年 3 月第 1 版　　2012 年 10 月第 2 次印刷

印　　数／3001～5000 册　　责任校对／陈玉梅

定　　价／30. 00 元　　责任印制／王美丽

第1章 绪 论

第 2 章　定量分析中的误差和数据处理

定量分析的任务是准确测定试样中各组分的含量，不准确或不确定的分析结果将导致生产上的损失、资源的浪费和科学上的错误结论。

无论采用哪种分析方法，由于受分析方法本身、分析所用的仪器、试剂和分析工作者等主、客观条件的限制，测定结果不可能与真实含量完全一致。即使采用最可靠的分析方法、最精密的仪器，由最熟练的分析人员在相同的条件下对同一试样进行多次重复测定（称为平行测定），其结果也不可能完全一致，而总是在一定的范围内波动。分析过程中的误差是客观存在，不可避免的。因此，分析工作者不仅要对试样中的待测组分进行测定，还要对所得的测试数据进行正确、合理的取舍，以保证原始测定数据的可靠性，同时还应对测定结果的准确性、可靠性作出评价。若发现问题应及时查出产生误差的原因，并采取相应措施减少误差，提高测定结果的准确性和可靠性。

2.1　分析测试中的误差和偏差

一、误差与准确度

分析结果的准确度（accuracy）是指测定值 x 与真实 μ 的接近程度，两者的差值越小，则分析结果准确度越高，准确度的高低用误差来衡量。误差可分为绝对误差和相对误差两种。

1. 绝对误差（E）

测定值（x）与真值（真实值）（μ）之差称为绝对误差（E）。绝对误差 E 为

$$E = x - \mu \tag{2-1}$$

绝对误差以测定值的单位为单位，误差可正可负。正误差表示测定值大于真值，负误差表示测定值小于真值。误差的绝对值越小，测量值越接近于真值，测量的准确度就越高。

2. 相对误差（RE）

绝对误差 E 与真值 μ 的比值称为相对误差。相对误差反映了误差在测定结果中所占的比例，它同样可正可负，但没有单位。相对误差的计算式为

$$RE = \frac{E}{\mu} \times 100\% \tag{2-2}$$

例如：分析天平称量两份试样的质量分别为 1.638 0 g 和 0.163 7 g，真实质量分别为 1.638 1 g 和 0.163 8 g，则两份样品称量的绝对误差分别为

$$E_1 = 1.638\,0 - 1.638\,1 = -0.000\,1\text{（g）}$$

$$E_2 = 0.163\,7 - 0.163\,8 = -0.000\,1\text{（g）}$$

两份样品称量的相对误差分别为

$$RE_1 = \frac{-0.0001}{1.6381} \times 100\% = -0.006\%$$

$$RE_2 = \frac{-0.0001}{0.1638} \times 100\% = -0.06\%$$

由此可见，绝对误差相等，相对误差并不一定相同。上例中第一个称量结果的相对误差为第二个称量结果相对误差的 1/10，也就是说，同样的绝对误差，当被测定的量较大时，相对误差就比较小，测定准确度也就比较高。因此，用相对误差来表示各种情况下测定结果的准确度更为确切。绝对误差和相对误差都有正值和负值。正值表示分析结果偏高，负值表示分析结果偏低。

任何一个量的真值 μ 是客观存在的，但 μ 往往是未知的，这样有时就难以用 E 和 RE 来评价测定的准确度。因此，人们常利用标准方法或可靠的分析方法，甚至是多种方法结合起来，对试样进行反复多次的测定，以得到尽可能准确的分析结果，其所得的值称为“标准值”。标准值虽然仍具有一定的误差，但要比用一般方法测得结果的误差小得多，可相对视为真值，实验工作中常用标准值代替真值来检查一些分析方法的准确度。

二、偏差与精密度

在实际的分析工作中，对某试样的分析测定，通常要在相同的条件下进行多次平行测定，然后取它们的平均值作为分析结果。

平行测定的各测定值（实验值）之间互相接近的程度，称为精密度（precision）。各测量值间越接近，精密度就越高；反之，则精密度越低。精密度可用偏差、相对平均偏差、标准偏差、相对标准偏差等表示，计算方法详见本章 2.3 分析结果的数据处理。

三、准确度与精密度的关系

如前所述，准确度是测定结果与真实值接近的程度；精密度是平行测定值之间相符合的程度。那么，准确度和精密度之间有什么关系？分析测定中需要的是怎样的分析结果呢？我们用下面的例子来说明。

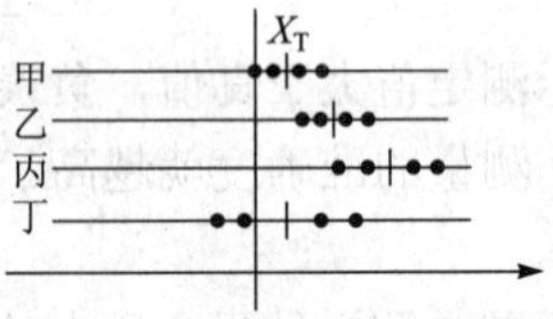

图 2-1　不同工作者分析同一试样的结果

（● 表示个别测定；| 表示平均值）

图 2-1 表示甲、乙、丙、丁四人对同一试样进行分析测定的结果。由图可见，甲所得结果的准确度和精密度都比较好，结果可靠；乙的精密度虽然很好，但准确度不高；丙的准确度和精密度都不好；丁的几个数据彼此相差甚远，平均值和真值虽然比较接近，这仅仅是由于大的正负误差相互抵消使得测定结果与真值凑巧接近而得，因而结果不可靠。

由上分析可得：① 精密度好，不一定准确度高。即精密的分析结果不一定是准确的。② 准确度高，一定需要精密度好。精密度差，说明所得分析结果不可靠，这就失去了衡量准确度的前提。因此，精密度是保证准确度的先决条件。准确度与精密度的关系也可形象地用图 2-2（见封三）表示。

总之，分析结果的准确度是表示分析结果的正确性，分析结果的精密度是表示分析结果的重复性（再现性）。对于一个理想的分析结果，我们既要求精密度好，又要求准确度高。而在实际的分析工作中，首先要求有良好的精密度。因为只有精密度好的测定，才有可能得到准确的结果。有时即使准确度不太高，如果能找到产生误差的原因，减小或消除误差，或对误差加以校正，则可能得到比较准确的结果。所以，好的精密度是获得准确结果的前提和保证。

2.2　误差的分类及其产生的原因

在定量分析中，通常根据误差产生的原因和性质将误差分为两大类：系统误差（可测误差）和偶然误差（随机误差）。误差性质、产生原因和减免方法见表 2-1。

表 2-1　测量误差性质、产生原因及其减免方法

项目	系　统　误　差	偶　然　误　差
性质	在测定过程中，重复测定时系统误差会重复出现，其大小、正负都不变。对测定结果的影响较为恒定	是由测量过程中多种因素的随机变动引起的。多次重复测定时，其大小、正负随机变化，它出现的概率呈正态分布：正负偏差出现的几率大致相同，大偏差出现的次数少，小偏差出现的次数多
产生原因	由测定过程中的固定因素引起，如： ① 方法有缺陷——如重量分析中沉淀的溶解度不够小；滴定分析中反应进行得不够完全；滴定终点与理论终点不一致等 ② 仪器未校准——如天平砝码、玻璃量器等未校准 ③ 试剂纯度不够——如水中有干扰杂质、试剂纯度不够，或试剂吸水、失水、吸附二氧化碳等 ④ 操作者个人恒定误差——如滴定管读数时恒定偏差；滴定终点时对指示剂色度的观察偏差	由测定过程中多种因素的随机波动引起，如： 环境温度、湿度、压力的波动； 电源不稳、电压波动； 仪器噪声、本底波动； 操作者判断波动
减免方法	① 采用标准方法检验原分析方法，确定方法误差并加以校正 ② 校准仪器，采用校正值 ③ 做空白、对照试验，检验试剂纯度 ④ 严格训练，提高操作水平	对同一试样，进行多次平行测定并对结果进行统计处理。在对系统误差校正后，可得近于真值的平均结果，并给出置信度和置信区间 常规分析中测量次数有限，一般以平均值报告结果

一、系统误差

系统误差是由测定过程中某些固定的因素造成的，对测定结果的影响比较恒定，在同样条件下进行多次测定时会重复出现，且大小、正负比较恒定。也就是说，系统误差具有重复性和单向性两个特征。系统误差的大小和正负是可以测定的，所以又称可测误差。系统误差的产生主要有以下几个原因。

1. 方法误差

这种误差是由分析方法本身造成的。例如，重量分析中沉淀的溶解，使沉淀物在沉淀的形成、洗涤过程中有一定的损失，给分析结果带来负误差；共沉淀现象引入杂质以及称量时沉淀吸潮会引起正误差。滴定分析中反应进行不完全，滴定终点和化学计量点不相符合及副反应的发生等都会引起系统误差。

2. 仪器和试剂引入的误差

这种误差是由仪器等未校准、不准确或试剂含有杂质等引起的。例如，天平臂长不等；砝码的真实质量与其名义质量不符；容量仪器刻度不准确；所用试剂和蒸馏水中含有干扰杂质等都会带来误差。

3. 操作误差

这种误差是由于操作人员主观的原因或习惯造成的。例如，对滴定终点颜色辨别的不同，有人偏深，有人偏浅；对滴定管的读数偏高或偏低等。

虽然系统误差可能随外界条件变化而变化，例如重量分析中沉淀灼烧后易吸水，称量误差不仅随沉淀重量增加而增加，还与称量的时间、空气的温度和湿度有关，但在一定条件下它比较恒定、可以测定，因而可以进行校正。系统误差只影响分析结果的准确度。

二、偶然误差

偶然误差亦称随机误差，是由某些难以控制的偶然原因引起的。例如，测定条件（环境温度、湿度和气压等）的瞬时、微小波动；仪器性能的微小变化；分析人员操作的微小差异等。由于它是由某些偶然的原因引起，其大小及正负难以预测，所以又称为不定误差。正因为这类误差的随机性，当对某试样进行多次平行测定时，即使在消除系统误差的影响之后，所得结果亦不可能完全一致。偶然误差影响分析结果的精密度，即影响相同条件下多次平行测定结果彼此符合的程度。随机误差难以觉察，也难以控制，所以难以避免，且不能进行校正。偶然误差不能完全消除，但通过多次平行测定、取平均值的方法可以减少偶然误差对测量结果的影响。

从表面上看，偶然误差似乎没有什么规律性，但事实上偶然性中包含着必然性，经过大量的实践发现，当测定的次数很多时，偶然误差遵从正态分布（又称 Gauss 分布）的规律。

1. 偶然误差的正态分布

偶然误差是由于客观存在的大量偶然因素的影响而产生的。正是由于大量的微弱的偶然因素的综合作用，使得偶然误差随机出现，大小不等，有正有负。当消除了系统误差且平行次数足够多时，偶然误差的大小呈正态分布。

正态分布的规律如下：

（1）绝对值相等的正误差和负误差出现的概率相同，因而大量等精度测量中各个误差的代数和有趋于零的趋势；

（2）绝对值小的误差出现的概率大，绝对值大的误差出现的概率小，绝对值很大的误差出现的概率非常小，亦即误差有一定的实际极限。

在统计学中，将随机变量 x 取值的全体称为总体，从总体中随机抽取一组测量值 x_1，x_2，…，x_n 称为样本。μ 称为正态分布的总体平均值，在消除了系统误差的条件下就是真值。它表示样本值的集中趋势。σ 是正态分布的总体标准偏差，它表示样本的离散程度。因此，正态分布函数可以用两个基本参数来表示，记为 $N(\mu,\sigma^2)$ 正态分布函数，即

$$y = f(x) = \frac{1}{\sigma\sqrt{2\pi}} e^{-\frac{1}{2}\left(\frac{x-\mu}{\sigma}\right)^2} \qquad (2\text{-}3)$$

y 为测量值出现的频率（概率密度），正态分布曲线与横坐标所夹的总面积代表所有测量

值出现的概率总和，其值为 1。在某一范围（x_1-x_2）内测量值出现的概率以阴影部分面积/总面积表示（见图 2-3 曲线 2）。σ 越小，数据分布越集中，测量的精密度越好。

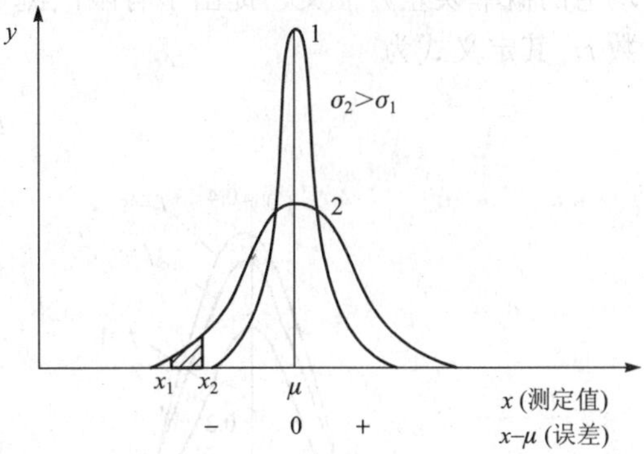

图 2-3　测量值或误差的正态分布曲线

为了便于研究，可以通过参数代换将真值为μ和标准偏差为σ的正态分布转化成标准正态分布。数学上将 $\mu=0$、$\sigma=1$ 的正态分布称为标准正态分布，记为 $N(0，1)$。令

$$u=\frac{x-\mu}{\sigma} \tag{2-4}$$

则式（2-3）又可写成

$$y=\phi(u)=\frac{1}{\sqrt{2\pi}}\mathrm{e}^{-u^2/2} \tag{2-5}$$

式（2-4）中，u 是以标准偏差作为单位的误差值，称为标准正态变量。式（2-5）即为标准正态分布函数式。图 2-4 为标准正态分布曲线。正态分布曲线与横轴间所包围的总面积，就是正态分布函数在（$-\infty$，$+\infty$）区间的积分值。它代表各种大小的误差出现概率的总和，其值等于 1。研究误差正态分布的目的是求出误差在某区域内出现的概率是多少，即对区间［u_1，u_2］积分求面积：

$$\int_{u_1}^{u_2} y\mathrm{d}u=\frac{1}{\sqrt{2\pi}}\int_{u_1}^{u_2}\mathrm{e}^{-u^2/2}\mathrm{d}u \tag{2-6}$$

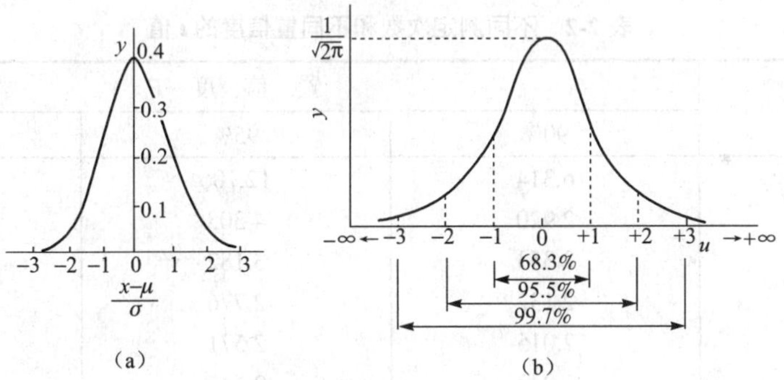

图 2-4　标准正态分布曲线

（a）标准正态分布曲线；（b）概率计算示意图

根据式（2-6）可以计算出，分析结果落在$\mu\pm\sigma$的概率为 68.3%；落在$\mu\pm2\sigma$的概率为 95.5%；落在 $\mu\pm3\sigma$的概率为 99.7%。误差超过$\pm3\sigma$的分析结果出现的概率为 0.3%。一般认为偶然误差出现的范围是$[-3\sigma，+3\sigma]$，因为绝对值超过 3σ的大误差出现的概率不到 0.3%，所以可以认为实际上出现的可能性很小。

2. 有限次测量数据的误差分布——*t* 分布

正态分布是建立在无限次测定的基础上的，而实际上测定只可能进行有限次，而且通常只是少量几次。显然有限次测定数据的误差分布规律不可能完全服从正态分布。英国统计学家、化学家戈塞特（W.S.Gosset）对标准正态分布进行了修正，并以 Student 为笔名发表了《平

均值的概率误差》一文，提出了有限次测定数据的误差分布规律——t 分布。t 分布引入了参数 t，其定义式为

$$t=\frac{x-\mu}{s} \tag{2-7}$$

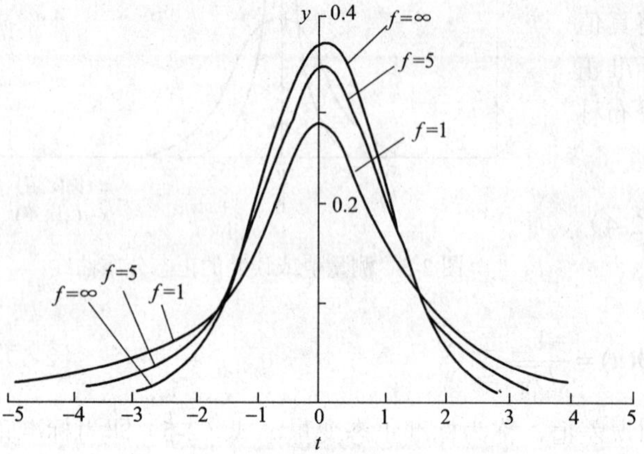

图 2-5　t 分布曲线

可见 t 与标准正态分布中参数 u 的区别仅在于用有限次测定的标准偏差 s 代替了总体标准偏差 σ。t 分布曲线如图 2-5 所示。由图可见，t 分布曲线形状与自由度 f 有关。随 f 减小，t 分布曲线变得既低又宽；随 f 增大，t 分布曲线变得既高又窄。当 $f>20$ 时，两者很接近。当 $f=\infty$ 时，t 分布曲线与标准正态分布曲线完全重合。因此，可以把标准正态分布看成 t 分布的极限状态。因为自由度 f 与测定次数 n 有关（$f=n-1$），所以 f 对 t 分布的影响实质上也就是测定次数 n 对 t 分布的影响。

t 分布的积分表见表 2-2。t 值表是将积分值（即概率）固定，而列出了相应的 t 值，所以又称 t 值表。其目的是使应用更为方便。另外，表中每一个 t 值所对应的概率都是双侧值，即直线 $t=-t_{表}$ 与 $t=t_{表}$ 之间所夹曲线下的面积。

表 2-2　不同测定次数和不同置信度的 t 值

测定次数	置信度 P		
	90%	95%	99%
2	6.314	12.706	63.657
3	2.920	4.303	9.925
4	2.353	3.182	5.841
5	2.132	2.776	4.604
6	2.015	2.571	4.032
7	1.943	2.447	3.707
8	1.895	2.365	3.500
9	1.860	2.306	3.355
10	1.833	2.262	3.250
11	1.812	2.228	3.169
21	1.725	2.086	2.846
∞	1.645	1.960	2.576

除了系统误差和偶然误差外，在分析中还会遇到由于过失或差错造成的“过失误差”。例如，加错试剂、试液溅失、读错刻度、记录错误等，这些都属于不应有的过失，只要加强责任感，工作中认真细致、一丝不苟、严格遵守操作规程，过失是完全可以避免的。一旦出现很大的误差，经分析确定是由于过失引起的，则在计算平均值时应舍弃。

2.3　分析结果的数据处理

偶然误差的分布规律是数据处理的理论基础。但它是对无限多次测定而言的，也就是对我们所考查对象的全体即总体而言的。而实际工作中只能是有限次的测定，它是从总体中随机抽出的一部分，我们称它为样本。样本中所含测定值的数目，称为样本的容量，用 n 表示。数据处理的任务是以统计的方法处理这有限次测定数据，使其能合理地推断总体的特性，即对总体的情况做出科学判断。

在无限次测定中，总体平均值 μ 是数据集中的趋势，总体的标准偏差 σ 是数据离散程度的表征。但在有限次的测定中，μ 和 σ 都是未知的，下面将讨论如何通过有限次测定结果对 μ 和 σ 进行估计。

一、数据集中趋势的表示方法——对 μ 的估计

1. 平均值 $\bar{x}$

$$\bar{x}=\frac{x_1+x_2+\cdots+x_n}{n}=\frac{1}{n}\sum_{i=1}^{n}x_i$$

平均值 $\bar{x}$ 是总体平均值 μ 的最佳估计值。对有限次测定，其测定值向 $\bar{x}$ 集中，当 $n\to\infty$，$\bar{x}\to\mu$，即 $\lim\bar{x}=\mu$。

2. 中位数 M

将一组测定值按大小顺序排列，M 为位于中间的数值。当 n 为奇数时，正中间只有一个测定值，此即为中位数；当 n 为偶数时，正中间有两个测定值，中位数是这两个数的平均值。中位数的优点是计算方法简单，不受离群值大小的影响，但用它表示数据的集中趋势不如平均值好。通常只有当平行测定次数较少而又有离群较远的可疑值时，才用中位数代表分析结果。

二、数据分散程度的表示方法——对 σ 的估计

1. 极差 R 和相对极差 R_r

极差指一组平行测定数据中最大者（x_{max}）和最小者（x_{min}）之差。

$$R=x_{max}-x_{min}$$

极差计算简单，但缺点是只利用了测定数据中的最大值和最小值，而其他各个测定数据所提供的信息没有充分利用，因而不能很好地反映测定的实际情况。所以一般不用极差来表示数据的精密度。

极差在平均值中所占的比例，称为相对极差 R_r。

$$R_r=\frac{R}{\bar{x}}\times100\%$$

2. 平均偏差 $\bar{d}$ 和相对平均偏差 $\bar{d}_r$

$\bar{d}$ 是各次测定值对平均值的偏差的绝对值和的平均。计算平均偏差 $\bar{d}$ 时，应先计算出各次测定值对平均值的偏差

$$d_i=x_i-\bar{x}$$

然后计算平均偏差

$$\bar{d}=\frac{1}{n}\sum_{i=1}^{n}|d_i|=\frac{1}{n}\sum_{i=1}^{n}|x_i-\bar{x}| \tag{2-8}$$

平均偏差在平均值中所占的比例，称为相对平均偏差。

$$\bar{d}_r=\frac{\bar{d}}{\bar{x}}\times 100\% \tag{2-9}$$

3. 标准偏差 *s* 和相对标准偏差 *RSD*

标准偏差（s）是各次测定偏差的平方和，除以自由度再开方。数学表达式为

$$s=\sqrt{\frac{\sum_{i=1}^{n}(x_i-\bar{x})^2}{n-1}} \tag{2-10}$$

式中，n–1 称为自由度，它表示计算一组数据分散程度的独立的偏差数，其值比测定次数少 1。如果只做一次测定，就无分散程度可言，自由度（独立的偏差数）为零，表示不可能计算测定值的分散度。如果进行两次测定，尽管有两个偏差，但因偏差的代数和为零，独立的偏差只有 1 个，即自由度为 1。

标准偏差在平均值中所占的比例，称为相对标准偏差 *RSD*。

$$RSD=\frac{s}{\bar{x}}\times 100\% \tag{2-11}$$

例 2-1 现有甲、乙两组偏差数据，试计算各组测定的平均偏差、标准偏差。

甲：−0.1，0.3，−0.2，0.3，−0.3

乙：0，−0.4，0.5，0.1，−0.2

解：

$$\bar{d}_{甲}=\frac{1}{n}\sum_{i=1}^{n}|d_i|=\frac{0.1+0.3+0.2+0.3+0.3}{5}=0.24$$

$$\bar{d}_{乙}=\frac{1}{n}\sum_{i=1}^{n}|d_i|=\frac{0+0.4+0.5+0.1+0.2}{5}=0.24$$

$$s_{甲}=\sqrt{\frac{\sum d_i^2}{n-1}}=\sqrt{\frac{0.1^2+0.3^2+0.2^2+0.3^2+0.3^2}{5-1}}=0.28$$

$$s_{乙}=\sqrt{\frac{\sum d_i^2}{n-1}}=\sqrt{\frac{0+0.4^2+0.5^2+0.1^2+0.2^2}{5-1}}=0.34$$

由例 2-1 可见，甲、乙两组数据的平均偏差相等，但可以明显看出，乙组数据比较分散，其中有两个较大的偏差。所以用平均偏差反映不出这样两组数据的精密度。用统计的方法来处理有限次测定结果的数据时，广泛采用标准偏差来表示数据的精密度。

$s_{甲}<s_{乙}$，说明甲组数据的精密度比乙组数据的精密度好。这是因为计算标准偏差是将各个测定值的偏差平方，这样较大的偏差能更显著地反映出来。因此，标准偏差比平均偏差更能灵敏地反映出较大偏差的存在，它又比极差更充分地利用了全部测定值所提供信息。标准偏差在表示数据的精密度（即分散程度）上，是一种比较理想的方法，实际中应用最多。

4. 平均值的标准偏差

若将同一试样分为 m 组、每组进行 n 次平行测定（n 次测定的标准偏差为 s），得到 m 个

平均值$\bar{x}_1$，$\bar{x}_2$，…，$\bar{x}_m$，由于偶然误差的存在，每组的平均值不可能完全一致。这些平均值的波动情况也遵从正态分布。将 *m* 个平均值重新作为一组数据，则它们的精密度可以用平均值的标准偏差 $s_{\bar{x}}$ 来表示。显然，与上述任一单组相比，这些平均值的波动性更小，即平均值的精密度比单次测定值的精密度更高。统计学已证明平均值的标准偏差 $s_{\bar{x}}$ 与单次测定值的标准偏差 *s* 的关系为

$$s_{\bar{x}} = \frac{s}{\sqrt{n}} \tag{2-12}$$

即平均值的标准偏差与测定次数 *n* 的平方根成反比，增加测定次数，$s_{\bar{x}}$ 减小。图 2-6 表示 $s_{\bar{x}}/s$ 与测定次数 *n* 的关系。从曲线可以看出，当 $n<5$ 时，$s_{\bar{x}}/s$ 随 *n* 增加减小很快；当 $n>5$ 时，$s_{\bar{x}}/s$ 减小较慢，变化不大。在实际工作中，一般平行测定 5 次即可。过多地增加测定次数对提高测定结果的精密度成效甚微，浪费时间和劳力。一般应根据分析的要求，确定平行测定的次数。对于物理常数、原子量、标准试样的分析测定次数比较多，一般的分析平行测定 3～5 次就可以满足分析要求。

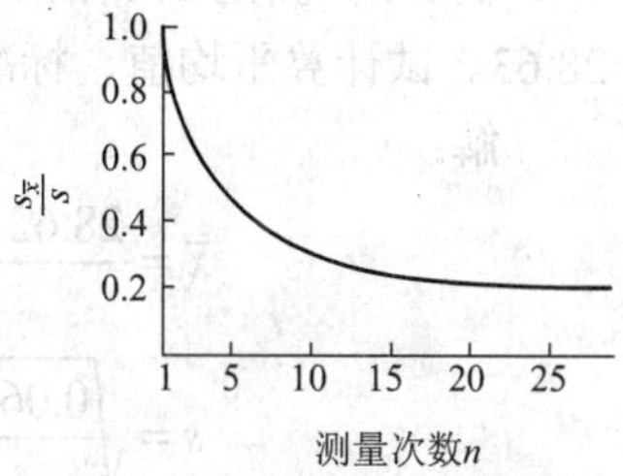

图 2-6　平均值的标准偏差与测定次数的关系

5. 分析结果的报告

多次重复测定得到一系列测定值 x_1，x_2，…，x_n，它们的平均值 $\bar{x}$ 是总体平均值 μ 的最佳估计值，它反映了数据的集中趋势；标准偏差 *s* 表示各测定值对 $\bar{x}$ 的偏离，实际测定中用 *s* 作σ的估计值，用 $s_{\bar{x}}$ 作 $\sigma_{\bar{x}}$ 的估计值，它们反映了数据的分散程度。

在报告分析结果时，要反映数据的集中趋势和分散程度，一般用平均值 $\bar{x}$（表示集中趋势）、相对平均偏差 $\bar{d}_r$ 或相对标准偏差 *RSD*（表示分散性）表示，同时需标明测定次数 *n*。

例 2-2　四次标定某溶液的浓度，结果分别为 0.204 1 mol • L^{-1}，0.204 9 mol • L^{-1}，0.203 9 mol • L^{-1} 和 0.204 3 mol • L^{-1}。计算测定结果的平均值（$\bar{x}$）、平均偏差（$\bar{d}$）、相对平均偏差（$\bar{d}_r$）、标准偏差（*s*）及相对标准偏差（*RSD*）。

解：平均值 $\bar{x} = \dfrac{0.204\,1 + 0.204\,9 + 0.203\,9 + 0.204\,3}{4} = 0.204\,3$（mol • L^{-1}）

平均偏差 $\bar{d} = \dfrac{0.000\,2 + 0.000\,6 + 0.000\,4 + 0.000\,0}{4} = 0.000\,3$（mol • L^{-1}）

相对平均偏差 $\bar{d}_r = \dfrac{\bar{d}}{\bar{x}} \times 100\% = \dfrac{0.000\,3}{0.204\,3} \times 100\% = 0.15\%$

标准偏差 $s = \sqrt{\dfrac{0.000\,2^2 + 0.000\,6^2 + 0.000\,4^2 + 0.000\,0^2}{4-1}} = 0.000\,4$（mol • L^{-1}）

相对标准偏差 $RSD = \dfrac{s}{\bar{x}} \times 100\% = \dfrac{0.000\,4}{0.204\,3} \times 100\% = 0.2\%$

四、置信度和平均值的置信区间

经统计学推导，对于有限次数的测定，真值 μ 与平均值 $\bar{x}$ 之间有如下关系

$$\mu = \bar{x} \pm \frac{ts}{\sqrt{n}} \tag{2-13}$$

式中，s 为标准偏差；n 为测定次数；t 为在选定的某一置信度下的 t 值，可根据测定次数从表 2-2 中查得。利用上式可以估算出，在选定的置信度 P 下，总体平均值在以测定平均值 $\bar{x}$ 为中心的多大范围内出现，这个范围就是平均值的置信区间。

由表 2-2 可知，置信度不变时，增加测定次数 n，t 变小，置信区间变小；测定次数 n 不变时，置信度增加，t 变大，置信区间变大。

例 2-3 测定 SiO_2 的质量分数（%），得到下列数据：28.62，28.59，28.51，28.48，28.52，28.63。试计算平均值、标准偏差、置信度分别为 90% 和 95% 时平均值的置信区间。

解：

$$\bar{x} = \frac{28.62 + 28.59 - 28.51 + 28.48 + 28.52 + 28.63}{6} = 28.56\text{（\%）}$$

$$s = \sqrt{\frac{0.06^2 + 0.03^2 + 0.05^2 + 0.08^2 + 0.04^2 + 0.07^2}{6-1}} = 0.06\text{（\%）}$$

查表 2-2，置信度 $P = 90\%$，$n = 6$ 时，$t = 2.015$

$$\mu = 28.56 \pm \frac{2.015 \times 0.06}{\sqrt{6}} = 28.56 \pm 0.05\text{（\%）}$$

同理，对于置信度 $P = 95\%$，可得

$$\mu = 28.56 \pm \frac{2.571 \times 0.06}{\sqrt{6}} = 28.56 \pm 0.07\text{（\%）}$$

上述计算说明，置信度高，置信区间就大。因为置信度的高低说明估计的把握程度。若要求 100%的置信度，就意味着区间是无限大，无限大的区间肯定会包括 μ，但这样的区间毫无实际意义。因此，在作统计推断时，必须同时兼顾置信度和置信区间。既要使置信区间足够窄，以使对真值的估计比较准确；又要使置信度较高，以使置信区间内包含有真值的把握性较大。日常生活中人们的判断若有 90% 或 95% 的把握，就认为这种判断基本正确。在分析化学中，通常取置信度为 95%。

比较两个测定结果的精确程度应在相同的置信度下进行。对于同一置信度，置信区间小的测定结果较精确。表 2-3 列出了几种样本的平均测定值及置信区间（$P = 95\%$）（图 2-7）。结果表明，每一置信区间都集中到样本的平均值上，而每一个区间的宽度与样本的标准偏差及样本容量有关。其中样本 D 的置信区间，仅仅根据两个测定值求得，这种估计的不确定性因 t 值（12.71）很大而使置信区间范围变大。适当增加测定次数，可使置信区间显著缩小，即可使测定的平均值 $\bar{x}$ 与总体平均值 μ 更接近。

表 2-3　几种样本的置信区间（$P = 95\%$）

样本	测定值	n	$\bar{x}$	s	t	置信区间
A	20.6，20.5，20.7，20.6，20.8，21.0	6	20.7	0.18	2.57	20.7 ± 0.2
B	20.0，20.5，20.5，20.0，20.2，20.8	6	20.3	0.28	2.57	20.3 ± 0.3
C	20.6，20.9，21.1，21.0	4	20.9	0.22	3.18	20.9 ± 0.4
D	20.8，20.6	2	20.7	0.14	12.71	20.7 ± 1.3

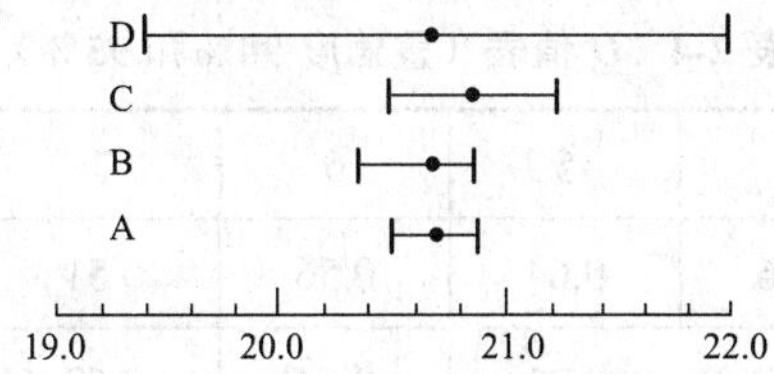

图 2-7　几种样本的置信区间（$P=95\%$）

分析结果的正确表达可以使人们更好地了解分析结果的可靠性，还可以增加分析结果的可比性。在用式（2-13）报出分析结果时，还应说明样本容量、置信度及剔除离群值的个数。

2.4　离群值的取舍

在分析测定数据中，有时会出现个别偏离较大的数据（称为离群值），那么在报告结果时，就会面临这个离群值的取舍问题。那么，如何判定离群值的取舍呢？

出现离群值时，首先要仔细回顾和检查产生离群值的实验过程，是否测定时有过失。如果有过失，此离群值必须舍去；如果找不出引起过失的原因，这个可疑数据是否舍弃，要慎重考虑。从原则上说，无限次测定中任何一个测定值不论其偏差多大都应保留，不能舍弃。因正态分布曲线是渐近线，包括$-\infty$至$+\infty$范围内的任何数据。但在处理少量实验数据时，既不能轻易地保留，也不能轻率地舍弃。若把偏离大、本属于过失的数据保留下来，这样会因保留过多，易犯“存伪”的错误，将影响平均值的可靠性。若把有一定偏离，但仍属随机误差范畴的数据舍去，表面上得到了精密度较好的结果，但因舍去过多，易犯“拒真”的错误，这是不科学、不严肃的。

可疑数据的取舍实质上是区分随机误差和过失的问题，因此，可以借助统计检验来判断。检验可疑值的方法很多，下面介绍两种常用的检验离群值的统计方法，Q 检验法和格鲁布斯法。

一、Q 检验法

该法适用于 3～10 次测定，方法简便，其步骤为：

（1）将各数据按递增的顺序排列：x_1，x_2，…，x_n；

（2）计算极差 $x_{最大}-x_{最小}$；

（3）确定检验端：首先算出两端相邻值之差值 x_2-x_1 及 x_n-x_{n-1}，然后比较这两个差值的大小，差值大的一端先检验；

（4）计算舍弃商 $Q_{计}$：

$$Q_{计}=\frac{|x_{可疑}-x_{相邻}|}{x_{最大}-x_{最小}} \tag{2-14}$$

（5）根据测定次数和指定的置信度查 Q 值表（表 2-4），可得相应的 $Q_{表}$ 值；

（6）将 $Q_{计}$ 与 $Q_{表}$ 相比较，若 $Q_{计}\geqslant Q_{表}$，则应将离群值舍弃，否则应予保留；

（7）舍弃一个离群值后，应对其余数据继续进行 Q 检验，直至无离群值为止。

表 2-4　Q 值表（置信度 90%和 95%）

测定次数 n	3	4	5	6	7	8	9	10
$Q_{0.90}$	0.94	0.76	0.64	0.56	0.51	0.47	0.44	0.41
$Q_{0.95}$	0.98	0.85	0.73	0.64	0.59	0.54	0.51	0.48

例 2-4　某学生测得 NaOH 溶液的浓度（$mol \cdot L^{-1}$）分别为 0.114 1，0.114 0，0.114 8 和 0.114 2，问其中 0.114 8 是否应保留（置信度 $P = 90\%$）？若第五次测得结果为 0.114 2，此时 0.114 8 又应如何处置？

解：将数据排列为 0.114 0，0.114 1，0.114 2，0.114 8。

$$Q_{\text{计}} = \frac{|0.114\ 8 - 0.114\ 2|}{0.114\ 8 - 0.114\ 0} = \frac{0.006}{0.000\ 8} = 0.75$$

查表 2-4，当 $n = 4$ 时，$Q_{0.90} = 0.76$，因 $Q_{\text{计}} < Q_{0.90}$，故 0.114 8 应保留。

又增加一个测定值 0.114 2，$Q_{\text{计}}$ 仍为 0.75。当 $n = 5$ 时，$Q_{0.90} = 0.64$。

因 $Q_{\text{计}} > Q_{0.90}$，故 0.114 8 应舍弃。

由此可见，较多的实验数据可以提供更合理的检验结果。

例 2-5　测定某水样中铅的含量（$mg \cdot L^{-1}$）得到测定值：4.20，4.25，4.45，4.17 和 4.30。判定 4.45 是否是离群值？是否可以舍弃？

解：将数据按递增顺序排列为 4.17，4.20，4.25，4.30，4.45。

$$Q = \frac{|x_n - x_{n-1}|}{x_n - x_1} = \frac{|4.45 - 4.30|}{4.45 - 4.17} = 0.54$$

当 $n = 5$，置信度取 90%时，由表 2-4 查得 $Q_{0.90} = 0.64$，由于 $Q < Q_{0.90}$，故 4.45 不是离群值，应予保留。

如果测定次数比较少，如 $n = 3$，而且 Q 值与表所查的 Q 值相近，这时为了慎重起见，最好再补加测定 1～2 次，然后确定离群值的取舍。在 3 个以上数据中，需要对一个以上的离群数据用 Q 检验决定取舍时，首先检验相差较大的值。

例 2-6　测定某一热交换器中水垢的 SiO_2 的质量分数（%，已校正系统误差）为 11.50，11.51，11.68，11.20，11.63，11.72。根据 Q 检验对离群值决定取舍，然后求出置信度为 90%时的平均值的置信区间。

解：将测试数据从小至大排列为 11.20，11.50，11.51，11.63，11.68，11.72。

因（11.50 − 11.20）>（11.72 − 11.68），故先检验 11.20。

$$Q_{\text{计}} = \frac{|11.50 - 11.20|}{11.72 - 11.20} = \frac{0.30}{0.52} = 0.58$$

当 $n = 6$ 时，$Q_{0.90} = 0.56$，$Q_{\text{计}} > Q_{0.90}$，故 11.20 应舍弃。

继续检验其余数据：11.50，11.51，11.63，11.68，11.72。

因（11.72 − 11.68）>（11.51 − 11.50），所以再检验 11.72。

$$Q_{\text{计}} = \frac{|11.72 - 11.68|}{11.72 - 11.50} = \frac{0.04}{0.22} = 0.18$$

当 $n=5$ 时，$Q_{0.90}=0.64$，$Q_{计}<Q_{0.90}$，故 11.72 应保留。

$$\bar{x}=\frac{1}{5}\times(11.50+11.51+11.63+11.68+11.72)=11.61\ (\%)$$

$$s=\sqrt{\frac{0.11^2+0.10^2+0.02^2+0.07^2+0.11^2}{5-1}}=0.10\ (\%)$$

当 $n=5$ 时，$t_{0.90}=2.13$，

所以 $$\mu=11.61\pm\frac{2.13\times0.10}{\sqrt{5}}=11.61\pm0.10\ (\%)$$

二、格鲁布斯（Grubbs）检验法

采用格鲁布斯检验法（有时也称 G 检验法）判断离群值时，将样本的平均值 $\bar{x}$ 和标准偏差 s 引入算式，由于利用了所有的测量数据作为判断依据，故判断的准确性要比 Q 检验法高，但计算量较大。其方法步骤如下：

（1）将数据从小到大排列为 x_1，x_2，…，x_n；

（2）计算该组数据的平均值 $\bar{x}$（包括可疑值在内）及标准偏差 s；

（3）确定检验端：首先算出两端值与平均值之差 $\bar{x}-x_1$ 及 $x_n-\bar{x}$ 值，然后比较两个差值的大小，差值大的一端先检验；

（4）计算统计量

$$G_{计}=\frac{|x_{可疑}-\bar{x}|}{s} \tag{2-15}$$

（5）根据测定次数和指定的置信度查 G 值表（表 2-5）。若 $G_{计}\geqslant G_{表}$，则应将离群值舍弃，否则应予保留；

（6）舍弃一个离群值后，应继续检验，直至无离群值为止。

表 2-5　G 值表

n \ G	置信度 P		n \ G	置信度 P	
	95%	99%		95%	99%
3	1.15	1.15	12	2.29	2.55
4	1.46	1.49	13	2.33	2.61
5	1.67	1.75	14	2.37	2.66
6	1.82	1.94	15	2.41	2.71
7	1.94	2.10	16	2.44	2.75
8	2.03	2.22	17	2.47	2.79
9	2.11	2.32	18	2.50	2.82
10	2.18	2.41	19	2.53	2.85
11	2.23	2.48	20	2.56	2.88

例 2-7　测定某样品中钙的含量（%），六次平行测定所得数据为：40.02，40.15，40.20，

40.12，40.18，40.35。试用格鲁布斯法检验这组数据（置信度为 95%）的离群值。

解：将数据排列为 40.02，40.12，40.15，40.18，40.20，40.35。

$$\begin{aligned}\overline{x} &= \frac{1}{n}\sum_{i=1}^{n} x_i = \frac{1}{6}\times(40.02+40.12+40.15+40.18+40.20+40.35) \\ &= 40.17\ (\%)\end{aligned}$$

$$s=\sqrt{\frac{\sum_{i=1}^{n}(x_i-\overline{x})^2}{n-1}}=\sqrt{\frac{0.15^2+0.02^2+0.03^2+0.05^2+0.01^2+0.18^2}{6-1}}=0.11\ (\%)$$

因（40.35 − 40.17）>（40.17 − 40.02），故检验 40.35。

$$G_{计}=\frac{|40.35-40.17|}{0.11}=1.64$$

查表 2-5，当 $n = 6$ 时，$G_{0.95} = 1.82$，$G_{计} < G_{0.95}$，故 40.35 应保留。

2.5　定量分析结果的表示

一、待测组分的化学表示形式

分析结果通常以待测组分在试样中实际存在型体的含量表示。如果待测组分实际存在的型体不清楚，则分析结果最好以氧化物或元素形式的含量表示。例如，在矿石分析中常以氧化物形式（如 K_2O、Na_2O、CaO、MgO、FeO、Fe_2O_3 和 SiO_2 等）的含量表示；在金属材料和有机分析中常以元素形式（如 Fe、Al、W 和 C、H、O、N、S 等）的含量表示；在工业分析中常根据特殊需要来规定某项技术指标，例如，含氯消毒剂以有效氯含量作为重要的质量指标等。

二、待测组分含量的表示方法

固体试样中待测组分的含量通常以相对含量表示。试样中含待测物质 A 的质量 m_A 与该试样的质量 m_s 之比，称为质量分数 w_A。质量分数通常以百分数表示，即

$$w_A=\frac{m_A}{m_s}\times 100\% \qquad (2\text{-}16)$$

当待测组分含量非常低时，可采用 $\mu g\cdot g^{-1}$、$ng\cdot g^{-1}$ 和 $pg\cdot g^{-1}$ 表示。

对于液体试样中待测组分的含量，根据含量的多少，通常以 $g\cdot L^{-1}$、$mg\cdot L^{-1}$、$\mu g\cdot L^{-1}$ 或 $g\cdot mL^{-1}$、$\mu g\cdot mL^{-1}$、$ng\cdot mL^{-1}$、$pg\cdot mL^{-1}$ 等表示。

气体试样中常量或微量组分的含量，通常以体积分数表示。

正确表达带有测试误差的分析结果十分重要，只有在消除系统误差之后，才能对实验数据进行统计处理。在给出分析结果的置信区间时，应该指明置信度、测定次数及剔除可疑值的情况，这样才能更好地了解分析结果的可靠性。

2.6　提高分析准确度的方法

分析测定的目的不同，所要求的准确度也不同。例如原子量测定的允许误差低于 10^{-4}～10^{-5}；地球化学研究中，勘探测定岩石和土壤中的重金属±50%的准确度就可以满足要求。在实际工作中，不应盲目地追求高准确度，以免造成经济、时间和人力的浪费。各种分析方法的准确度和灵敏度各不相同。例如重量分析法和滴定分析法的准确度高，在常量组分测定中，它们的相对误差不大于 0.2%，但其灵敏度不高，对低含量组分（质量分数小于 1%）的测定，误差较大，有时甚至测定不出来。一般仪器分析法的灵敏度较高，适用于微量组分的测定。例如用光谱分析法测定硅中硼的含量为 2×10^{-6}%，若此方法的相对误差为 50%，则其真实含量为 1×10^{-6}%～3×10^{-6}%，虽然该方法准确度较差，但对微量的硼，只要能确定其含量的数量级（10^{-6}%）就能满足要求了。因此，分析时应根据试样的具体情况和分析对准确度的要求，选择合适的分析方法，制定分析方案。

分析测定方法选定后，可以通过采用以下方法，减小分析测定过程的误差，提高分析结果准确度。

1. 减小测量误差

为了提高分析结果的准确度，注意减小测定中的随机误差和系统误差很重要，除此之外，还必须尽量减小分析过程中的测量误差。例如，在重量分析和滴定分析中，都离不开称量，这时就应设法减小称量误差。一般分析天平用减量法称量时，称量误差为±0.000 2 g，为了使称量的相对误差在 0.1%以下，试样质量不能太小，从相对误差的计算中可得到：

$$\text{相对误差}=\frac{\text{绝对误差}}{\text{试样质量}}\times100\%$$

$$\text{试样质量}=\frac{\text{绝对误差}}{\text{相对误差}}\times100\%=\frac{0.000\,2}{0.1\%}\times100\%=0.2\ (\text{g})$$

可见试样质量必须在 0.2 g 以上，否则称量的相对误差将超过 0.1%。

在滴定分析中，滴定管读数常有±0.01 mL 的误差，在一次滴定中，需要读两次，这样可能造成±0.02 mL 的误差。所以，为了使测定时的相对误差小于 0.1%，消耗滴定剂的体积必须在 20 mL 以上，一般控制在 20～30 mL，以减小读数的相对误差。

应该指出，不同的分析工作要求不同的准确度，所以应根据具体要求，控制各测定步骤的误差，使之能适应各种不同分析工作的要求。

2. 减小随机误差

增加平行测定的次数可以减小平均值的随机误差。前面已讨论过，增加测定次数可以减小随机误差，但过多增加测定次数，人力、物力、时间上耗费较多。因此，在实际工作中要根据分析对准确度的要求，确定平行测定的次数。

3. 消除系统误差

消除系统误差的方法有以下几种。

（1）进行对照试验。该法用于校正方法误差。取一已知准确组成的试样，其组成及其含量与待测试样相似。用测定待测试样的方法，在相同条件下，进行若干次平行测定，得平均值 $\bar{x}_{标}$。

已知准确组成的试样的已知含量常被视为真值μ，比较$\bar{x}_{标}$与μ之间是否有显著性差异，即可判断该分析方法有无系统误差。

已知准确组成的试样有下列几种：

① 标准试样：是由国家有关部门组织生产并由权威机构颁发证书的试样，如标准钢样、标准硅酸盐试样等。

② 合成试样：根据分析试样的大致组成，用纯化合物配制而成，其含量已知。实验室常选用这种试样。

③ 管理样：由于标准试样的数量和品种有限，有些单位常自制管理样。管理样事先经有经验的工作人员多次分析测定，其结果比较可靠，只是没有经权威机构的认可。

如果对待测试样的组成不完全清楚，则可以采用加样回收法进行试验。这种方法是向试样中加入已知量的待测组分，然后进行分析测定。看看加入的待测组分能否定量回收，以此判断分析过程是否存在系统误差。

用其他可靠的分析方法进行对照试验，也是经常采用的一种办法。作对照试验用的分析方法必须可靠，一般选用国家颁布的标准分析方法或公认的经典分析法。

（2）做空白试验。由试剂和器皿带进杂质所造成的系统误差一般可通过做空白试验来扣除。

所谓空白试验，就是在不加试样的情况下，按照试样分析同样的操作条件进行试验。试验所得结果称为空白值。从试样分析结果中扣除空白值，就得到比较可靠的分析结果。

空白值一般不应过大，特别在微量分析时，否则扣除空白值时会引起较大的误差。当空白值较大时，就只好用提纯试剂和改用其他适当的器皿的方法来解决问题。

（3）校正仪器。仪器不准确引起的系统误差，可通过校正仪器来减小。如砝码、移液管和滴定管等，在准确度要求高的分析中，必须进行校正，并在计算结果时采用校正值。

（4）分析结果的校正。有些分析方法的系统误差，可采用其他方法校正。例如电重量法测定铜的纯度，要求分析结果十分准确。但因电解不完全，会引起负系统误差。为此，可用比色法测定溶液中未被电解的残余铜，将所得结果加到电重量法测定的结果中去，以消除系统误差。

2.7　分析测试结果准确度的评价

一、分析结果准确度的评价

分析方法的准确度是反映方法系统误差的重要指标，它决定着分析结果的可靠性。准确度的评价方法通常有以下三种。

1. 用标准物质评价分析结果的准确度

选择浓度水平、准确度水平、化学组成与物理形态合适的标准物质，然后用与分析实际样品相同的方法测定标准物质。将标准物质与样品做平行测定，如果标准物质的分析结果与证书上所给保证值一致，则表明分析测定方法不存在明显的系统误差，样品的分析结果是可靠的。

如果有条件，可在分析方法的量限范围内用三种不同浓度水平的标准物质，用以核对、检验分析方法是否存在系统误差，从而评价分析结果的准确度，这是最佳方案。

2. 用标准方法评价分析结果的准确度

设 A 代表所用的分析方法，B 代表标准方法；并用 Y、X 分别表示两种方法的测定值。在两种方法的量限范围内，分别用两种方法同时测定几个不同浓度水平的相同样品。测定结果应符合线性关系，即 $Y = a + bX$。用最小二乘法算出 a 和 b 值，若 a 的置信区间包含 0，b 的置信区间包含 1，表明两种方法间不存在系统误差，即方法 A 测得的分析结果是准确的；否则表明两种方法间存在系统误差，即方法 A 测得的结果不准确。

3. 通过测定回收率评价分析结果的准确度

通过在样品中加入标准物质，测定分析方法的回收率，可按下式计算：

$$\text{回收率} = \frac{\text{加入标准物质后的试样测定值} - \text{试样测定值}}{\text{加标量}} \times 100\%$$

用回收率评价准确度时需注意以下几点：

（1）标准物质的加入量应与待测物质浓度水平接近。若待测物质浓度较高，则加标后的总浓度不宜超过方法线性范围上限的 90%，加标量在任何情况下都不得大于样品中待测物含量的三倍。

（2）若加入的标准物质是一种简单的离子或化合物，它与样品中被测组分的形态往往不一致，这时测得的回收率并不能反映样品的实际回收率。因此，最好能采用与被测样品组成相似、形态一致的标准物质来测定回收率。

（3）样品中某些干扰物质对待测物质产生的干扰，有时不能被回收率实验所发现。例如，用银量法测定水中氯化物时，由于受到水体中其他卤化物的干扰，致使测定的回收率不能说明这种干扰的影响。

二、显著性检验

在分析工作中常采用对照试验来评价测定结果的可靠性。例如，某分析工作者建立了一个新的分析方法，为了检验这个方法的可靠性，可以用这种新方法去测定一个标准样品。在最理想的情况下，测定的平均值 $\bar{x}$ 应该与标准值 μ 完全一致。但实际上由于误差的存在，$\bar{x}$ 与 μ 往往不一致。如果这种不一致是由随机误差引起的，这种差异必然很小，则可认为测定结果及分析方法是可靠的。但如果这种不一致是由系统误差引起的，这种差异必然很显著，说明测定结果及分析方法不可靠。由此可见，$\bar{x}$ 与 μ 之间的差异是否显著，是对照试验的关键问题。数理统计方法中的 t 检验法可用来判断这类数据间的差异是否属于显著性差异，其目的是检验测定中是否存在系统误差，从而正确评价测定结果的可靠性。当用标准方法检验某一分析方法的可靠性时，首先要用 F 检验法检验两种方法的精密度有无显著性差异，如果两种方法的精密度没有显著性差异，再用 t 检验法检验两方法的准确度有无显著性差异。

1. F 检验法

F 检验法是通过比较两组数据的方差 s^2，以确定它们的精密度是否有显著性差异。

已知样本标准偏差

$$s = \sqrt{\frac{\sum_{i=1}^{n}(x_i - \bar{x})^2}{n-1}}$$

故样本方差

$$s^2 = \frac{\sum_{i=1}^{n}(x_i - \overline{x})^2}{n-1} \tag{2-17}$$

设两种方法的测定次数分别为 n_1 和 n_2，测定结果的平均值和标准偏差分别是 $\overline{x}_1$、s_1 和 $\overline{x}_2$、s_2。按照 F 检验法的检验步骤：

（1）首先根据式（2-17）计算两个样本的方差。

（2）计算 F 值，即

$$F_{计} = \frac{s_{大}^2}{s_{小}^2} \tag{2-18}$$

式中，$s_{大}^2$、$s_{小}^2$ 分别表示方差值较大、较小的那组数据的方差。

（3）根据自由度 $f = n - 1$，求出两组数据的自由度 $f_{大}$（大方差数据的自由度）与 $f_{小}$（小方差数据的自由度）。

（4）在一定的置信度（95%）和相应自由度（$f_{大}$ 和 $f_{小}$）的情况下查 F 值表（表 2-6）。将 $F_{计}$ 与 $F_{表}$ 作比较，检验两组数据的精密度是否存在显著性差异。

表 2-6　置信度 95%时 F 值

$f_{小}$ \ $f_{大}$	2	3	4	5	6	7	8	9	10	∞
2	19.00	19.16	19.25	19.30	19.33	19.36	19.37	19.38	19.39	19.50
3	9.55	9.28	9.12	9.01	8.94	8.88	8.84	8.81	8.78	8.53
4	6.94	6.59	6.39	6.26	6.16	6.09	6.04	6.00	5.96	5.63
5	5.79	5.41	5.19	5.05	4.95	4.83	4.82	4.78	4.74	4.36
6	5.14	4.76	4.53	4.39	4.28	4.21	4.15	4.10	4.06	3.07
7	4.74	4.35	4.12	3.97	3.87	3.79	3.73	3.68	3.63	3.23
8	4.46	4.07	3.84	3.69	3.58	3.50	3.44	3.39	3.34	2.93
9	4.26	3.86	3.63	3.48	3.37	3.29	3.23	3.18	3.13	2.71
10	4.10	3.71	3.48	3.33	3.22	3.14	3.07	3.02	2.97	2.54
∞	3.00	2.60	2.37	2.21	2.10	2.01	1.94	1.88	1.83	1.00

如果 $F_{计} > F_{表}$，说明两组数据的精密度间存在显著性差异，即 s_1 和 s_2 有显著性差异，于是可推断 $\overline{x}_1$ 和 $\overline{x}_2$ 也有显著性差异，因此不必继续检验，说明新方法不可靠；如果 $F_{计} < F_{表}$，则说明这两组数据的精密度间没有显著性差异，需用 t 检验法来检验 $\overline{x}_1$ 和 $\overline{x}_2$ 之间是否存在显著性差异。

例 2-8　采用不同方法分析某种试样，用第一种方法测定 11 次，标准偏差 $s_1 = 0.21\%$；第二种方法测定 9 次，标准偏差 $s_2 = 0.60\%$。试判断两方法的精密度间是否存在显著差异（$P = 95\%$）。

解：$n_1 = 11$，$s_1 = 0.21\%$，$s_{小}^2 = 0.044$

$n_2 = 9$，$s_2 = 0.60\%$，$s_{大}^2 = 0.36$

$$F_{计}=\frac{0.36}{0.044}=8.2$$

由$P=95\%$，$f_{大}=8$，$f_{小}=10$，$F_{表}=3.07$可知

$F_{计}>F_{表}$，说明两组数据的精密度存在显著性差异。

2. *t* 检验法

用标准样品或标准方法检验某一分析方法的可靠性时，需要用 t 检验法来检验数据的准确度有无显著性差异。t 检验的方法有以下两种。

（1）平均值与标准值的比较。对标准样品平行测定若干次，利用 t 检验法比较测定结果的平均值$\bar{x}$与标准样品的标准值 μ 之间是否存在显著性差异，即可判断分析方法是否存在较大的系统误差。

根据平均值的置信区间表达式可知，在一定置信度下，如果置信区间将标准值 μ 包括在其中，即使$\bar{x}$与 μ 不完全一致，也可得到$\bar{x}$与 μ 之间不存在显著性差异的结论。因为按 t 分布规律，这些差异是随机误差造成的，不属于系统误差。

计算统计量 t 值：

$$t_{计}=\frac{|\bar{x}-\mu|}{s}\sqrt{n} \tag{2-19}$$

根据测定次数和置信度查 t 值表中相应 $t_{表}$ 值，如果 $t_{计}>t_{表}$，表明存在显著性差异，否则不存在显著性差异。在分析化学中，通常以 95%的置信度为检验标准。

例 2-9　采用某种新方法测定基准明矾中铝的质量分数（%），得到下列 9 个数据：10.74，10.77，10.77，10.77，10.81，10.82，10.73，10.86，10.81。已知基准明矾中铝的标准值为 10.77%，试问采用该新方法是否引起系统误差（$P=95\%$）？

解：已知 $n=9$，$f=9-1=8$，计算结果为

$$\bar{x}=10.79\%,\quad s=0.042\%$$

$$t_{计}=\frac{|\bar{x}-\mu|}{s}\sqrt{n}=\frac{10.79-10.77}{0.042}\times\sqrt{9}=1.43$$

查表 2-2 得相应 t 值为 2.306，因 $t_{计}<t_{表}$，说明$\bar{x}$与 μ 之间不存在显著性差异，表明采用新方法后没有引起系统误差。

（2）两组平均值的比较。采用不同分析方法测定同一试样所得到的平均值往往是不相等的。设有两组分析数据分别为$\bar{x}_1$、s_1、n_1和$\bar{x}_2$、s_2、n_2，先用 F 检验法比较两组数据的方差，以确定它们的精密度是否有显著性差异。只有在两个方差一致的前提下才能再进行 t 检验，以确定两组数据之间是否存在系统误差，即两个平均值之间是否有显著性差异。

如果用 F 检验法检验的结果没有显著性差异，则可由下式计算，合并标准偏差 $s_{合}$，即

$$s_{合}=\sqrt{\frac{偏差平方和}{总自由度}}=\sqrt{\frac{\sum_{i=1}^{n_1}(x_{1i}-\bar{x}_1)^2+\sum_{i=1}^{n_2}(x_{2i}-\bar{x}_2)^2}{(n_1-1)+(n_2-1)}}=\sqrt{\frac{(n_1-1)s_1^2+(n_2-1)s_2^2}{n_1+n_2-2}}$$

按下式计算 $t_{计}$ 值，即

$$t_{计}=\frac{|\overline{x}_1-\overline{x}_2|}{s_{合}}\cdot\sqrt{\frac{n_1n_2}{n_1+n_2}}$$

根据总自由度 $f=n_1+n_2-2$ 及置信度查表 2-2，当 $t_{计}>t_{表}$ 时，可以认为 $\mu_1\neq\mu_2$，两组分析数据不属于同一总体，即它们之间存在显著性差异；反之，当 $t_{计}<t_{表}$ 时，可以认为 $\mu_1=\mu_2$，两组分析数据属于同一总体，即它们之间不存在显著性差异。

例 2-10 为检验新方法测定钢样中铬质量分数（%）的可靠性，同时采用成熟的原方法测定某钢样中铬的含量，测定结果如下：新方法为 1.26，1.25，1.22；原方法为 1.35，1.31，1.33，1.34。问新方法是否可靠（$P=95\%$）？

解： 经计算结果如下：

新方法：$\overline{x}_1=1.24\%$，$s_1=0.021\%$，$n_1=3$

原方法：$\overline{x}_2=1.33\%$，$s_2=0.017\%$，$n_2=4$

先用 F 检验法检验两种方法的精密度有无显著性差异。

$$F_{计}=\frac{0.021^2}{0.017^2}=1.51$$

$f_{大}=n_1-1=2$，$f_{小}=n_2-1=3$，查表 2-6，$F_{表}=9.55$。因 $F_{计}<F_{表}$，故两方法的精密度间没有显著性差异。继续对两组平均值进行 t 检验。即

$$s_{合}=\sqrt{\frac{2\times0.021^2+3\times0.017^2}{3+4-2}}=0.019\ (\%)$$

$$t_{计}=\frac{|1.24-1.33|}{0.019}\times\sqrt{\frac{3\times4}{3+4}}=6.21$$

查表 2-2，当 $P=95\%$，$f_{总}=3+4-2=5$ 时，$t_{表}=2.57$。由于 $t_{计}>t_{表}$，故 $\overline{x}_1$ 和 $\overline{x}_2$ 有显著性差异，表明新方法不可靠，可能存在系统误差。

三、分析结果的质量保证

分析数据的获取常需花费大量的人力和物力，所获数据的质量直接影响科学技术和生产的发展。因此，建立分析数据质量保证体系有着重要的实用意义。分析工作者必须能够对实验所得数据的质量作出评价。单次测定结果因受系统误差和偶然误差等因素的影响，单个分析数据的质量不可得知，因而分析测试中不能只测定一次即报出结果。分析方法的质量应从准确度和精密度两方面来评价，准确度主要受系统误差的影响，精密度受偶然误差的影响，方法越精密，标准偏差越小。

分析实验的质量控制（quality control，QC）可定义为：为保证实验室中得到的数据的准确度和精密度落在已知概率限度内所采取的措施。实验主管人员应该根据实际需要定出数据准确度的限度。测定数据的质量水平与仪器设备状况、费用、速度等因素有关，只要能满足工作需要，应尽量采用速度较快、费用较低的分析方法，而不要追求远远高于实际要求的数据准确度。

建立和保持一个好的质量保证方案是一项管理任务，如果没有好的质量保证措施，提供的分析数据不可靠，所造成的后果将比没有数据影响更坏。在实际生产的例行分析中，常用标准样对测试的质量进行检验。获取合适的控制标准物质至关重要。由国家标准局批准的标

准参考物质能符合要求，但价格昂贵，不适用日常分析。一般工厂、企业都备有本系统研制鉴定的“管理样”，用于检验化验室测试数据的准确度和精密度。为确保其稳定性，管理样应严格保管，贮存条件应保持恒温、恒湿，避免可能的污染。操作者能用合适的控制标准，检查分析工作是否正常。

常用的方法是：每分析一批样品，插入一个标准物质；或者在分析大批量样品时，每隔 10～20 个样品，插入一个标准物质。控制标准的分析步骤应与试样完全相同。控制标准的分析数据积累到 15 个以上时，可按照图 2-8 绘制平均值质量控制图。平均值和标准偏差 s 可根据测试数据计算得到。平均值质量控制图的纵坐标代表分析浓度，水平实线对应于平均值。横轴数值代表依次测定的控制标准序数，即第一个点的位置代表第一次控制标准的分析，第二个点的位置代表第二次控制标准的分析，依此类推。然后根据所测得的数据点计算标准偏差 s，取 $\bar{x}\pm 2s$（95%置信度）画水平限，称为上、下“警告限”，再取 $\bar{x}\pm 3s$（99%置信度）画水平限，称为上、下“控制限”。

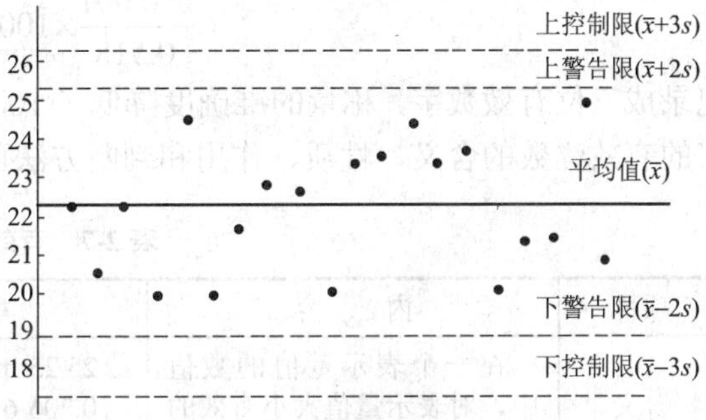

图 2-8　平均值质量控制图

质量控制图一经画成，随着分析工作的进行，将控制标准的分析数据依次在图上打点。对任何一个超出控制限的数据都应及时处理，仔细查找原因并检查分析系统。如果未能找到产生误差的原因，应该用控制标准物质再分析核对一次，如果核对结果正常，那么可以认为第一个结果确实是由随机误差因素或某种操作错误而引起的。分析实验室应制定有效的质量控制措施，如仪器的定期校准、配制新鲜标准溶液等，以确保分析结果免受系统误差的影响，以使平均值质量控制图呈现良好的正常状态。质量控制图在分析测试中已得到广泛应用，它可以控制产品的质量，了解分析方法或分析仪器精度的稳定性，例行分析数据的可靠性，检查分析用的各种化学试剂是否失效，标准溶液浓度是否改变等。

2.8　有效数字及其运算规则

在定量分析中，为了得到准确的分析结果，不仅要准确地进行各种测量，而且还要正确地记录和计算。分析结果所表达的不仅仅是试样中待测组分的含量，而且还反映了分析的准确程度。因此，在实验数据的记录和结果的计算中，保留几位数字不是任意的，而是要根据分析仪器和分析方法的准确度来决定。这就涉及有效数字（significant number）的概念。

一、有效数字

有效数字是指在分析测定中实际能测定到的有意义的数字，它的特点是：

（1）在有效数字中，只允许最后一个数字是有误差的，在没有特别说明时，通常理解它可能有 ±1 单位的误差。

（2）有效数字位数的多少，不仅表示其数值的大小，而且还表示测定的准确度。例如称量某试样，结果记录为 0.518 0 g，它表示该试样的实际质量为（0.518 0 ±0.000 1）g，其相

对误差为

$$\frac{\pm 0.000\,1}{0.518\,0}\times 100\% = \pm 0.02\%$$

如果记录为 0.518 g，它表示该试样的实际质量为（0.518±0.001）g，其相对误差为

$$\frac{\pm 0.001}{0.518}\times 100\% = \pm 0.2\%$$

记录成三位有效数字，称量的准确度降低了 10 倍。因此，数字后的零不能随意舍弃。有效数字的有效位数的含义、性质、作用和判断方法可参见表 2-7。

表 2-7　有效数字位数

项目	内　容	举　例		备　注
含义	在一个表示量值的数值中，对表示量值大小有效的数字位数，称为有效位数	25.25 mL 0.206 6 g 1.105 8 g	四位 四位 五位	除另有说明外，一般情况下，一个数值的有效位数中，只有一个是可疑数字
性质	有效位数和小数点的位置无关，或者说与量值所选的单位无关	25.50 mL 25.50×10^{-3} L	四位 四位	小数点的位置或量值的单位只改变数值的大小，而不影响有效位数
作用	有效位数标志着数值的可靠程度，反映了数值相对误差的大小	25.00 mL 相对误差=±0.04% 25.0 mL 相对误差=±0.4%	四位 三位	由示例可知：记录测量数值时，绝不可随意省略或增加小数后的“0”——必须如实记录
判断方法	数字 1～9：不论处于数值中什么位置，都是有效数字，都计位数	0.36，3.6 1.346，0.134 6	两位 四位	
	数字 0：			
	①“0”在数值中间都计位数	1.005 100.5	四位 四位	此时的“0”，表示在该数位上数值的大小
	②“0”在数值前面都不计位数	0.106 6 0.01	四位 一位	此时的“0”，仅起定位作用，与所选单位有关，不代表量值大小
	③“0”在小数数值右侧，都计位数	0.500 0 20.0	四位 三位	右侧的“0”绝不可随意省略或增加
	④“0”在整数右侧，按规范化的写法都应计位数，否则应以指数形式表示	1 000 1.00×10^{3}	四位 三位	
特殊情况	若一个数值的第一个数字等于或大于 8，则该数值的有效位数应多计一位	89.1% 8.56 mL	四位 四位	
	pH、pM 等对数值的有效位数只计小数部分	pH＝4.50 pM＝2.4	两位 一位	对数值的整数位只与真数的幂次有关

由表 2-7 可以看出：

（1）一个数据的有效数字位数，应该是从该数据左边的第一个非零的数字开始，到右边的最后一个数字的数字个数。

（2）小数点只起定位作用，与有效数字位数的多少无关。

（3）数字“0”有双重意义。左边第一个非零数字前的“0”与小数点一样只起定位作用，不是有效数字。即数字前的“0”不是有效数字，而数字中间的“0”和数字后面的“0”都是有效数字。

（4）像 3 600 这样的数字，有效数字的位数比较含糊。一般看成是 4 位有效数字，但它可能是 2 位或 3 位有效数字。对于这样的情况应根据实际的有效数字的位数，分别写成 3.6×10^3，3.60×10^3 或 3.600×10^3，表示 2 位、3 位或 4 位有效数字较好。

（5）在分析化学计算中，常遇到倍数、分数关系。这些数据不是测量所得到的，是准确的数，其有效数字的位数可视为无限的。而对于 pH、pK_a、pM、lg$K$、lg$c$ 等对数值，其有效数字的位数仅取决于小数部分（尾数）数字的位数。因整数部分（首数）只与相应的真数的 10 的多少次方有关。如 pH = 12.68，表示$[H^+] = 2.1\times10^{-13}\ mol\cdot L^{-1}$，有效数字的位数为两位，不是 4 位。

二、数值修约规则

最终的分析结果常常需要若干测定数据或参数经各种数学运算后才能求得，而各种测定数据或参数的有效数字位数又不尽相同，为了简化计算，使各测定数据或参数的有效数字彼此相适应，常常需要舍去某些测定数据多余的有效数字，舍弃多余数字的过程称为数值修约。数值修约就是指用修约后的数值来代替修约前的数值。在过去，人们习惯采用“四舍五入”的修约规则，现在则通行“四舍六入五留双”规则。四舍五入规则的最大缺点是见五就进，它必然会使修约后的测定值系统偏高。而采用“四舍六入五留双”规则，逢五时有舍有入，则由五的舍入所引起的误差本身可自相抵消。

“四舍六入五留双”规则规定，当测定值中被修约的那个数字等于或小于 4 时，该数舍去；等于或大于 6 时，进位；被修约的数字等于 5 时，有两种情况：① 当 5 后面有数字，而并非全部是 0 时，进位；② 当 5 后面没有其他数字，或 5 后面有数字但全部为 0 时，看 5 前面的一位数，是奇数进位，是偶数舍去，当取舍的数字不止一位时，应一次完成，不得连续修约。

三、有效数字的运算规则

在加减运算时，结果的有效数字的保留取决于绝对误差最大，也就是小数点后位数最少的那个数。例如，0.012 1 + 25.64 + 1.044 5，其中 25.64 小数点后只有两位，由尾数“4”的不确定性引入的绝对误差最大，所以，结果只能保留两位小数。在进行具体运算时，可按两种方法处理：一种方法是将所有数据都修约到小数后两位，再进行具体运算；另一种方法是其他数据先修约到小数点后三位，即暂进多保留一位有效数字，运算后再进行最后修约。例如上例中，0.01 + 25.64 + 1.04 = 26.69 或 0.012 + 25.64 + 1.044 = 26.70，两种运算方法的结果在尾数上可能差 1，但这是允许的，只要在运算中前后保持一致。

在进行乘除运算时，结果有效数字的保留取决于相对误差最大，也就是有效数字位数最少的那个数，例如，$15.32\times0.123\,2 \div 5.32$，其中 5.32 仅三位有效数字，其尾数“2”的不确定性引入的相对误差最大，所以结果只应保留三位有效数字。即

$$\frac{15.32\times0.123\,2}{5.32}=0.354$$

而

$$\frac{0.089\,2 \times 27.62}{20.00} = 0.123\,2$$

由于 0.089 2 的首数是大于或等于 8 的，可视为四位有效数字，所以结果保留四位有效字数。

目前，计算器的应用已相当普遍，由于计算器上显示的数值位数较多，虽然在运算过程中不必对每一步的计算结果进行修约，但应注意正确保留最后计算结果的有效数字的位数。

最后，在记录测定数据和表示分析结果时，还应注意以下的问题：

（1）记录测定结果时，只应保留一位有误差数字。由于测定仪器不同，测定误差可能不同，因此，应根据具体情况，正确记录测定数据。

（2）对于高含量组分（质量分数 > 10%）的测定，一般要求分析结果有 4 位有效数字；对于中含量组分（质量分数为 1%～10%）的测定，一般要求 3 位有效数字；对于微量组分（质量分数 <1%）的测定，一般只要求两位有效数字。通常以此为标准报出分析结果。

（3）有关化学平衡的计算（如求平衡状态下某离子的浓度），一般保留两位或三位有效数字，对于各种误差的计算，取 1～2 位有效数字。

在修约标准偏差或置信区间等值时，要根据平均值的有效数字情况保留 1～2 位，修约的结果通常是使准确度的估计值变得更差一些。例如标准偏差 $s = 0.213$，取 2 位有效数字时，要入为 0.22，即不管末位是否大于 5 都要进一位。

思 考 题

1. 定量分析中的误差和数据处理有何重要意义？
2. 试区别准确度和精密度，误差和偏差。
3. 误差既然可用绝对误差表示，为什么还要引入相对误差的概念？
4. 系统误差产生的原因有哪些？如何消除？
5. 下列情况分别引起什么误差？如果是系统误差，应如何消除？

（1）使用了有缺损的砝码；

（2）天平的停点稍有变动；

（3）容量瓶和移液管不配套；

（4）读取滴定管读数时，最后一位数字估测不准；

（5）重量分析中杂质被共沉淀；

（6）蒸馏水中含有微量干扰测定的离子。

6. 指出下列哪些叙述是正确的：

（1）对某试样平行测定多次可以减少系统误差；

（2）Q 检验法可以检验测试数据的系统误差；

（3）对某试样平行测定结果的精密度好而准确度不一定好；

（4）分析天平称得的样品质量不可避免地存在称量误差；

（5）滴定管内壁因未洗净而挂有液滴，使体积测量产生随机误差；

（6）砝码磨损使称量产生系统误差；

（7）滴定过快液面未稳定即读数产生随机误差；

（8）天平零点稍有变动使称量产生随机误差；

（9）读取滴定管读数时，最后一位数字估测不准产生系统误差；

（10）试剂中含有微量被测组分使测定产生系统误差。

7. 何谓空白试验和对照试验？其意义何在？

8. 什么叫置信度和平均值的置信区间？

9. 如何用 Q 检验法和 Grubbs 法来确定离群值的取舍？

10. 显著性检验在分析测试中有何意义？如何进行检验？

11. 分析测定中正确使用有效数字有何意义？

12. 指出下列实验记录中的错误：

（1）用 HCl 标准溶液滴定 25.00 mL NaOH 溶液，V_{HCl} 分别为 24.1 mL，24.2 mL，24.1 mL，则 $\overline{V}_{HCl}$ = 24.13 mL。

（2）称取 0.432 8 g $Na_2B_4O_7$，用量筒加入约 20.00 mL 水。

（3）由滴定管放出 20 mL NaOH 溶液，以甲基橙作指示剂，用 HCl 标准溶液滴定。

13.下列数据各包括几位有效数字？

（1）0.052；（2）36.080；（3）4.4×10^{-3}；（4）1 000；（5）0.031

14. 有人测定某药物中主成分的质量分数，称取此药物 0.025 0 g，报出测试结果：主成分的质量分数为 96.24%。问此结果是否合理？如不合理，应如何表示？

15. 微量分析天平称量可准确至 ±0.001 mg，要使试样称量误差不大于 0.1%，问至少应称取多少试样？半自动分析天平称量可准确至 ±0.1 mg，要使称量误差不大于 0.1%，问又应至少称取多少试样？

16. 50 mL 滴定管的读数误差为 ±0.01 mL，欲使体积读数误差小于 0.1%，至少应消耗滴定剂多少毫升？若以无水 Na_2CO_3 为基准物标定 HCl，其浓度约为 0.1 mol·L^{-1}，问至少应称取基准物多少克？

习　题

1. 某试样用标准方法测得锰质量分数为 41.29%，现分析测得锰质量分数为：41.24%，41.27%，41.23%，41.26%，试计算分析测定结果平均值的绝对误差和相对误差。

（−0.04；−0.1%）

2. 测定某一热交换器水垢中的 Fe_2O_3 质量分数（%），进行七次平行测定，经校正系统误差后，其数据为 79.58，79.45，79.47，79.50，79.62，79.38 和 79.80，进行 Q 检验后，计算结果的平均值、平均偏差、标准偏差和置信度为 90%时平均值的置信区间。

（79.54%；0.11%；0.14%；（79.54 ± 0.11）%）

3. 用基准 $K_2Cr_2O_7$ 对 $Na_2S_2O_3$ 溶液浓度进行标定，平行测定六次，测得其浓度为 0.103 3 mol·L^{-1}，0.106 0 mol·L^{-1}，0.103 5 mol·L^{-1}，0.103 1 mol·L^{-1}，0.102 2 mol·L^{-1} 和 0.103 7 mol·L^{-1}。在上述六次测定值中，用 Grubbs 法检验 0.106 0 mol·L^{-1}是否应舍弃（P=95%），并计算结果的平均值、标准偏差、置信度为 95%的置信区间。

（舍；0.103 4 mol·L^{-1}；0.000 3 mol·L^{-1}；（0.103 4 ± 0.000 5）mol·L^{-1}）

4. 根据有效数字运算规则，计算下列各式：

（1）$1.276\times4.17+1.7\times10^{-4}-0.002\,176\,4\times0.012\,1$

（2）$\dfrac{2\times(0.051\,00\times40.00-0.096\,00\times17.00/2)\times14.00\times10^{-3}}{0.646\,4\times25.00/100}\times100\%$

（3）pH = 5.03，求$[H^+]$。

（5.32；21.21%；9.3×10^{-6}）

5. 用返滴定法测定试样中某组分质量分数，按下式计算：

$$w_x=\frac{0.100\,0\times(25.00-1.52)\times246.47}{1.000\,0\times1\,000}\times100\%$$

问分析结果应以几位有效数字报出？结果是多少？

（4 位；57.87%）

6. 甲、乙两人测定同一样品中某成分的质量分数（%），各测得一组数据如下：

甲：20.48，20.55，20.58，20.60，20.53，20.50

乙：20.44，20.64，20.56，20.70，20.38，20.52

计算各组数据的平均值、平均偏差、相对平均偏差、标准偏差及相对标准偏差，并说明甲、乙两人分析结果的精密度有无显著性差异（P =95%)。

（甲：20.54%，0.037%，0.18%，0.046%，0.22%；

乙：20.54%，0.093%，0.45%，0.12%，0.58%；有显著差异）

7. 有一标样，其标准值为 0.123%，今用一新方法平行测定四份，得四次数据（%）如下：0.112，0.118，0.115 和 0.119。试判断新方法是否存在系统误差（P = 95%）？

（存在）

8. 用无水碳酸钠和硼砂分别标定某盐酸溶液的浓度（$mol\cdot L^{-1}$)，测定结果如下：

无水碳酸钠标定：0.100 5，0.100 7，0.100 3，0.100 9

硼砂标定：0.100 8，0.100 7，0.101 0，0.101 3，0.101 7

问这两组数据的精密度和平均值是否有显著性差异（P = 95%）？

（无；无）

第3章　滴定分析法概论

第 3 章　滴定分析法概论

3.1　滴定分析法及分类

一、滴定分析法及有关术语

滴定分析法（titrametric analysis）是化学分析中最常用的方法。滴定（titration）是将已知准确浓度的溶液（标准溶液）通过滴定管滴加到待测溶液中的过程。待滴定进行到化学反应按计量关系完全作用为止，然后根据所用标准溶液的浓度和体积计算出待测物质的含量的分析方法就称为滴定分析法。因为这类方法是以测量标准溶液的体积为基础的方法，故也被称为容量分析法（volumetric analysis）。滴定分析法使用的仪器简单，一般相对误差小于 0.2%，具有操作简便、分析速度快、测定准确度较高的特点，适用于常量分析和半微量分析，目前仍然是广泛应用的定量分析方法。

当化学反应按计量关系完全作用，即加入的标准溶液与待测定组分定量反应完全时，称反应达到了化学计量点（stoichiometric point，sp）。在化学计量点时，必须借助于某种方式指示反应的完成，比如加入某种试剂，使其在计量点前后发生明显的颜色变化以便停止滴定，这个点被称为滴定终点（end point，ep），加入的辅助试剂称为指示剂。因此，滴定终点就是指示剂变色而停止滴定的点。

化学计量点和滴定终点的含义不同。化学计量点是根据化学反应式所表示的计量关系而求得的理论值，而滴定终点则是实际滴定中测到的值。理论值和实际测得的值，往往不能完全吻合，它们之间一般存在着很小的差别，这一微小的差别称为滴定误差或终点误差。滴定误差是滴定分析法误差的主要来源之一，它的大小取决于化学反应完成的程度和指示剂选择得是否恰当。

根据所利用的化学反应类型的不同，常用的滴定分析法可分为酸碱滴定法、络合滴定法、氧化还原滴定法和沉淀滴定法等。多数滴定分析在水溶液中进行，当被测物质因在水中的溶解度小或其他原因不能以水为溶剂时，有时可采用水以外的溶剂为滴定介质，称为非水滴定法。

二、滴定分析法的分类

1. 根据化学反应类型

根据标准溶液和待测组分间所发生的化学反应类型的不同，滴定分析法一般分为如下四类。

（1）酸碱滴定法（又称中和法）：这是以质子传递反应为基础的滴定分析法。可以用来对酸或碱以及能和酸、碱直接或间接发生质子传递的物质进行测定

$$H^+ + OH^- = H_2O$$

$$H^+ + A^- = HA$$

（2）络合滴定法：这是以络合反应为基础的滴定分析法。可用于金属离子的测定，例如

用乙二胺四乙酸作络合剂测定金属离子的反应如下

$$M^{2+} + Y^{4-} = MY^{2-}$$

式中，M^{2+} 表示二价金属离子，Y^{4-}表示乙二胺四乙酸的阴离子。

（3）氧化还原滴定法：这是以氧化还原反应为基础的滴定分析法。可用于对具有氧化还原性质的物质及某些不具有氧化还原性质的物质进行测定，其中包括高锰酸钾法、重铬酸钾法、碘量法等。它们的反应是

$$MnO_4^- + 5Fe^{2+} + 8H^+ = Mn^{2+} + 5Fe^{3+} + 4H_2O$$

$$Cr_2O_7^{2-} + 6Fe^{2+} + 14H^+ = 2Cr^{3+} + 6Fe^{3+} + 7H_2O$$

$$I_2 + 2S_2O_3^{2-} = 2I^- + S_4O_6^{2-}$$

（4）沉淀滴定法：这是以沉淀反应为基础的滴定分析法。目前应用最广的是生成难溶性银盐的反应，称为银量法，例如

$$Ag^+ + Cl^- = AgCl\downarrow$$

$$Ag^+ + SCN^- = AgSCN\downarrow$$

用银量法可测定 Cl^-、Br^-、I^-、SCN^- 和 Ag^+ 等。

滴定分析法通常用于测定常量组分，即待测组分的质量分数一般在 1%以上，有时也可用于测定微量的组分。滴定分析法的准确度比较高，相对误差不大于 0.2%。与重量分析法相比，滴定分析法简便、快速，可用于测定多种元素，在生产实践和科学研究中具有很高的实用价值。

2. 根据滴定方式

在滴定分析法中，常用的滴定方式有四种，即直接滴定法、返滴定法、置换滴定法和间接滴定法，后三种滴定方式的应用大大拓展了滴定分析的应用范围。

（1）直接滴定法：凡是能满足滴定反应条件的反应，都可以用标准溶液直接滴定待测物质，这种滴定方式称为直接滴定法。直接滴定法是滴定反应法中最常用、最基本的滴定方式，如用 HCl 标准溶液滴定 NaOH、用 $K_2Cr_2O_7$ 标准溶液滴定 Fe^{2+} 等。

（2）返滴定法：当标准溶液与待测物质的反应进行得较慢时，或用标准溶液直接滴定固体样品时，加入符合计量关系的标准溶液后，反应常常不能立即完成。此时可以先加入一定量（过量）的标准溶液，使之与待测物质或固体试样进行反应，待反应完成后，再用另一种标准溶液滴定前一种剩余的标准溶液，这种滴定方式称为返滴定法或剩余滴定法。

例如 Al^{3+}与 EDTA 的络合反应速度很慢，不能用直接滴定法。但 Zn^{2+}与 EDTA 的络合反应速度很快，故在测 Al^{3+}时，采取加入定量、过量的 EDTA 标准溶液并加热使反应加速，待反应完成并冷却后，用 Zn^{2+}标准溶液滴定剩余的 EDTA，从而计算 Al 的含量。

有时采用返滴定法是由于某些反应没有合适的指示剂。如在酸性溶液中用 $AgNO_3$ 标准溶液滴定 Cl^-时没有合适的指示剂。此时，可加一定量过量的 $AgNO_3$ 标准溶液，使 Cl^-沉淀完全，再用 NH_4SCN 标准溶液滴定剩余的 Ag^+，用 Fe^{3+}为指示剂，出现 $Fe(SCN)^{2+}$的淡红色时即为终点。

（3）置换滴定法：对于没有确定的计量关系或伴有副反应的反应，待测物就不能直接滴定。这时可先用适当的试剂与待测物反应，使其转换成一种能被定量滴定的物质，然后再用适当的标准溶液滴定此新物质，这种滴定方式称为置换滴定法。例如 $Na_2S_2O_3$ 不能直接滴定

$K_2Cr_2O_7$ 及其他强氧化剂，因为在酸性溶液中，强氧化剂将 $S_2O_3^{2-}$ 氧化为 $S_4O_6^{2-}$ 及 SO_4^{2-} 等混合物，它们之间没有确定的计量关系。但是，若在 $K_2Cr_2O_7$ 的酸性溶液中加入过量 KI，$K_2Cr_2O_7$ 与 KI 定量反应置换出 I_2，I_2 与 $Na_2S_2O_3$ 的反应有确定的计量关系，这样就可以用 $Na_2S_2O_3$ 标准溶液滴定 I_2。

（4）间接滴定法：对于不能直接与滴定剂发生反应的物质，有时可以通过另一种化学反应，以滴定法间接进行测定。例如 Ca^{2+} 没有可变价态，不能直接用氧化还原法滴定。但若将 Ca^{2+} 沉淀为 CaC_2O_4，过滤、洗涤后溶解于硫酸中，再用 $KMnO_4$ 标准溶液滴定与 Ca^{2+} 结合的 $C_2O_4^{2-}$，从而间接测定 Ca^{2+} 的含量。

3. 根据测定物的质量

根据测定物质量的不同，滴定分析方法的分类见表 3-1。

表 3-1　根据测定物质量对滴定分析方法进行分类

方法	试样质量/mg	滴定剂体积/mL	被测物质量/mg
常量分析	1 000～100	100～10	1 000～100
半微量分析	100～10	10～1	100～10

3.2　滴定反应的条件

滴定分析虽然能应用各种类型的反应，但不是所有的化学反应都可用于滴定分析，适用于滴定分析的化学反应必须具备下列条件：

（1）反应按一定的化学反应式进行，即反应具有确定的计量关系。

例如，待测物 A 与滴定剂 B 按下式反应

$$aA + bB = cC + dD$$

表示 A 与 B 是按物质的量比 a:b 的关系反应的，这是反应的计量关系，到达化学计量点时

$$n_A : n_B = a : b \text{ 或 } n_A = \frac{a}{b} n_B$$

式中，n_A 是待测物质的物质的量；n_B 是滴定剂的物质的量。

（2）反应必须定量地进行完全，通常要求达到 99.9%以上。

例如，滴定反应

$$\underset{\text{（待测物）}}{A} + \underset{\text{（滴定剂）}}{B} = \underset{\text{（生成物）}}{P}$$

则

$$\frac{[P]}{[A][B]} = K_t$$

反应的平衡常数 K_t 称为滴定常数，用它可以衡量反应的完成程度。若 99.9%的反应物转变为生成物，可认为反应定量完全。设上式反应在滴定开始时，[A] = [B] = c mol•L^{-1}，[P] = 0。平衡时，反应达 99.9%，则[A] = [B] = 0.001[P]，K_t 为

$$K_t = \frac{[P]}{[A][B]} = \frac{[P]}{(0.001[P])^2} = \frac{10^6}{[P]}$$

此时，[P] ≈ c mol•L^{-1}，得

$$cK_t = 10^6$$

表示 cK_t 值大于 10^6 时，反应达到 99.9%以上，能定量地进行完全。

（3）反应速度要快。对于反应速度慢的反应，应采取措施加快反应速度，例如加热、增加反应物的浓度、加入催化剂等。

（4）有比较简便、可靠的确定滴定终点方法，例如要有合适的指示剂。

3.3　标准溶液和基准物

在滴定分析中，不论采取何种滴定方式都离不开标准溶液，最后要根据标准溶液的浓度和消耗体积来计算待测物质的含量。因此，正确地配制标准溶液、准确地标定标准溶液的浓度以及对标准溶液进行妥善的保存，对于提高滴定分析结果的准确度十分必要。基准物是能用于直接配制标准溶液或标定标准溶液准确浓度的物质。

一、标准溶液的配制

标准溶液的配制一般采用两种方法，即直接法和间接法。

1. 直接法

准确称取一定量的基准物质，用适当溶剂溶解后，定量地转移至容量瓶中，稀释至刻度。根据称取基准物的质量和溶液的体积，计算出标准溶液的准确浓度。例如，称取 4.903 g 基准物质 $K_2Cr_2O_7$，置于烧杯中，用水溶解后，定量转移至 1 L 容量瓶中，用水稀释至刻度，即得 0.016 67 $mol \cdot L^{-1}$ $K_2Cr_2O_7$ 标准溶液。

直接法配制标准溶液的优点是方便，配好即可使用。但是，不是所有的试剂都可以采用直接法配制标准溶液的，能用直接法配制标准溶液的基准物必须符合下列条件：

（1）纯度高。一般要求其质量分数在 99.9%以上，杂质的含量应少到不致影响分析结果的准确度。

（2）物质的实际组成应与化学式符合。若含有结晶水，如硼砂 $Na_2B_4O_7 \cdot 10H_2O$，其结晶水的含量也应与化学式严格相符。

（3）性质稳定。如干燥时不分解，称量时不吸潮，不吸收空气中的 CO_2，不被空气中的氧氧化等。

（4）最好具有较大的摩尔质量，因为摩尔质量越大，物质的量一定时，所称取的质量就越多，可以相应减小称量的误差，有利于提高分析结果的准确度。

常用的标准溶液和基准物见表 3-2。

表 3-2　常用的标准溶液和基准物

滴定方法	标准溶液	基准物	优　缺　点
酸碱滴定	HCl	Na_2CO_3	便宜，易得纯品，易吸湿
		$Na_2B_4O_7 \cdot 10H_2O$	易得纯品，不易吸湿，摩尔质量大，湿度小时会失结晶水
	NaOH	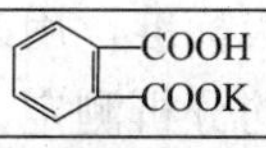	易得纯品，不吸湿，摩尔质量大
		$H_2C_2O_4 \cdot 2H_2O$	便宜，结晶水不稳定，纯度不理想

续表

滴定方法	标准溶液	基准物	优　缺　点
络合滴定	EDTA	金属 Zn 或 ZnO	纯度高，稳定，既可在 pH = 5～6 又可在 pH = 9～10 应用
氧化还原滴定	$KMnO_4$	$Na_2C_2O_4$	易得纯品，稳定，无显著吸湿
	$K_2Cr_2O_7$	$K_2Cr_2O_7$	易得纯品，非常稳定，可直接配制标准溶液
	$Na_2S_2O_3$	$K_2Cr_2O_7$	易得纯品，非常稳定，可直接配制标准溶液
	I_2	升华 I_2	纯度高，易挥发，水中溶解度很小
		As_2O_3	能得纯品，晶形产品不吸湿，剧毒
	$KBrO_3$	$KBrO_3$	易得纯品，稳定
	$KBrO_3$+过量 KBr	$KBrO_3$	易得纯品，稳定
沉淀滴定	$AgNO_3$	$AgNO_3$	易得纯品，防止光照及有机化物沾污
		NaCl	易得纯品，易吸湿

2. 间接法（也称标定法）

很多试剂不符合基准物质的条件，不适合直接配制标准溶液。例如 NaOH 易吸收空气中的水分和 CO_2；一般市售的 HCl 的含量不准确，且易挥发；$KMnO_4$、$Na_2S_2O_3$不纯，在空气中不稳定等。这类试剂的标准溶液要用间接法配制，即先配成近似所需浓度的溶液，然后用基准物或已经标定过的另一种标准溶液来确定它的准确浓度，称为标定（standardization）。例如，欲配制 0.1 $mol \cdot L^{-1}$ HCl 标准溶液，先用浓 HCl 稀释配制成浓度大约是 0.1 $mol \cdot L^{-1}$ 的稀 HCl 溶液，然后称取一定量的基准物质 $Na_2B_4O_7 \cdot 10H_2O$ 进行标定或者用已知准确浓度的 NaOH 标准溶液进行标定，这样便可以求得配制的 HCl 标准溶液的准确浓度。

二、标准溶液浓度的标定

标准溶液浓度的标定可采用基准物标定和比较法。

1. 用基准物标定

准确称取一定量的基准物，溶解后用待标定的标准溶液滴定，然后根据基准物的质量和待标定的标准溶液所消耗的体积，即可算出该标准溶液的准确浓度。大多数标准溶液都采用此法确定其准确浓度。

2. 与已知准确浓度的标准溶液进行比较（比较法）

准确吸取一定量的待测标准的溶液，用已知准确浓度的标准溶液滴定；或是准确吸取一定量的标准溶液，用待标定的溶液滴定。根据两种溶液的消耗量及标准溶液的浓度，即可算出待标定溶液的准确浓度。

用比较法标定时，所用的标准溶液称为二级标准，用二级标准标定溶液浓度的方法，不及直接用基准物标定的好。对于准确度要求高的分析测定，标准溶液多用基准物标定，不用二级标准。

标定好的标准溶液应妥善保存。溶液保存于瓶中，由于蒸发在瓶内壁常有水滴凝聚，使溶液浓度发生变化，故在每次使用前，应将溶液摇匀。见光易分解的 $AgNO_3$、$KMnO_4$ 等标准溶液应贮于棕色瓶中，并在暗处放置。能吸收空气中 CO_2，并能腐蚀玻璃的强碱溶液，最好装在塑料瓶中。标准溶液如欲长期使用，必须定期标定。

三、标准溶液浓度表示法

标准溶液浓度的常用表示方法有两种，即物质的量浓度和滴定度。

1. 物质的量浓度

物质的量浓度（简称浓度）是指单位体积溶液所含溶质的物质的量（n），如 B 物质的浓度以符号 c_B 表示，即

$$c_B = \frac{n_B}{V} \tag{3-1}$$

式中，V 为溶液的体积；浓度的单位为 $mol \cdot L^{-1}$。

物质的量 n 的单位为摩尔（mol）。摩尔是指一系统的物质的量，该系统中所包含的基本单元数与 0.012 kg ^{12}C 的原子数目相等。如果系统中物质 B 的基本单元数目与 0.012 kg ^{12}C 的原子数目一样多，则物质 B 的物质的量 n_B 就是 1 mol。如果物质 B 的基本单元数目与 0.018 kg ^{12}C 的原子数目一样多，物质 B 的物质的量 n_B 就是 1.5 mol。即物质 B 的物质的量 n_B 是正比于系统中 B 的基本单位数目 N_B 的量，$n_B \propto N_B$。

物质 B 的物质的量 n_B 与物质 B 的质量 m_B 的关系为

$$n_B = \frac{m_B}{M_B}$$

式中，M_B 为物质 B 的摩尔质量。根据上式，可以从溶质的质量求出溶质的物质的量，进而计算溶液的浓度。

2. 滴定度

滴定度是指每毫升标准溶液相当的待测组分的质量，用 $T_{待测物/滴定剂}$ 表示。例如，用 $K_2Cr_2O_7$ 标准溶液测定 Fe 含量的滴定度可用 $T_{Fe/K_2Cr_2O_7}$ 表示。若 $T_{Fe/K_2Cr_2O_7} = 0.005\,585\ g \cdot mL^{-1}$，即表示 1 mL $K_2Cr_2O_7$ 标准溶液相当于 0.005 585 g 的铁。也就是说，1 mL $K_2Cr_2O_7$ 标准溶液能把 0.005 585 g 的 Fe^{2+} 氧化成 Fe^{3+}。

在生产实际中，常需测定大批量试样中同一组分的含量，用滴定度表示标准溶液浓度计算比较简便。

浓度 c 与滴定度 T 之间存在如下关系

$$c = \frac{T \times 1\,000}{M} \tag{3-2}$$

3.4　滴定分析结果的计算

一、计算方法

滴定分析的计算方法有换算因数法和等物质的量规则两种方法。

换算因数法的计算依据是：当滴定到达化学计量点时，滴定剂与被测物的物质的量之间关系恰好符合其化学反应所表示的化学计量关系。等物质的量规则法的计算依据是：当滴定到化学计量点时，被测物质的物质的量与滴定剂的物质的量相等。本教材将采用换算因数法进行滴定分析的计算，为便于读者自学，同时介绍等物质的量规则法。

1. 换算因数法

（1）被测物的物质的量 n_A 与滴定剂的物质的量 n_B 之间关系的计算。在直接滴定法中，设被测物 A 与滴定剂 B 之间的反应为

$$aA + bB = cC + dD$$

A 与 B 反应到达化学计量点时，$n_A : n_B = a : b$，则

$$n_A = \frac{a}{b} n_B, \quad n_B = \frac{b}{a} n_A \tag{3-3}$$

在有关的计算式中引入上述换算因数，即两反应物的物质的量之比。

若被测物是溶液，其体积为 V_A，浓度为 c_A，到达化学计量点时用去浓度为 c_B 的滴定剂的体积为 V_B，则

$$c_A V_A = \frac{a}{b} c_B V_B \tag{3-4}$$

上述关系式也适用于有关溶液稀释的计算。因为溶液稀释后，浓度虽然降低了，但所含溶质的物质的量没有变，故

$$c_1 V_1 = c_2 V_2 \tag{3-5}$$

式中，c_1 和 V_1 及 c_2 和 V_2 分别为稀释前后溶液的浓度和体积。

对于固体物质，其质量为 m_A，经溶解后用浓度为 c_B 的滴定剂滴定，到达化学计量点时用去体积为 V_B，则

$$\frac{m_A}{M_A} = \frac{a}{b} c_B V_B$$

或

$$m_A = \frac{a}{b} c_B V_B M_A \tag{3-6}$$

（2）被测物含量的计算。若称取试样的质量为 m_s，测得被测物 A 的质量为 m_A，则被测物在试样中的含量以质量分数 w_A 表示为

$$w_A = \frac{m_A}{m_s} \times 100\% \tag{3-7}$$

将式（3-6）代入式（3-7）中，得

$$w_A = \frac{\frac{a}{b} c_B V_B M_A}{m_s} \times 100\% \tag{3-8}$$

（3）溶液的滴定度与浓度的换算。式（3-6）中若 V_B 的单位采用 L，M_A 的单位采用 $g \cdot mol^{-1}$，则 m_A 的单位为 g。而在滴定中，滴定剂的体积常以 mL 计量，即当 V_B 的单位为 mL 时，式（3-6）应改写为

$$m_A = \frac{a}{b} c_B V_B M_A \times 10^{-3} \tag{3-9}$$

根据滴定度的定义，可得

$$T_{A/B} = \frac{m_A}{V_B} = \frac{a}{b} c_B M_A \times 10^{-3}$$

或

$$c_B = \frac{b}{a} \times \frac{T_{A/B} \times 10^3}{M_A} \tag{3-10}$$

滴定分析中常用化学量和有关计算公式分别见表 3-3 和表 3-4。

表 3-3　滴定分析中常用化学量

导出单位	符　号	定　义	单　位
物质的质量	m		g
物质的量	n	$n = m/M$	mol
摩尔质量	M	$M = m/n$	$g \cdot mol^{-1}$
物质的量浓度	c	$c = n/V$	$mol \cdot L^{-1}$
滴定度	T	$T = m/V$	$g \cdot mL^{-1}$

表 3-4　滴定分析计算公式

计　算　项　目	换算因数法（基本单元根据物质的化学式）
溶液测定，溶液稀释	$c_A V_A = \frac{a}{b} c_B V_B$
溶液标定	$\frac{m_A}{M_A} = \frac{a}{b} c_B V_B$
被测物质的质量	$m_A = \frac{a}{b} c_B V_B M_A$
被测物质的质量分数	$w_A = \frac{\frac{a}{b} c_B V_B M_A}{m_s} \times 100\%$
滴定度与浓度换算	$T_{A/B} = \frac{a}{b} c_B M_A \times 10^{-3}$

2. 等物质的量规则

（1）等物质的量规则的含义。等物质的量规则可以表述为：在化学反应中消耗了的两种反应物的物质的量相等。

在滴定分析中，用标准溶液滴定待测组分，当滴定到化学计量点时，根据等物质的量规则有：待测组分的物质的量 = 标准溶液的物质的量，即

$$n_A = n_B$$

或

$$c_A V_A = c_B V_B$$

或
$$\frac{m_A}{M_A}=\frac{a}{b}c_BV_B$$

式中，c_B，V_B 为标准溶液（滴定剂）的浓度和体积，$c_BV_B = n_B$；c_A，V_A 为待测组分的浓度和体积，$c_AV_A = n_A$；m_A，M_A 为待测组分的质量和摩尔质量，$\frac{m_A}{M_A}=n_A$。

（2）基本单元的确定。在应用等物质的量规则进行滴定分析的有关计算时，关键在于如何正确地确定基本单元。在以化学反应为基础的滴定分析中，可以根据化学反应的类型和具体的反应方程式来确定反应物的基本单元。通常先确定标准溶液物质的基本单元，然后再根据等物质的量规则确定与之反应的其他物质的基本单元。下面分别介绍各类反应中基本单元的确定方法。

① 酸碱反应基本单元的确定。酸碱反应的实质是质子的转移，因此在酸碱反应中，反应物的基本单元可选择为转移一个质子，或相当于转移一个质子的粒子（分子、离子、原子等）或这些粒子的特定组合。HCl 和 NaOH 在反应中，都是转移一个质子，通常 HCl 和 NaOH 都确定为基本单元。例如，在 H_2SO_4 与 NaOH 的反应中：

$$H_2SO_4 + 2NaOH = Na_2SO_4 + 2H_2O$$

由于 NaOH 作为基本单元，根据等物质的量规则或转移的质子数，可知硫酸的基本单元为 $\frac{1}{2}H_2SO_4$。

又如 Na_2CO_3 与 HCl 的反应，如果反应为

$$Na_2CO_3 + HCl = NaCl + NaHCO_3$$

由于 HCl 作为基本单元，所以碳酸钠的基本单元是 Na_2CO_3。如果反应为

$$Na_2CO_3 + 2HCl = 2NaCl + H_2O$$

则碳酸钠的基本单元为 $\frac{1}{2}Na_2CO_3$。

再如盐酸和硼砂的反应：

$$2HCl + Na_2B_4O_7 + 5H_2O = 4H_3BO_3 + 2NaCl$$

在反应中，2HCl 给出两个 H^+ 转变成 2NaCl，给出一个 H^+ 的是一个 HCl 分子，故盐酸的基本单元为 HCl 分子。2HCl 给出的两个 H^+ 是硼砂获得的，即一个硼砂分子获得两个 H^+，而得到一个 H^+ 的是 $\frac{1}{2}Na_2B_4O_7$。如果为了计算硼的含量，硼的基本单元又如何确定？由反应可知各物质间的相当量关系为

$$HCl \sim \frac{1}{2}Na_2B_4O_7 \sim 2B$$

可见，相当于一个 HCl 分子的硼是两个硼原子，故硼的基本单元为 2B。

② 络合反应基本单元的确定。在络合滴定法中，常用的标准溶液是 EDTA。由于 EDTA 与金属离子 M^{n+} 的络合比均为 1:1，故基本单元是一个 EDTA 分子或一个金属离子 M^{n+}，或相当于一个 EDTA 分子和一个金属离子的特定组合。

例如，用 EDTA 标准溶液滴定 Fe^{3+} 以测定 FeO 和 Fe_2O_3 的含量时，滴定反应为

$$Fe^{3+} + H_2Y^{2-} = FeY^- + 2H^+$$

式中，EDTA 的基本单元为 H_2Y^{2-}；铁的基本单元为 Fe^{3+}。如果用 FeO 和 Fe_2O_3 表示，则基本单元分别为 FeO 和 $\frac{1}{2}Fe_2O_3$。因为

$$H_2Y^{2-} \sim Fe^{3+} \sim FeO \sim \frac{1}{2}Fe_2O_3$$

③ 氧化还原反应基本单元的确定。氧化还原反应的特征是有电子的转移，因此在氧化还原反应中，反应物的基本单元可选择为转移一个电子，或相当于转移一个电子的粒子（分子、离子、原子等）或这些粒子的特定组合。

下面以一些典型的氧化还原滴定反应为例，说明氧化还原反应基本单元的确定。

Ⅰ. 高锰酸钾滴定 Fe^{2+} 的反应，其反应式为

$$MnO_4^- + 5Fe^{2+} + 8H^+ = Mn^{2+} + 5Fe^{3+} + 4H_2O$$

反应中获得一个电子的是 $\frac{1}{5}KMnO_4$，故高锰酸钾的基本单元为 $\frac{1}{5}KMnO_4$；给出一个电子的是一个 Fe^{2+}，故铁的基本单元为 Fe。

Ⅱ. $Na_2S_2O_3$ 滴定 I_2 的反应，其反应式为

$$I_2 + 2S_2O_3^{2-} = 2I^- + S_4O_6^{2-}$$

反应中获得一个电子的是 $\frac{1}{2}I_2$，而失去一个电子的是 $S_2O_3^{2-}$，故它们的基本单元分别为 $\frac{1}{2}I_2$ 和 $Na_2S_2O_3$。

Ⅲ. 用重铬酸钾法测定铁矿中铁的含量，其滴定反应为

$$Cr_2O_7^{2-} + 6Fe^{2+} + 14H^+ = 2Cr^{3+} + 6Fe^{3+} + 7H_2O$$

这个反应由下面两个半反应组成：

$$Cr_2O_7^{2-} + 14H^+ + 6e^- \rightleftharpoons 2Cr^{3+} + 7H_2O$$

$$Fe^{3+} + e^- \rightleftharpoons Fe^{2+}$$

从上反应可知，$Cr_2O_7^{2-}$ 获得 6 个电子被还原为 Cr^{3+}；Fe^{2+}给出 1 个电子被氧化为 Fe^{3+}。因此，$K_2Cr_2O_7$ 的基本单元为 $\frac{1}{6}K_2Cr_2O_7$；Fe^{2+}的基本单元为 Fe^{2+}。

Ⅳ. 用碘法测定 $CuSO_4$ 时，先使 Cu^{2+} 与过量的 KI 反应，再用 $Na_2S_2O_3$ 标准溶液滴定所生成的 I_2，其反应如下

$$2Cu^{2+} + 4I^- = 2CuI\downarrow + I_2$$

$$I_2 + 2S_2O_3^{2-} = 2I^- + S_4O_6^{2-}$$

在这里

$$Cu^{2+} + I^- + e^- = CuI\downarrow$$

$$2S_2O_3^{2-} - 2e^- \rightleftharpoons S_4O_6^{2-}$$

故 $CuSO_4$ 的基本单元为 $CuSO_4$；$Na_2S_2O_3$ 的基本单元为 $Na_2S_2O_3$。

Ⅴ. 用 $Na_2C_2O_4$ 作基准物标定 $KMnO_4$ 溶液时，其滴定反应为

$$2MnO_4^- + 5C_2O_4^{2-} + 16H^+ = 2Mn^{2+} + 10CO_2\uparrow + 8H_2O$$

其半反应为 $$MnO_4^- + 8H^+ + 5e^- \rightleftharpoons Mn^{2+} + 4H_2O$$

$$C_2O_4^{2-} - 2e^- \rightleftharpoons 2CO_2$$

故 $KMnO_4$ 的基本单元为 $\frac{1}{5}KMnO_4$；$Na_2C_2O_4$ 的基本单元为 $\frac{1}{2}Na_2C_2O_4$。

必须指出，同一物质在不同的反应中具有不同的基本单元。例如 $KMnO_4$ 在不同条件下反应，其基本单元各不相同。

Ⅵ. 苯酚含量的测定，先将苯酚与一定量过量的 Br_2 发生溴代反应：

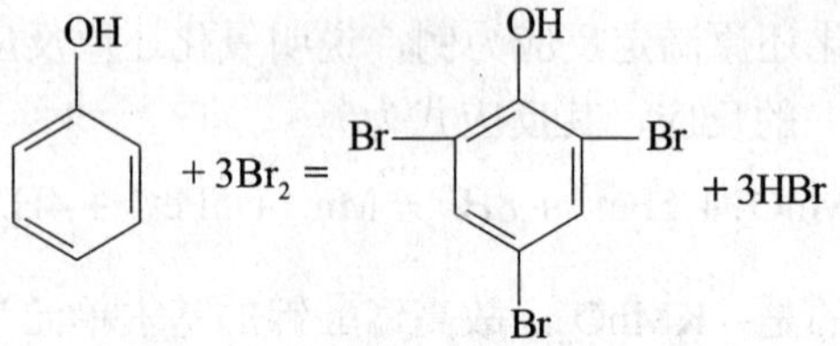

过量的 Br_2 再氧化 KI，析出的 I_2 用 $Na_2S_2O_3$ 标准溶液滴定：

$$Br_2 + 2I^- = 2Br^- + I_2$$

$$I_2 + 2S_2O_3^{2-} = 2I^- + S_4O_6^{2-}$$

由上述反应可知，1 mol 的苯酚相当于 3 mol Br_2、相当于 3 mol 的 I_2，3 分子的 I_2 得 6 个电子而被还原为 6 个 I^-。所以 1 分子的苯酚就相当于转移 6 个电子，故苯酚的基本单元为 $\frac{1}{6}C_6H_5OH$。

如果用间接法测定一些没有氧化还原性质的物质，由于被测物没直接参与氧化还原反应，无法写出它们的半反应式，它们的基本单元就应根据一系列反应式中，被测物与标准溶液间的相当的物质的量的关系来确定。

④ 沉淀反应基本单元的确定。在沉淀滴定法中，常用的是以 $AgNO_3$ 作标准溶液、测定卤素化合物的银量法。因此，反应物的基本单元应选择为结合或转移一个 Ag^+，或相当于一个 Ag^+ 的粒子（分子、离子、原子等）或这些粒子的特定组合。

例如 $$Ag^+ + Cl^- = AgCl\downarrow$$

则反应物的基本单元为 Ag^+ 及 Cl^-。

滴定分析常用反应类型基本单元的确定详见表 3-5。

表 3-5 滴定分析常用反应类型基本单元的确定

滴定类型	常用标准物质	滴定反应举例	反应最小粒子	基本单元
酸碱滴定	HCl	$H^+ + OH^- = H_2O$	H^+	HCl
	NaOH	$OH^- + H^+ = H_2O$	OH^-	NaOH
	Na_2CO_3	$CO_3^{2-} + H^+ = HCO_3^-$	CO_3^{2-}	Na_2CO_3
		$CO_3^{2-} + 2H^+ = CO_2\uparrow + H_2O$	$\frac{1}{2}CO_3^{2-}$	$\frac{1}{2}Na_2CO_3$

续表

滴定类型		常用标准物质	滴定反应举例	反应最小粒子	基本单元
氧化还原滴定	高锰酸钾法	$KMnO_4$	$MnO_4^- + 5e^- + 8H^+ = Mn^{2+} + 4H_2O$	$\frac{1}{5}MnO_4^-$	$\frac{1}{5}KMnO_4$
	重铬酸钾法	$K_2Cr_2O_7$	$Cr_2O_7^{2-} + 6e^- + 14H^+ = 2Cr^{3+} + 7H_2O$	$\frac{1}{6}Cr_2O_7^{2-}$	$\frac{1}{6}K_2Cr_2O_7$
	碘量法	$Na_2S_2O_3$	$2S_2O_3^{2-} - 2e^- = S_4O_6^{2-}$	$S_2O_3^{2-}$	$Na_2S_2O_3$
		I_2	$I_2 + 2e^- = 2I^-$	$\frac{1}{2}I_2$	$\frac{1}{2}I_2$
	硫酸铈法	$Ce(SO_4)_2$	$Ce^{4+} + e^- = Ce^{3+}$	Ce^{4+}	$Ce(SO_4)_2$
	溴酸钾法	$KBrO_3$	$BrO_3^- + 6e^- + 6H^+ = Br^- + 3H_2O$	$\frac{1}{6}BrO_3^-$	$\frac{1}{6}KBrO_3$
	硫酸亚铁法	$FeSO_4$	$Fe^{2+} - e^- = Fe^{3+}$	Fe^{2+}	$FeSO_4$
络合滴定		Na_2H_2Y (EDTA)	$Me^{n+} + H_2Y^{2-} = MeY^{-(4-n)} + 2H^+$	H_2Y^{2-}	Na_2H_2Y (EDTA)
沉淀滴定		$AgNO_3$	$Ag^+ + X^- = AgX\downarrow$	Ag^+	$AgNO_3$

需要指出的是，尽管国际单位制（SI）规定基本单元可以是种种粒子或这些粒子的种种组合。但在滴定分析的计算中，当已经确定了一种物质的基本单元以后，与之反应的另一种物质的基本单元，必须根据等物质的量规则来选取，以使它们的物质的量相等。

二、滴定分析计算实例

1. 换算因数法

例 3-1　欲配制 0.020 00 mol•L^{-1} $K_2Cr_2O_7$ 标准溶液 250.0 mL，应称取基准物质 $K_2Cr_2O_7$ 多少克？

解：$m_{K_2Cr_2O_7} = c_{K_2Cr_2O_7} V_{K_2Cr_2O_7} M_{K_2Cr_2O_7} \times 10^{-3}$

$= 0.020\,00 \times 250.0 \times 294.2 \times 10^{-3}$

$= 1.471$（g）

例 3-2　要求在滴定时消耗 0.2 mol•L^{-1} NaOH 溶液 20～30 mL，问应称取基准试剂邻苯二甲酸氢钾（KHP）多少克？如果改用草酸（$H_2C_2O_4 \cdot 2H_2O$）作基准物质，应称取多少克？

解：以 KHP 作基准物质，标定反应为

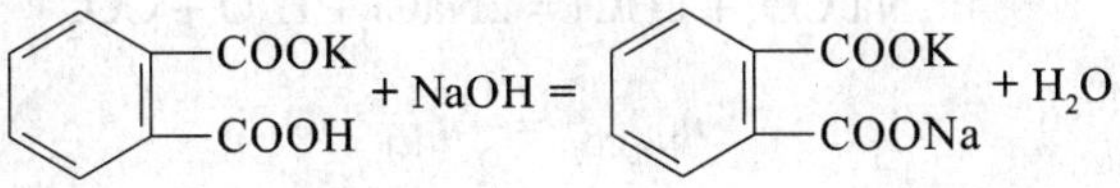

$$n_{KHP} = n_{NaOH}$$

$$m_1 = c_{NaOH} V_{NaOH} M_{KHP} = 0.2 \times 20 \times 10^{-3} \times 204.2 = 0.82\ \text{(g)}$$

$$m_2 = 0.2\times30\times10^{-3}\times204.2 = 1.2\text{（g）}$$

以草酸作基准物质，标定反应为

$$H_2C_2O_4 + 2OH^- = C_2O_4^{2-} + 2H_2O$$

$$n_{H_2C_2O_4} = \frac{1}{2}n_{OH^-}$$

$$m_1 = \frac{1}{2}c_{NaOH}V_{NaOH}M_{H_2C_2O_4\cdot2H_2O} = \frac{1}{2}\times0.2\times20\times10^{-3}\times126.07 = 0.25\text{（g）}$$

$$m_2 = \frac{1}{2}\times0.2\times30\times10^{-3}\times126.07 = 0.38\text{（g）}$$

由于邻苯二甲酸氢钾的摩尔质量比草酸的摩尔质量大，故欲与等物质的量的 NaOH 作用，前者应称取 1 g 左右，而后者只称 0.3 g 左右。对于摩尔质量大的基准物质称样量大，可以减少称量误差。

例 3-3 用 $KMnO_4$ 标准溶液可以测定某试样中的铁含量，已知 $KMnO_4$ 溶液的浓度为 0.021 20 mol•L^{-1}，计算以 $T_{Fe/KMnO_4}$ 和 $T_{Fe_2O_3/KMnO_4}$ 表示的滴定度。

解：

$$5Fe^{2+} + MnO_4^- + 8H^+ = 5Fe^{3+} + Mn^{2+} + 4H_2O$$

$$n_{Fe} = 5n_{KMnO_4}$$

$$n_{Fe_2O_3} = \frac{5}{2}n_{KMnO_4}$$

$$T_{Fe/KMnO_4} = 5c_{KMnO_4}M_{Fe}\times10^{-3}$$

$$= 5\times0.021\,20\times55.85\times10^{-3} = 0.005\,920\text{（g}\cdot\text{mL}^{-1}\text{）}$$

$$T_{Fe_2O_3/KMnO_4} = \frac{5}{2}c_{KMnO_4}M_{Fe_2O_3}\times10^{-3}$$

$$= \frac{5}{2}\times0.021\,20\times159.7\times10^{-3} = 0.008\,464\text{（g}\cdot\text{mL}^{-1}\text{）}$$

例 3-4 现有 0.110 8 mol•L^{-1} HCl 溶液 980.0 mL，欲使其浓度稀释为 0.100 0 mol•L^{-1}，应加水多少毫升？

解：设应加入 V mL 水。根据溶液稀释前后物质的量相等的原理，得

$$0.110\,8\times980.0 = (980.0 + V)\times0.100\,0$$

$$V = \frac{(0.110\,8-0.100\,0)\times980.0}{0.100\,0} = 105.8\text{（mL）}$$

例 3-5 以甲基橙作指示剂，用基准物碳酸钠标定浓度约为 0.1 mol•L^{-1} 的 HCl 标准溶液，若需消耗 HCl 标准溶液 20～30 mL，试计算基准物 Na_2CO_3 的质量范围。

解：反应式为

$$Na_2CO_3 + 2HCl = 2NaCl + H_2O + CO_2$$

$$n_{Na_2CO_3} = \frac{1}{2}n_{HCl}$$

则

$$\frac{m_{Na_2CO_3}}{M_{Na_2CO_3}} = \frac{1}{2}c_{HCl}V_{HCl}$$

$$m_{Na_2CO_3}=\frac{1}{2}\times0.1\times(20\sim30)\times10^{-3}\times106.0$$
$$=0.11\sim0.16\ (g)$$

例 3-6　用基准物碳酸钠标定 HCl 标准溶液的浓度。准确称取基准物碳酸钠 0.153 5 g 溶于 25 mL 蒸馏水中，以甲基橙作指示剂，用 HCl 标准溶液滴定用去 28.64 mL，求 HCl 标准溶液的浓度。

解：反应式为

$$Na_2CO_3+2HCl=2NaCl+H_2O+CO_2$$
$$n_{HCl}=2n_{Na_2CO_3}$$

则

$$c_{HCl}V_{HCl}=2\frac{m_{Na_2CO_3}}{M_{Na_2CO_3}}$$

$$c_{HCl}=\frac{2\times0.153\,5}{106.0\times28.64\times10^{-3}}=0.101\,1\ (mol\cdot L^{-1})$$

例 3-7　采用氧化还原滴定法测定铁矿石中铁的含量。称取试样 0.316 2 g，溶于 HCl 溶液后，用 $SnCl_2$ 将试液中的 Fe^{3+} 完全还原成 Fe^{2+}。再用 0.020 28 $mol\cdot L^{-1}$ $K_2Cr_2O_7$ 标准溶液滴定。滴定至终点时用去 $K_2Cr_2O_7$ 滴定剂 21.46 mL。计算试样中 Fe 和 Fe_2O_3 的质量分数。

解：测定过程有关的反应为

溶解　$Fe_2O_3+6H^+=2Fe^{3+}+3H_2O$

还原　$2Fe^{3+}+Sn^{2+}=2Fe^{2+}+Sn^{4+}$

滴定　$6Fe^{2+}+Cr_2O_7^{2-}+14H^+=6Fe^{3+}+2Cr^{3+}+7H_2O$

$$n_{Fe}=6n_{Cr_2O_7^{2-}}\qquad n_{Fe_2O_3}=3n_{Cr_2O_7^{2-}}$$

$$w_{Fe}=\frac{6c_{Cr_2O_7^{2-}}V_{Cr_2O_7^{2-}}M_{Fe}\times10^{-3}}{m_s}\times100\%$$
$$=\frac{6\times0.020\,28\times21.46\times55.85\times10^{-3}}{0.316\,2}\times100\%=46.12\%$$

$$w_{Fe_2O_3}=\frac{3c_{Cr_2O_7^{2-}}V_{Cr_2O_7^{2-}}M_{Fe_2O_3}\times10^{-3}}{m_s}\times100\%$$
$$=\frac{3\times0.020\,28\times21.46\times159.7\times10^{-3}}{0.316\,2}\times100\%=65.94\%$$

例 3-8　称取 0.500 0 g 石灰石试样，准确加入 50.00 mL 0.208 4 $mol\cdot L^{-1}$ 的 HCl 标准溶液，并缓慢加热使 $CaCO_3$ 与 HCl 作用完全后，再以 0.210 8 $mol\cdot L^{-1}$ NaOH 标准溶液滴定剩余的 HCl 标准溶液，结果消耗 NaOH 溶液 8.52 mL。计算试样中 $CaCO_3$ 的质量分数。

解：有关的反应为

$$CaCO_3+2H^+=Ca^{2+}+H_2O+CO_2\uparrow$$
$$H^++OH^-=H_2O$$
$$n_{CaCO_3}=\frac{1}{2}n_{HCl}$$

$$w_{CaCO_3}=\frac{\frac{1}{2}(c_{HCl}V_{HCl}-c_{NaOH}V_{NaOH})M_{CaCO_3}\times10^{-3}}{m_s}\times100\%$$

$$=\frac{\frac{1}{2}\times(0.208\,4\times50.00-0.210\,8\times8.52)\times100.09\times10^{-3}}{0.500\,0}\times100\%$$

$$=86.32\%$$

例 3-9 称取 0.180 2 g 石灰石试样溶于 HCl 溶液后，将钙沉淀为 CaC_2O_4。将沉淀过滤洗涤后溶于稀 H_2SO_4 溶液中，用 0.020 16 $mol \cdot L^{-1}$ $KMnO_4$ 标准溶液滴定至终点，用去 28.80 mL。计算试样中钙的质量分数。

解 有关的反应如下：

沉淀 $$Ca^{2+}+C_2O_4^{2-}=CaC_2O_4\downarrow$$

溶解 $$CaC_2O_4+2H^+=Ca^{2+}+H_2C_2O_4$$

滴定 $$5H_2C_2O_4+2MnO_4^-+6H^+=2Mn^{2+}+10CO_2\uparrow+8H_2O$$

$$n_{Ca^{2+}}=n_{C_2O_4^{2-}}=\frac{5}{2}n_{MnO_4^-}$$

$$w_{Ca}=\frac{\frac{5}{2}c_{MnO_4^-}V_{MnO_4^-}M_{Ca}\times10^{-3}}{m_s}\times100\%$$

$$=\frac{\frac{5}{2}\times0.020\,16\times28.80\times40.08\times10^{-3}}{0.180\,2}\times100\%=32.28\%$$

2. 等物质的量规则法

例 3-10 准确称取基准试剂 $K_2Cr_2O_7$ 2.453 0 g，溶解后定量转移至 500 mL 容量瓶中，用水稀释至标线，摇匀。求 $c_{\frac{1}{6}K_2Cr_2O_7}$。

解:

$$c_{\frac{1}{6}K_2Cr_2O_7}=\frac{m_{K_2Cr_2O_7}}{M_{\frac{1}{6}K_2Cr_2O_7}V_{K_2Cr_2O_7}}=\frac{2.453\,0\times6\times1000}{294.19\times500}=0.100\,6\ (mol\cdot L^{-1})$$

例 3-11 用基准物邻苯二甲酸氢钾（KHP）标定 NaOH 溶液。要求滴定时消耗 0.2 $mol \cdot L^{-1}$ NaOH 溶液的体积在 20～30 mL 范围内，问应称取基准物 KHP 多少克？若改用草酸为基准物，问应称取基准物草酸多少克？

解: 滴定反应为

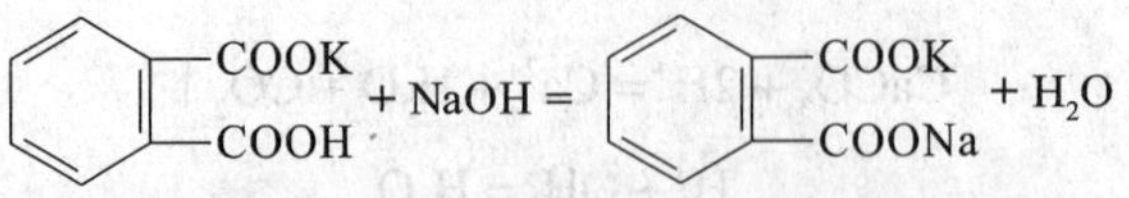

根据反应式可以确定反应物的基本单元为 NaOH 和 KHP。

$$m_{KHP_1}=c_{NaOH}V_{NaOH}M_{KHP}=0.2\times20\times10^{-3}\times204.2=0.8\ (g)$$

$$m_{KHP_2}=c_{NaOH}V_{NaOH}M_{KHP}=0.2\times30\times10^{-3}\times204.2=1.2\text{（g）}$$

故基准物 KHP 的称量范围为 0.8～1.2 g。

若改用草酸为基准物，草酸与 NaOH 的反应为

$$H_2C_2O_4+2NaOH=Na_2C_2O_4+2H_2O$$

反应物的基本单元为 NaOH 和 $\frac{1}{2}H_2C_2O_4$。

$$m_1=c_{NaOH}V_{NaOH}M_{\frac{1}{2}H_2C_2O_4\cdot2H_2O}=0.2\times20\times10^{-3}\times\frac{126.07}{2}=0.3\text{（g）}$$

$$m_2=c_{NaOH}V_{NaOH}M_{\frac{1}{2}H_2C_2O_4\cdot2H_2O}=0.2\times30\times10^{-3}\times\frac{126.07}{2}=0.4\text{（g）}$$

由于 KHP 的摩尔质量大于草酸的摩尔质量，所以与相同物质的量的 NaOH 作用时，KHP 的质量要比 $H_2C_2O_4\cdot2H_2O$ 的质量多。分析天平称量误差是一定的，为 ±0.000 1 g。若用减量法称取一份试样，称量的绝对误差最大可能是 ±0.000 2 g。那么称取 KHP 的相对误差为 $\frac{\pm0.0002}{0.8}\times100\%=\pm0.025\%$，称取草酸的相对误差为 $\frac{\pm0.0002}{0.3}\times100\%=\pm0.067\%$。可见，摩尔质量大的基准物，相同物质的量下的质量比摩尔质量小的基准物质质量大，可以减小称量误差，有利于提高分析结果的准确度。

例 3-12 称取不纯的 Na_2CO_3 试样 0.490 9 g，溶于水后，用 0.505 0 mol·L^{-1} HCl 溶液滴定，终点时消耗 HCl 溶液 18.32 mL。计算试样中 Na_2CO_3 的质量。

解： 反应物的基本单元为 HCl 和 $\frac{1}{2}Na_2CO_3$。

终点时

$$n_{HCl}=n_{\frac{1}{2}Na_2CO_3}$$

$$c_{HCl}V_{HCl}=\frac{m_{Na_2CO_3}}{M_{\frac{1}{2}Na_2CO_3}}$$

故

$$m_{Na_2CO_3}=c_{HCl}V_{HCl}M_{\frac{1}{2}Na_2CO_3}=0.5050\times18.32\times10^{-3}\times\frac{105.99}{2}=0.4903\text{（g）}$$

例 3-13 已知 $T_{NaOH/HCl}=0.004000$ g·mL^{-1}，计算 c_{HCl}。

解： $T_{NaOH/HCl}=0.004000$ g·mL^{-1} 表示 1 mL HCl 相当于 0.004 000 g 的 NaOH，即 1 mL HCl 的物质的量等于 0.004 000 g NaOH 的物质的量。

$$c_{HCl}\times\frac{1.00}{1000}=\frac{0.004000}{40.00}$$

故

$$c_{HCl}=\frac{0.004000\times1000}{40.00}=0.1000\text{（mol·L}^{-1}\text{）}$$

例 3-14 计算 $c_{\frac{1}{6}K_2C_2O_7}=0.1000$ mol·L^{-1} 的重铬酸钾标准溶液对 Fe 和 Fe_2O_3 的滴定度。

解：$Cr_2O_7^{2-}$ 和 Fe^{2+} 的反应为

$$Cr_2O_7^{2-} + 6Fe^{2+} + 14H^+ = 2Cr^{2+} + 6Fe^{3+} + 7H_2O$$

反应物的基本单元为 $\frac{1}{6}K_2Cr_2O_7$ 和 Fe。

终点时

$$n_{\frac{1}{6}K_2C_2O_7} = n_{Fe}$$

（1）$T_{Fe/K_2Cr_2O_7}$

$$c_{\frac{1}{6}K_2Cr_2O_7} V_{K_2Cr_2O_7} = \frac{m_{Fe}}{M_{Fe}}$$

$$0.100\,0 \times \frac{1.00}{1\,000} = \frac{T_{Fe/K_2Cr_2O_7}}{M_{Fe}}$$

故 $$T_{Fe/K_2Cr_2O_7} = 0.100\,00 \times \frac{55.85}{1\,000} = 0.005\,585\ (\mathrm{g \cdot mL^{-1}})$$

（2）$T_{Fe_2O_3/K_2Cr_2O_7}$

$$c_{\frac{1}{6}K_2Cr_2O_7} V_{K_2Cr_2O_7} = \frac{m_{Fe_2O_3}}{M_{\frac{1}{2}Fe_2O_3}}$$

$$0.100\,0 \times \frac{1.00}{1\,000} = \frac{T_{Fe_2O_3/K_2Cr_2O_7}}{M_{\frac{1}{2}Fe_2O_3}}$$

故 $$T_{Fe_2O_3/K_2Cr_2O_7} = 0.100\,0 \times \frac{159.7}{2 \times 1\,000} = 0.007\,985\ (\mathrm{g \cdot mL^{-1}})$$

思 考 题

1. 名词解释：滴定分析法、滴定、标准溶液、化学计量点、滴定终点、滴定误差、指示剂、滴定度、基准物质。
2. 滴定分析主要分析方法有哪些？
3. 能用于滴定分析的化学反应必须符合哪些条件？
4. 滴定分析方式有几种？各在什么情况下应用？
5. 基准物应具备什么条件？它有什么用途？
6. 基准物条件之一是要具有较大的摩尔质量，对这个条件如何理解？
7. 配制标准溶液的方法有几种？各在什么条件下应用？
8. 确定标准溶液浓度的方法有几种？各有何优缺点？
9. 如何确定待测组分的基本单元？
10. 等物质的量规则的含义是什么？
11. 物质的量的法定单位是什么？物质的量浓度单位又是什么？
12. 写出标准溶液的浓度和滴定度的换算公式。

13. 用基准 Na_2CO_3 标定 HCl 溶液时，下列情况会对 HCl 的浓度产生何种影响（偏高，偏低，无影响）？

（1）滴定速度太快，附在滴定管壁上的 HCl 来不及流下来就读取滴定体积。

（2）称取 Na_2CO_3 时，实际质量为 0.123 8 g，记录时误记为 0.124 8 g。

（3）在将 HCl 标准溶液倒入滴定管之前，没有用 HCl 溶液淋洗滴定管。

（4）使用的 Na_2CO_3 中含有少量的 $NaHCO_3$。

14. 下列物质中哪些可以用直接法配制标准溶液？哪些只能用间接法配制？

H_2SO_4，HCl，NaOH，$KMnO_4$，$K_2Cr_2O_7$，$Na_2S_2O_3 \cdot 5H_2O$

习　题

1. 已知浓盐酸的相对密度为 1.19 g·mL^{-1}，其中含 HCl 约 37%（g·g^{-1}），试计算浓盐酸的浓度。若配制 0.15 mol·L^{-1}的 HCl 溶液 1 L，应取浓盐酸多少毫升？

（12 mol·L^{-1}；12.5 mL）

2. 有 0.545 0 mol·L^{-1} NaOH 溶液，问取该 NaOH 溶液 100.0 mL，需加水多少毫升方能配成 0.500 0 mol·L^{-1}的溶液？

（9.0 mL）

3. 试计算 0.020 00 mol·L^{-1} $K_2Cr_2O_7$ 标准溶液对 Fe、FeO、Fe_2O_3 和 Fe_3O_4 的滴定度。

（0.006 702 g·mL^{-1}；0.008 622 g·mL^{-1}；0.009 581 g·mL^{-1}；0.926 2 g·mL^{-1}）

4. 欲配制浓度约为 0.05 mol·L^{-1} 的 EDTA-2Na 溶液 500 mL，问应称 EDTA-2Na · $2H_2O$ 多少克？

（9.3 g）

5. 用邻苯二甲酸氢钾作基准物标定 NaOH 溶液。准确称取基准物 KHP 0.591 6 g，溶解后，用 NaOH 溶液滴定，消耗 26.74 mL。试计算 NaOH 溶液的浓度。

（0.108 3 mol·L^{-1}）

6. 用基准物碳酸钠标定 HCl 溶液。准确称取基准物碳酸钠 0.281 6 g，溶于 25 mL 蒸馏水中，以甲基橙作指示剂，用 HCl 标准溶液滴定，消耗 26.42 mL。试计算 HCl 溶液的浓度。

（0.201 1 mol·L^{-1}）

7. 称取 $CaCO_3$ 试样 0.250 0 g，加入 25.00 mL 0.260 0 mol·L^{-1} HCl 溶解，煮沸除去 CO_2，用 0.245 0 mol·L^{-1} NaOH 溶液返滴过量的酸，消耗 6.50 mL。试计算试样中 $CaCO_3$ 的质量分数。

（98.2%）

8. 测定药用碳酸钠的含量，称取试样 0.123 0 g，溶解后，以甲基橙为指示剂，用 0.100 6 mol·L^{-1} 盐酸标准溶液滴定至甲基橙变色，消耗盐酸标准溶液 23.00 mL。试计算试样中碳酸钠的质量分数。

（99.7%）

第4章　酸碱滴定法

第 4 章　酸碱滴定法

酸碱滴定法（acid-base titration）是以酸碱反应，也就是质子传递反应为基础的滴定分析法。酸碱反应的特点是：① 反应速度快；② 反应过程简单，副反应少；③ 反应进行的程度可以从酸碱平衡关系给予估计；④ 有多种酸碱指示剂可供选择，以指示滴定终点的到达。酸碱反应的这些特点都符合滴定分析对化学反应的要求。一般的酸碱以及能与酸碱直接或间接发生质子传递反应的物质，几乎都可以采用酸碱滴定法进行测定。因此，酸碱滴定法是应用广泛的一种滴定分析法。

本章将从讨论溶液 H^+ 浓度的计算方法入手，从理论上揭示酸碱滴定过程中 H^+ 浓度的变化规律。这种规律的讨论将有助于学习其他各类滴定分析。从这一角度来讲，学习酸碱滴定法是学习滴定分析法的入门。

4.1　酸碱质子理论

最早的酸碱理论是酸碱的电离理论，酸碱电离理论认为：电解质离解时，所生成的阳离子全部是 H^+ 的是酸；离解时所生成的阴离子全部是 OH^- 的是碱。例如：

酸：　$HAc \rightleftharpoons H^+ + Ac^-$

碱：　$NaOH \rightleftharpoons Na^+ + OH^-$

酸碱发生中和反应，生成盐和水：

$$NaOH + HAc = NaAc + H_2O$$

酸碱的电离理论首次赋予了酸碱以科学的定义，是人们对酸碱的认识从现象到本质的一次飞跃。但电离理论有一定局限性，它只适用于水溶液，不适用于非水溶液，而且也不能解释有的物质（如 NH_3 等）不含有 OH^-，但却具有碱性的事实。为了进一步认识酸碱反应的本质和便于对水溶液和非水溶液中的酸碱平衡问题统一加以考虑，需引入酸碱的质子理论。

一、质子理论的酸碱定义和共轭酸碱对

酸碱的质子理论是布朗斯台德在 1923 年提出的。它认为：凡是能给出质子（H^+）的物质是酸，凡是能接受质子（H^+）的物质是碱。在水溶液中，OH^- 能接受质子，反应后生成 H_2O，所以 OH^- 是一种碱。但在质子理论中 OH^- 已经不再是碱的唯一标志了，当一种酸（HB）给出质子后，剩下的酸根（B^-）对质子具有一定亲和力，因而也是一种碱，这样就组成了如下的酸碱体系：

$$\underset{酸}{HB} \rightleftharpoons \underset{质子}{H^+} + \underset{碱}{B^-}$$

酸 HB 失去质子后转化为碱 B^-，碱 B^- 得到质子后转化为酸 HB。上面表示的反应称为酸碱半反应。这种因一个质子得失而互相转变的一对酸碱，称为共轭酸碱对。因此，共轭酸碱

对也可以认为是同一种物质在质子得失过程中的不同状态。

关于共轭酸碱对还可再举数例如下：

$$HClO_4 = H^+ + ClO_4^-$$

$$HSO_4^- \rightleftharpoons H^+ + SO_4^{2-}$$

$$NH_4^+ \rightleftharpoons H^+ + NH_3$$

$$H_2PO_4^- \rightleftharpoons H^+ + HPO_4^{2-}$$

$$HPO_4^{2-} \rightleftharpoons H^+ + PO_4^{3-}$$

$$^+H_3N—R—NH_3^+ \rightleftharpoons H^+ + {}^+H_3N—R—NH_2$$

由上可见，酸碱可以是阳离子、阴离子，也可以是中性分子。另外，从上述的酸碱半反应中还可以知道：① 质子理论的酸碱概念较电离理论的酸碱概念具有更为广泛的含义。② 质子理论的酸碱概念具有相对性。例如，HCO_3^- 在 H_2CO_3–HCO_3^- 共轭酸碱体系中为碱，而在 HCO_3^-–CO_4^{2-} 体系中则为酸。因此，同一物质在不同的环境中，常发生酸碱性的改变。另外，溶剂对物质的酸碱性也有影响，例如 HNO_3 在水溶液中为强酸，在冰醋酸中其酸性大为减弱。而在浓硫酸中则呈碱性。与电离理论相比，在质子理论中没有盐的概念。

二、酸碱反应

质子理论认为：酸碱反应的实质是质子的转移（得失）。质子的半径很小，电荷密度高，游离质子在水中很难单独存在，或者说只能瞬间出现。因此，共轭酸碱对的半反应实际上不能在溶液中单独存在，也就是说，一个酸碱半反应的发生，必须同时伴随着另一个酸碱半反应。即酸碱反应是两个酸碱半反应结合而成的，是两个共轭酸碱对共同作用的结果。

下面是一些常见酸碱反应的例子：

（1）

$$HAc \rightleftharpoons H^+ + Ac^-$$

$$H^+ + H_2O \rightleftharpoons H_3O^+$$

$$\overline{\quad HAc + H_2O \rightleftharpoons H_3O^+ + Ac^- \quad}$$

$$\text{酸}_1 \quad \text{碱}_2 \qquad \text{酸}_2 \quad \text{碱}_1$$

作为溶剂的水，在这里起了碱的作用，通过酸碱反应，酸（HAc）转化为它的共轭碱（Ac^-），碱（H_2O）转化为它的共轭酸（H_3O^+）。

为简便起见，通常将水合质子 H_3O^+ 简写为 H^+，表示酸碱反应的反应式时，都不写出其与溶剂的作用过程。上式（1）反应简化为

$$HAc \rightleftharpoons H^+ + Ac^-$$

注意，这一简化式代表的是一个完整的酸碱反应。

（2）

$$NH_3 + H^+ \rightleftharpoons NH_4^+$$

$$H_2O \rightleftharpoons H^+ + OH^-$$

$$\overline{\quad NH_3 + H_2O \rightleftharpoons NH_4^+ + OH^- \quad}$$

$$\text{碱}_1 + \text{酸}_2 \qquad \text{酸}_1 + \text{碱}_2$$

这里溶剂水起了酸的作用，它提供一个质子，使碱（NH_3）转化为它的共轭酸（NH_4^+）。

（3）$H_3O^+ + OH^- \rightleftharpoons H_2O + H_2O$

（4）$HAc + OH^- \rightleftharpoons H_2O + Ac^-$

（5）$H_2O + H_2O \rightleftharpoons H_3O^+ + OH^-$

（6）$H_2O + Ac^- \rightleftharpoons HAc + OH^-$

（7）$NH_4^+ + H_2O \rightleftharpoons H_3O^+ + NH_3$

$酸_1 + 碱_2 \rightleftharpoons 酸_2 + 碱_1$

按照电离理论，上述反应中，式（1）、式（2）是弱酸、弱碱的离解；式（3）、式（4）是中和反应；式（5）是水的离解；式（6）、式（7）是盐的水解。实质上它们都是酸碱反应，都是在水溶液中的质子转移反应。

三、溶剂的质子自递反应和溶剂的种类

作为溶剂的水分子，既能给出质子起酸的作用，又能接受质子起碱的作用。因此，在水分子之间，也可以发生质子转移作用：

$$H_2O + H_2O \rightleftharpoons H_3O^+ + OH^-$$

这种仅在溶剂分子间发生的质子传递作用，称为溶剂的质子自递反应，反应的平衡常数称为溶剂的质子自递常数（K_s）。水的质子自递常数又称水的离子积（K_w），即

$$[H_3O^+][OH^-] = K_w = 1.0\times 10^{-14} \quad (25℃) \qquad (4\text{-}1)$$

$$pK_w = 14$$

在滴定分析中，水是最常用的溶剂，酸碱滴定一般都在水溶液中进行。但是许多有机试样难溶于水，有些弱酸、弱碱在水溶液中也不能直接滴定，所以有时要用其他溶剂。根据质子理论，可将溶剂分为四类：

（1）酸性溶剂。这类溶剂给出质子的能力强于接受质子的能力，也称疏质子溶剂，如甲酸、冰醋酸、丙酸和硫酸等。

（2）碱性溶剂。接受质子能力较强的溶剂称为碱性溶剂，又称亲质子溶剂，如液 NH_3、乙胺、丁胺等。

（3）两性溶剂。给出和接受质子两种倾向相当的溶剂称为两性溶剂，如水、醇等。

（4）惰性溶剂。既无给出质子又无接受质子能力的溶剂称为惰性溶剂，如苯、氯仿、四氯化碳等，在这类溶剂中，质子转移过程只发生在溶质分子之间，溶剂不参与质子的转移过程。另外还有一些溶剂，如乙腈、吡啶、丙酮等，虽无质子自递能力，却可以接受质子，严格地讲它们应称为无质子溶剂，但有时也粗略地将它们并入惰性溶剂一类。

四、酸碱的强度及共轭酸碱对 K_a 和 K_b 的关系

酸碱的强度与酸碱本身的性质及溶剂的性质有关。例如 HAc 在水中为弱酸，而在液氨中其酸性大为增强，甚至与 HCl 在液氨中的酸性没有什么区别。

酸碱的强度通常用酸碱在水中的离解常数（K_a 和 K_b）的大小来衡量，如：

$$HCl + H_2O \rightleftharpoons H_3O^+ + Cl^- \qquad K_a \gg 1$$

$$HAc + H_2O \rightleftharpoons H_3O^+ + Ac^- \qquad K_a = 1.8\times 10^{-5}$$

$$H_2S + H_2O \rightleftharpoons H_3O^+ + HS^- \qquad K_a = 5.7\times10^{-8}$$

显然这三种酸的强弱顺序为：$HCl > HAc > H_2S$。

某种酸的酸性越强（K_a越大），其共轭碱的碱性就越弱（K_b越小）。于是上述三种酸的共轭碱，其碱性强弱的顺序为：$HS^- > Ac^- > Cl^-$。

共轭酸碱既然存在着相互依存的关系，那么它们的 K_a 和 K_b 之间也必然存在着一定的联系。如共轭酸碱对 NH_4^+-NH_3 在溶液中存在着如下的平衡：

$$NH_4^+ + H_2O \rightleftharpoons H_3O^+ + NH_3$$

$$NH_3 + H_2O \rightleftharpoons NH_4^+ + OH^-$$

在不考虑离子强度的影响时，

$$K_a = \frac{[H_3O^+][NH_3]}{[NH_4^+]},\quad K_b = \frac{[NH_4^+][OH^-]}{[NH_3]}$$

于是 $$K_aK_b = [H_3O^+][OH^-] = K_w$$

或 $$pK_a + pK_b = pK_w$$

对于其他溶剂时，则有 $$K_aK_b = K_s$$

上面讨论的是一元共轭酸碱对 K_a 和 K_b 间的关系。对于多元酸碱，因其在水溶液中分步离解，因而存在着多个共轭酸碱对，这些共轭酸碱对的 K_a 和 K_b 之间也存在着一定的关系，但情况较一元酸碱复杂些。

例如 H_3PO_4：

$$H_3PO_4 \rightleftharpoons H_2PO_4^- + H^+ \qquad K_{a_1} \quad K_{b_3}$$

$$H_2PO_4^- \rightleftharpoons HPO_4^{2-} + H^+ \qquad K_{a_2} \quad K_{b_2}$$

$$HPO_4^{2-} \rightleftharpoons PO_4^{3-} + H^+ \qquad K_{a_3} \quad K_{b_1}$$

多元酸碱在水中逐级离解，强度逐级递减：

$$K_{a_1} > K_{a_2} > K_{a_3} \qquad K_{b_1} > K_{b_2} > K_{b_3}$$

H_3PO_4 有三个共轭碱对：H_3PO_4–$H_2PO_4^-$，$H_2PO_4^-$–HPO_4^{2-}，HPO_4^{2-}–PO_4^{3-}。其共轭酸碱对的 K_a 和 K_b 间的关系是

$$K_{a_1}K_{b_3} = K_{a_2}K_{b_2} = K_{a_3}K_{b_1} = K_w$$

知道了共轭酸碱对的 K_a 和 K_b 间的关系之后，只要知道了酸或碱的离解常数，那么它们共轭碱或酸的离解常数也就可以求得。

五、溶剂的拉平效应和区分效应

HCl 和 HAc 在水溶液中是两种强度显然不同的酸，而在液氨中，则均呈强酸性。这种现象可用溶剂的区分效应和拉平效应来解释。

HCl 和 HAc 在液氨中分别有如下的酸碱反应：

$$HCl + NH_3 = NH_4^+ + Cl^-$$

$$HAc + NH_3 = NH_4^+ + Ac^-$$

由于液氨是一种碱性溶剂，NH_3 分子接受质子能力较强，上述两个反应向右进行得十分完全，以至于无法通过实验来区分这两个平衡状态的差别。HCl 和 HAc 都转变成同一种酸——氨合质子（NH_4^+），即它们统统都被拉平到 NH_4^+ 的强度水平，使二者水溶液强度的显著差别减弱到测不出来的程度。这种将不同强度的酸拉平到溶剂化质子水平的效应，称为拉平效应（leveling effect），具有拉平效应的溶剂叫做拉平溶剂。

HCl、H_2SO_4、HNO_3 和 $HClO_4$ 的水溶液均被拉平到 H_3O^+ 的水平，都呈强酸性。水则是这四种酸的拉平溶剂。同样上述四种酸，若以冰醋酸作溶剂，它们的酸性强度则有明显差别。

$$HClO_4 + HAc \rightleftharpoons H_2Ac^+ + ClO_4^- \qquad K_a = 1.6\times 10^{-6}$$

$$H_2SO_4 + HAc \rightleftharpoons H_2Ac^+ + HSO_4^- \qquad K_a = 6.3\times 10^{-9}$$

$$HCl + HAc \rightleftharpoons H_2Ac^+ + Cl^- \qquad K_a = 1.6\times 10^{-9}$$

$$HNO_3 + HAc \rightleftharpoons H_2Ac^+ + NO_3^- \qquad K_a = 4.2\times 10^{-10}$$

这是冰醋酸的酸性比水强、碱性比水弱的缘故，这种能区分酸（碱）强度的效应，叫做区分效应（differentiating effect），其溶剂称为区分溶剂。

溶剂的拉平效应和区分效应是相对的，它与溶剂和溶质的酸碱相对强度有关。一般说来，碱性溶剂对酸具有拉平效应，对碱具有区分效应。酸性溶剂对酸具有区分效应，对碱具有拉平效应。因此常利用拉平效应测定酸（碱）的总量，利用区分效应测定混合酸（碱）中各组分的量。

惰性溶剂没有明显的质子授受现象，没有拉平效应。当物质溶解在惰性溶剂中时，各种物质的酸碱性的差异得以保存，因此它是一种很好的区分溶剂。例如甲基异丁酮的酸性碱性均极弱，对强酸不会拉平，对弱酸也能得到敏锐的终点。以甲基异丁酮为溶剂，用四丁基氢氧化铵为滴定剂，可以连续滴定 $HClO_4$、HCl、水杨酸、HAc、苯酚等 5 种酸，用电位法得到了明显的转折点。5 种混合酸的区分滴定曲线如图 4-1 所示。

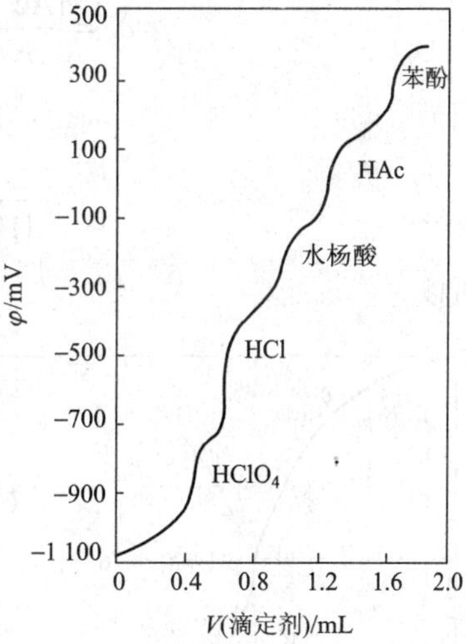

图 4-1　以甲基异丁酮为溶剂，用四丁基氢氧化铵为滴定剂滴定五种酸的区分曲线

4.2　酸碱溶液中各型体的分布

一、分析浓度、平衡浓度和酸度

弱酸（碱）在水中部分离解，以弱酸 HB 为例：

$$HB \rightleftharpoons H^+ + B^-$$

在溶液中 HB 以 HB 和 B^- 两种型体存在。它们的总浓度 c 称为分析浓度，亦称标签浓度。

当弱酸 HB 离解达到平衡时，各型体的浓度称为平衡浓度，用[HB]、[B^-]表示，分析浓度 c 和各型体平衡浓度[HB]、[B^-]之间的关系为

$$c_{HB} = [HB] + [B^-] \tag{4-2}$$

分析浓度是溶液体系达平衡时各种型体平衡浓度之和。酸度是指溶液中氢离子的浓度，严格地说应为氢离子的活度，酸度常用 pH 表示，pH 的大小与酸的种类及其浓度有关。

二、酸碱溶液中各型体的分布

酸碱平衡体系中各种型体的分布，可用各型体的平衡浓度除以溶液的分析浓度的分数表示，此分数称为分布系数，以δ表示。分布系数δ与 pH 间的关系曲线称为分布曲线。

1. 一元弱酸（碱）各型体的分布

以 HAc 为例，设它的分析浓度为 c，HAc 在溶液中以 HAc 和 Ac^-两种型体存在，它们的平衡浓度分别为[HAc]和$[Ac^-]$。设 HAc 和 Ac^-的分布系数分别为δ_1和δ_0，则

$$\delta_1 = \frac{[HAc]}{c} = \frac{[HAc]}{[HAc]+[Ac^-]} = \frac{1}{1+\dfrac{[Ac^-]}{[HAc]}} = \frac{1}{1+\dfrac{K_a}{[H^+]}} = \frac{[H^+]}{[H^+]+K_a}$$

$$\delta_0 = \frac{[Ac^-]}{c} = \frac{[Ac^-]}{[HAc]+[Ac^-]} = \frac{K_a}{[H^+]+K_a}$$

因为

$$\frac{[H^+]}{[H^+]+K_a} + \frac{K_a}{[H^+]+K_a} = 1$$

所以

$$\delta_1 + \delta_0 = 1$$

即各种型体分布系数之和等于 1。从以上δ_1和δ_0计算式可见，分布系数取决于酸（碱）的 K_a 值（K_b 值）和溶液中的$[H^+]$，而与酸（碱）的分析浓度无关。如果以 pH 为横坐标，以 HAc 各存在型体的分布系数为纵坐标，可得如图 4-2 所示的分布曲线。

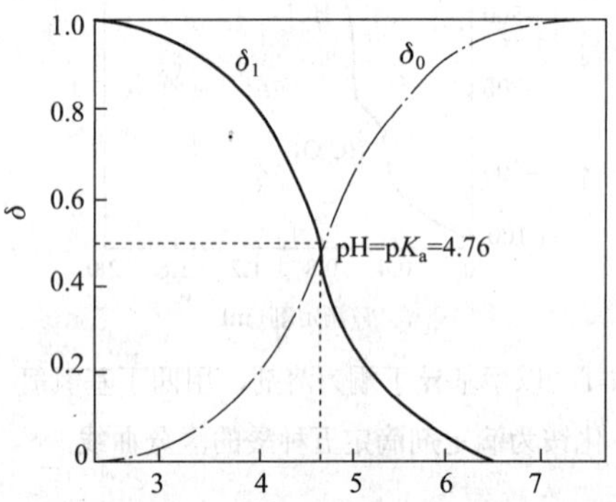

图 4-2 醋酸溶液中各种型体的分布系数与溶液 pH 的关系曲线

由图 4-2 可见，δ_1随 pH 增加而减小，δ_0随 pH 增加而增大。醋酸溶液 pH 与δ及溶液中各型体浓度的关系如下：

（1）当 pH = pK_a时，两曲线相交，此时δ_1=δ_0=0.5，[HAc] = $[Ac^-]$；

（2）当 pH < pK_a 时，$\delta_1 \to 1$，溶液中存在的主要型体是 HAc；

（3）当 pH > pK_a 时，$\delta_0 \to 1$，溶液中存在的主要型体是 Ac^-。

例 4-1 计算 pH = 5.00 时，0.10 mol·L^{-1} HAc 溶液中各种型体的分布系数和平衡浓度。

解：已知 $K_a = 1.8\times10^{-5}$，$[H^+] = 1.0\times10^{-5}$ mol·L^{-1}，则

$$\delta_{HAc} = \frac{[H^+]}{K_a+[H^+]} = \frac{1.0\times10^{-5}}{1.78\times10^{-5}+1.0\times10^{-5}} = 0.36$$

$$[HAc] = c\,\delta_{HAc} = 0.10\times0.36 = 0.036\ (\text{mol}\cdot\text{L}^{-1})$$

$$[Ac^-] = c\,\delta_{Ac^-} = 0.10\times0.64 = 0.064\ (\text{mol}\cdot\text{L}^{-1})$$

一元弱碱的各种型体的分布系数和平衡浓度，也可用类似的方法进行计算。

2. 多元弱酸（碱）各型体的分布

先以二元酸 $H_2C_2O_4$（$pK_{a_1}=1.23$，$pK_{a_2}=4.19$）为例进行讨论，在水溶液中 $H_2C_2O_4$ 以 $H_2C_2O_4$、$HC_2O_4^-$ 和 $C_2O_4^{2-}$ 三种型体存在，设其分析浓度为 c，则

$$c=[H_2C_2O_4]+[HC_2O_4^-]+[C_2O_4^{2-}]$$

若分别以 δ_2、δ_1、δ_0 代表 $H_2C_2O_4$、$HC_2O_4^-$ 和 $C_2O_4^{2-}$ 的分布系数，则

$$\delta_2=\frac{[H^+]^2}{[H^+]^2+K_{a_1}[H^+]+K_{a_1}K_{a_2}}$$

$$\delta_1=\frac{K_{a_1}[H^+]}{[H^+]^2+K_{a_1}[H^+]+K_{a_1}K_{a_2}}$$

$$\delta_0=\frac{K_{a_1}K_{a_2}}{[H^+]^2+K_{a_1}[H^+]+K_{a_1}K_{a_2}}$$

且
$$\delta_2+\delta_1+\delta_0=1$$

$H_2C_2O_4$ 溶液中各型体的分布系数与 pH 的关系如图 4-3 所示。由图 4-3 可知 $H_2C_2O_4$ 溶液 pH 与 δ 及溶液中各型体浓度的关系如下：

（1）当 $pH<pK_{a_1}$ 时，$\delta_2>\delta_1$，溶液中 $H_2C_2O_4$ 为主要存在型体；

（2）当 $pH=pK_{a_1}$ 时，$\delta_1=\delta_2$，$[H_2C_2O_4]=[HC_2O_4^-]$；

（3）当 $pK_{a_1}<pH<pK_{a_2}$ 时，$\delta_1>\delta_2$ 且 $\delta_1>\delta_0$，溶液中 $HC_2O_4^-$ 为主要存在型体；

（4）当 $pH=pK_{a_2}$ 时，$\delta_1=\delta_0$，$[HC_2O_4^-]=[C_2O_4^{2-}]$；

（5）当 $pH>pK_{a_2}$ 时，$\delta_0>\delta_1$，溶液中 $C_2O_4^{2-}$ 为主要存在型体。

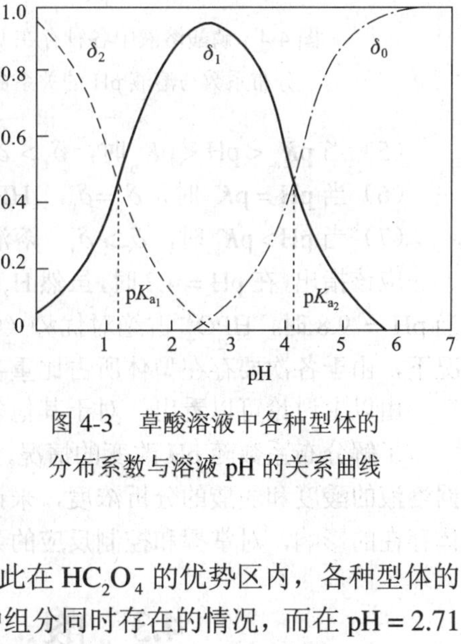

图 4-3　草酸溶液中各种型体的分布系数与溶液 pH 的关系曲线

由于草酸的 $pK_{a_1}=1.23$，$pK_{a_2}=4.19$，比较接近，因此在 $HC_2O_4^-$ 的优势区内，各种型体的存在情况比较复杂。在 pH = 2.2～3.2 时，明显出现三种组分同时存在的情况，而在 pH = 2.71 时，虽然 $HC_2O_4^-$ 的分布系数 δ_1 达到最大（0.938），但 δ_2 与 δ_0 的数值也各占 0.031。

如果是三元酸，如 H_3PO_4（$pK_{a_1}=2.12$，$pK_{a_2}=7.20$，$pK_{a_3}=12.36$），情况要更复杂些，若以 δ_3、δ_2、δ_1 和 δ_0 分别表示 H_3PO_4、$H_2PO_4^-$、HPO_4^{2-} 和 PO_4^{3-} 的分布系数，可得下列各分布系数的计算公式。图 4-4 为磷酸溶液中各种存在型体的分布曲线。

$$\delta_3=\frac{[H^+]^3}{[H^+]^3+K_{a_1}[H^+]^2+K_{a_1}K_{a_2}[H^+]+K_{a_1}K_{a_2}K_{a_3}}$$

$$\delta_2=\frac{K_{a_1}[H^+]^2}{[H^+]^3+K_{a_1}[H^+]^2+K_{a_1}K_{a_2}[H^+]+K_{a_1}K_{a_2}K_{a_3}}$$

$$\delta_1=\frac{K_{a_1}K_{a_2}[H^+]}{[H^+]^3+K_{a_1}[H^+]^2+K_{a_1}K_{a_2}[H^+]+K_{a_1}K_{a_2}K_{a_3}}$$

$$\delta_0 = \frac{K_{a_1}K_{a_2}K_{a_3}}{[H^+]^3 + K_{a_1}[H^+]^2 + K_{a_1}K_{a_2}[H^+] + K_{a_1}K_{a_2}K_{a_3}}$$

$$\delta_0 + \delta_1 + \delta_2 + \delta_3 = 1$$

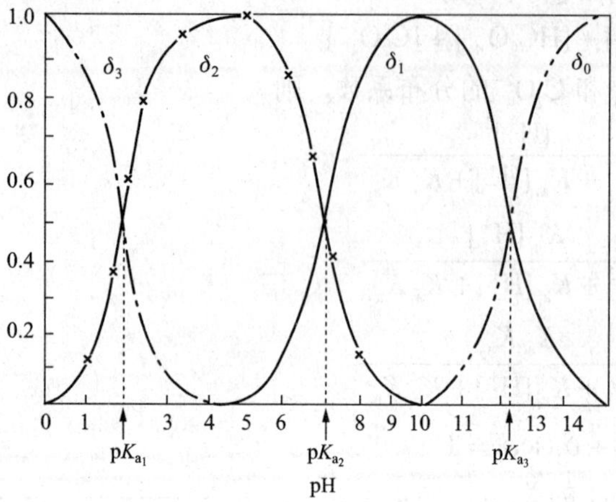

图 4-4 磷酸溶液中各种存在型体的分布系数与溶液 pH 的关系曲线

由于 H_3PO_4 的 $pK_{a_1} = 2.12$，$pK_{a_2} = 7.20$，$pK_{a_3} = 12.36$，三者相差较大，各种型体共存的情况不如草酸明显。由图 4-4 可知磷酸溶液中各种存在型体的分布系数与溶液 pH 及溶液中各型体浓度的关系如下：

（1）当 $pH < pK_{a_1}$ 时，$\delta_3 > \delta_2$，溶液中 H_3PO_4 为主要的存在型体；

（2）当 $pH = pK_{a_1}$ 时，$\delta_3 = \delta_2$，$[H_3PO_4] = [H_2PO_4^-]$；

（3）当 $pK_{a_1} < pH < pK_{a_2}$ 时，$\delta_2 > \delta_3$ 且 $\delta_2 > \delta_1$，溶液中 $H_2PO_4^-$ 占优势；

（4）当 $pH = pK_{a_2}$ 时，$\delta_2 = \delta_1$，$[H_2PO_4^-] = [HPO_4^{2-}]$；

（5）当 $pK_{a_2} < pH < pK_{a_3}$ 时，$\delta_1 > \delta_2$ 且 $\delta_1 > \delta_0$，溶液中 HPO_4^{2-} 占优势；

（6）当 $pH = pK_{a_3}$ 时，$\delta_1 = \delta_0$，$[HPO_4^{2-}] = [PO_4^{3-}]$；

（7）当 $pH > pK_{a_3}$ 时，$\delta_0 > \delta_1$，溶液中 PO_4^{3-} 占优势。

应该指出，在 pH = 4.7 时，虽然 $H_2PO_4^-$ 占 99.4%，而另两种型体 H_3PO_4 和 HPO_4^{2-} 各占 0.3%；当 pH = 9.8 时，HPO_4^{2-} 占绝对优势（99.4%），而 $H_2PO_4^-$ 和 PO_4^{3-} 各占约 0.3%。但在这两种情况下，由于各次要存在型体所占比重甚微，因而无法在分布曲线图中表达出来。

由以上讨论可以看出，对于其他多元弱酸（碱），亦可采用上述方法照此类推。

了解分布系数随 pH 改变的情况，不仅可以掌握弱酸各型体随 pH 变化的规律，还可以根据溶液的酸度和弱酸的分析浓度，来计算弱酸根的平衡浓度。因此，了解 pH 对溶液中各型体存在的影响，对掌握和控制反应的条件有着十分重要的意义。

4.3 酸、碱溶液中[H^+]的计算

为精确计算溶液中的 H^+ 浓度及其他型体的浓度，体系中含有几个未知量就需要引出几个方程式联合求解。方程式包括平衡常数式和物量守恒式。物量守恒式又包括物料平衡式、电荷平衡式和质子平衡式。计算酸碱溶液中 H^+ 浓度时，有必要了解各型体浓度之间关系的物量守恒式。本节重点介绍如何应用质子平衡式计算溶液中 H^+ 浓度。

一、物料平衡、电荷平衡、质子平衡

1. 物料平衡式（Mass Balance Equation, MBE）

在一个化学平衡体系中，某一组分的分析浓度等于该组分各型体平衡浓度之和，它的数学表达式称为物料平衡式。

例如，浓度为 c 的 HAc 溶液，其物料平衡式为

$$c = [HAc] + [Ac^-]$$

2. 电荷平衡式（Charge Balance Equation, CBE）

任何电解质溶液必须是电中性的，即溶液中正离子的总电荷数与负离子的总电荷数相等。根据这个原则考虑各离子的浓度和电荷，列出电荷平衡式。

例如，在浓度为 c 的 NaAc 溶液中，

$$[H^+] + [Na^+] = [Ac^-] + [OH^-]$$

或

$$[H^+] + c = [Ac^-] + [OH^-]$$

又如，在浓度为 c 的 $NaHCO_3$ 溶液中，

$$[Na^+] + [H^+] = [HCO_3^-] + 2[CO_3^{2-}]+[OH^-]$$

$[CO_3^{2-}]$前的系数 2 是因为 CO_3^{2-}带 2 个负电荷。

3. 质子平衡式（Proton Balance Equation, PBE）

酸碱反应的实质是质子的转移。达到平衡时酸给出的质子数和碱得到的质子数必须相等，这一数量关系的数学表达式称为质子平衡式，或质子条件。

列出 PBE 的步骤：

（1）在酸碱平衡体系中，选取质子基准态物质。基准态物质又称零水准。基准态物质应是溶液中大量存在并参与质子转移的组分。通常以起始的酸碱组分和溶剂分子作基准态物质。

（2）以质子基准态物质为基准，将溶液中可能存在的其他酸碱组分与之比较，看哪些是得质子的，哪些是失质子的，然后绘出得失质子示意图。

（3）根据得失质子的物质的量（单位为 mol）相等的原理，写出 PBE。正确的 PBE 中应不含有基准态物质本身的有关项。

例 4-2　写出 Na_2S 溶液的 PBE。

解：在 Na_2S 溶液中，大量存在并参与质子转移的酸碱起始组分是 S^{2-}和溶剂分子 H_2O，因此，质子基准态物质（零水准）是 S^{2-}和 H_2O。溶液中的质子转移关系可图示如下：

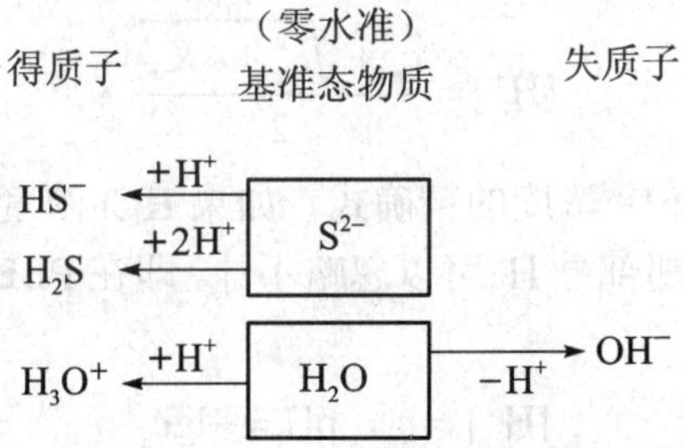

上图表明：溶质以 S^{2-}、HS^-、H_2S 三种型体存在，溶剂也以 H_3O^+、H_2O、OH^-三种型体存在。S^{2-}和 H_2O 作为基准态物质，HS^-、H_2S 分别为 S^{2-}得到一个质子和两个质子的产物。H_3O^+、OH^-分别为 H_2O 得到一个质子和失去一个质子的产物。以平衡浓度表示上图左右各组分的浓度时，根据酸碱平衡体系中，酸给出的质子等于碱得到质子的原理，PBE 为

$$[H_3O^+] + 2[H_2S] + [HS^-] = [OH^-]$$

或

$$[H^+] + 2[H_2S] + [HS^-] = [OH^-]$$

例 4-3　写出 $NaNH_4HPO_4$ 溶液的 PBE。

解：基准态物质为 NH_4^+、HPO_4^{2-} 和 H_2O。

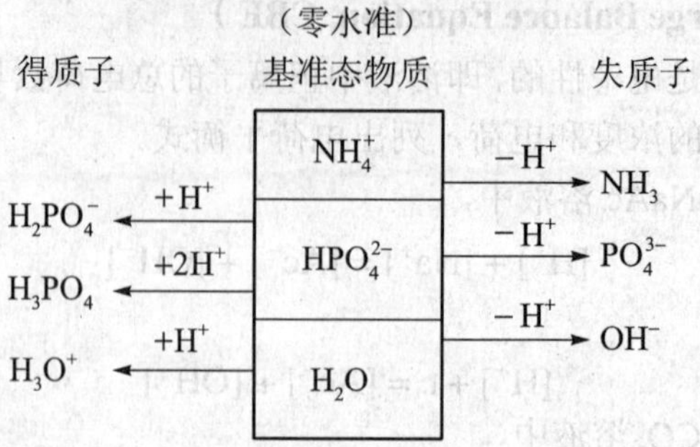

PBE 为　　$[H^+] + 2[H_3PO_4] + [H_2PO_4^-] = [PO_4^{3-}] + [NH_3] + [OH^-]$

在 PBE 中既考虑了 HPO_4^{2-} 的酸式离解和碱式离解，又考虑了 H_2O 的质子的自递作用，同时还考虑了 NH_4^+ 可能的酸式离解，因此 PBE 反映了酸碱平衡体系中得失质子的严密的数量关系，它是处理酸碱平衡问题的依据。

二、强酸强碱溶液[H⁺]的计算

以 HCl 溶液为例进行讨论，设 HCl 的浓度为 $c_a\,mol\cdot L^{-1}$，该溶液的质子转移关系图示为

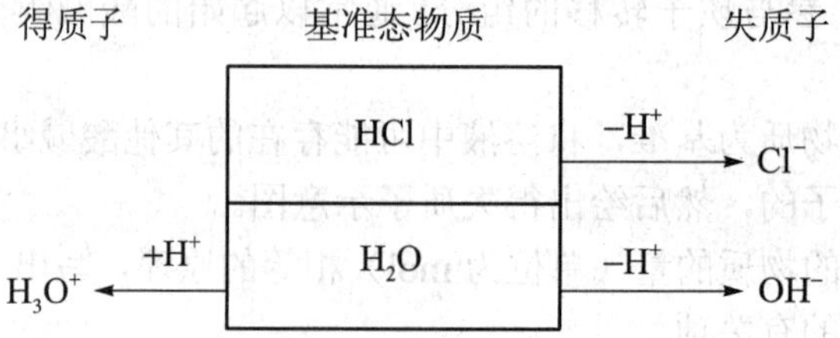

PBE 为
$$[H^+] = [Cl^-] + [OH^-] = c_a + \frac{K_w}{[H^+]}$$

整理得
$$[H^+]^2 - c_a[H^+] - K_w = 0$$
$$[H^+] = \frac{c_a + \sqrt{c_a^2 + 4K_w}}{2} \tag{4-3}$$

上式为计算一元强酸溶液 H^+ 浓度的精确式。如果 HCl 浓度不是很稀，溶液中 H^+ 主要由 HCl 离解所提供，H_2O 离解的那部分 H^+ 可以忽略不计，即在 PBE 中的$[OH^-]$这一项可以忽略，则得

$$[H^+] = c_a,\ \ pH = -\lg c_a \tag{4-4}$$

这是计算一元强酸溶液 H^+ 浓度的近似式。

当 HCl 的浓度很小，接近于水的固有酸度时，则水离解所提供的 H^+ 就不能忽略，即在 PBE 中$[OH^-]$这一项就不能舍去。这时就应该用精确式计算 HCl 溶液中 H^+ 的浓度。例如浓度为 $1.0\times10^{-7}\ mol\cdot L^{-1}$ 的 HCl 溶液，用近似式计算，其 pH = 7.00；而用精确式计算，其 pH = 6.79。

对于一元强酸，如 HCl 溶液，当浓度

$$
\begin{cases}
c_a \geqslant 1.0\times10^{-6}\ \text{mol}\cdot\text{L}^{-1}\ \text{时，用近似式计算} \\
[\text{H}^+] = c_a,\ \text{pH} = -\lg c_a \\
c_a < 1.0\times10^{-6}\ \text{mol}\cdot\text{L}^{-1}\ \text{时，用精确式计算} \\
[\text{H}^+] = \dfrac{c_a + \sqrt{c_a^2 + 4K_w}}{2}
\end{cases}
$$

对于一元强碱，如 NaOH 溶液，可按上述相同的方法处理，当浓度

$$
\begin{cases}
c_b \geqslant 1.0\times10^{-6}\ \text{mol}\cdot\text{L}^{-1}\ \text{时，}[\text{OH}^-] = c_b,\ \text{pOH} = -\lg c_b & (4\text{-}5) \\
c_b < 1.0\times10^{-6}\ \text{mol}\cdot\text{L}^{-1}\ \text{时，}[\text{OH}^-] = \dfrac{c_b + \sqrt{c_b^2 + 4K_w}}{2} & (4\text{-}6)
\end{cases}
$$

三、一元弱酸弱碱溶液[H⁺]的计算

对于弱酸 HB，其溶液中的质子转移关系可用图示表示为

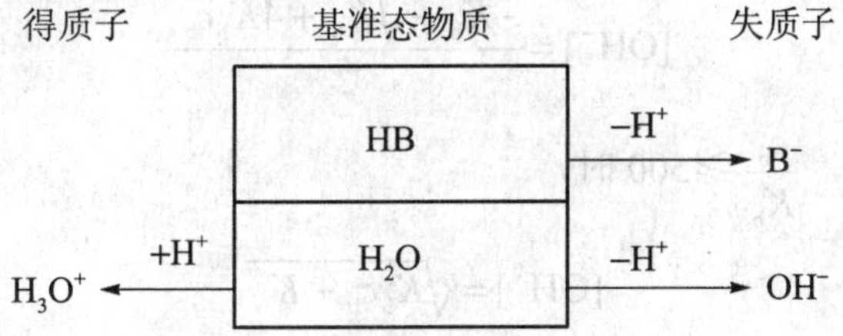

PBE 为　$[\text{H}^+] = [\text{B}^-] + [\text{OH}^-]$

设弱酸 HB 的离解常数为 K_a，根据离解平衡有

$$[\text{H}^+] = \frac{K_a[\text{HB}]}{[\text{H}^+]} + \frac{K_w}{[\text{H}^+]}$$

[HB]可由 HB 的分布系数求得

$$[\text{HB}] = c_a \cdot \delta_{\text{HB}} = c_a \cdot \frac{[\text{H}^+]}{[\text{H}^+] + K_a}$$

将[HB]代入上式整理得

$$[\text{H}^+] = \frac{c_a K_a}{[\text{H}^+] + K_a} + \frac{K_w}{[\text{H}^+]} \qquad (4\text{-}7)$$

该式是计算一元弱酸溶液[H⁺]的精确式，若直接用代数法求解，数学处理十分麻烦，在实际工作中也没有必要。通常根据计算 H^+ 浓度的允许误差，视弱酸的 c_a 和 K_a 的大小，采用近似的方法进行计算。

一元弱酸溶液[H⁺]的计算，除精确式外，还有两个近似式和一个最简式，这三个公式的使用条件归纳如下：

（1）当 $c_a K_a \geqslant 25K_w$，$\dfrac{c_a}{K_a} \geqslant 500$ 时，用最简式计算，即

$$[\text{H}^+] = \sqrt{c_a K_a} \qquad (4\text{-}8)$$

（2）当 $c_a K_a \geqslant 25K_w$，$\dfrac{c_a}{K_a} < 500$ 时，用近似式计算，即

$$[H^+]=\frac{-K_a+\sqrt{K_a^2+4c_aK_a}}{2} \tag{4-9}$$

（3）当 $c_aK_a<25K_w$，$\frac{c_a}{K_a}\geqslant 500$ 时，用近似式计算，即

$$[H^+]=\sqrt{K_ac_a+K_w} \tag{4-10}$$

对于一元弱碱，可用处理一元弱酸相似的方法，得到相应的一组计算公式

（1）当 $c_bK_b\geqslant 25K_w$，$\frac{c_b}{K_b}\geqslant 500$ 时，

$$[OH^-]=\sqrt{c_bK_b} \tag{4-11}$$

（2）当 $c_bK_b\geqslant 25K_w$，$\frac{c_b}{K_b}<500$ 时，

$$[OH^-]=\frac{-K_b+\sqrt{K_b^2+4K_bc_b}}{2} \tag{4-12}$$

（3）当 $c_bK_b<25K_w$，$\frac{c_b}{K_b}\geqslant 500$ 时，

$$[OH^-]=\sqrt{K_bc_b+K_w} \tag{4-13}$$

四、多元酸碱溶液[H⁺]的计算

以二元酸 H_2B 为例，H_2B 溶液中存在着三种平衡

$$H_2B \rightleftharpoons H^+ + HB^- \qquad K_{a_1}=\frac{[H^+][HB^-]}{[H_2B]}$$

$$HB^- \rightleftharpoons H^+ + B^{2-} \qquad K_{a_2}=\frac{[H^+][HB^{2-}]}{[HB^-]}$$

$$H_2O \rightleftharpoons H^+ + OH^- \qquad K_w=1.0\times10^{-14}$$

一般地说，$K_{a_1}\gg K_{a_2}$，同时 $K_{a_1}\gg K_w$，故在这多种离解平衡中，只有二元酸的第一步离解平衡是主要的。由于同离子效应，第一步离解出来的 H^+ 大大抑制了第二步的离解，故第二步离解的 H^+ 可以忽略，因此

$$[H^+]\approx[HB^-]$$

这样，可按一元弱酸的计算公式，求得溶液中的$[H^+]$，即

当 $\frac{c_a}{K_{a_1}}\geqslant 500$ 时，

$$[H^+]=\sqrt{c_aK_{a_1}} \tag{4-14}$$

当 $\frac{c_a}{K_{a_1}}<500$ 时，

$$[H^+]=\frac{-K_{a_1}+\sqrt{K_{a_1}^2+4K_{a_1}c_a}}{2} \tag{4-15}$$

多元弱碱可仿照多元弱酸溶液的方法处理。

例 4-4　计算 0.10 mol•L^{-1} Na_2CO_3 溶液的 pH。已知 $K_{b_1}=1.8\times10^{-4}$，$K_{b_2}=4.2\times10^{-8}$。

解：水的离解和碱的二级离解均可略而不计，同时 $\frac{c_b}{K_{b_1}}=\frac{0.10}{1.8\times10^{-4}}=556>500$，故可用最简式计算。

$$[OH^-]=\sqrt{c_b K_{b_1}}=\sqrt{0.10\times1.8\times10^{-4}}=4.2\times10^{-3}\ (mol\cdot L^{-1})$$

则

$$pOH=2.37，pH=11.63$$

五、两性物质溶液[H$^+$]的计算

在溶液中既能给出质子、又能接受质子的物质称为两性物质。两性物质除 H_2O 外，多元酸的酸式盐（如 $NaHCO_3$）和弱酸弱碱盐（如 NH_4Ac）也是两性物质。下面以酸式盐（NaHA）为例进行讨论。若其浓度为 c，该溶液有

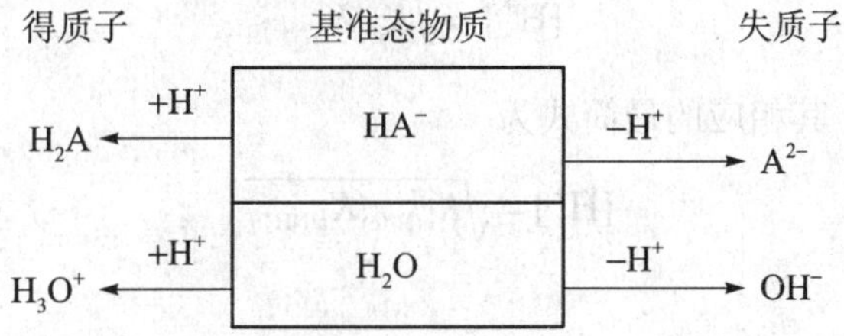

PBE 为

$$[H^+]+[H_2A]=[OH^-]+[A^{2-}]$$

根据二元酸的离解平衡有

$$K_{a_1}=\frac{[H^+][HA^-]}{[H_2A]};\quad K_{a_2}=\frac{[H^+][A^{2-}]}{[HA^-]}$$

将以上平衡关系代入 PBE 得

$$[H^+]+\frac{[H^+][HA^-]}{K_{a_1}}=\frac{K_{a_2}[HA^-]}{[H^+]}+\frac{K_w}{[H^+]}$$

上式两边同乘以 $K_{a_1}[H^+]$ 得

$$K_{a_1}[H^+]^2+[H^+]^2[HA^-]=K_{a_1}K_{a_2}[HA^-]+K_{a_1}K_w$$

$$[H^+]^2(K_{a_1}+[HA^-])=K_{a_1}(K_{a_2}[HA^-]+K_w)$$

$$[H^+]=\sqrt{\frac{K_{a_1}(K_{a_2}[HA^-]+K_w)}{K_{a_1}+[HA^-]}}\tag{4-16}$$

（1）当 K_{a_1} 和 K_{a_2} 都比较小时，$[HA^-]\approx c$，则式（4-16）变为

$$[H^+]=\sqrt{\frac{K_{a_1}(cK_{a_2}+K_w)}{K_{a_1}+c}}\tag{4-17}$$

式（4-17）是在考虑了水的离解的情况下，计算 NaHA 溶液[H$^+$]的近似式。如果 K_{a_1} 和 K_{a_2} 不太小，$[HA^-]\neq c$，可以采用逐步逼近法求解。

（2）当 $cK_{a_2}\geqslant25K_w$，而 $c<25K_{a_1}$ 时，则可忽略水的离解，上式可简化为

$$[H^+]=\sqrt{\frac{cK_{a_1}K_{a_2}}{K_{a_1}+c}} \tag{4-18}$$

（3）当 $cK_{a_2}\geqslant 25K_w$，$c\geqslant 25K_{a_1}$ 时，$K_{a_1}+c\approx c$，则水的离解和 H_2A 的第二级离解均可忽略不计，上式可进一步简化为如下的最简式

$$[H^+]=\sqrt{K_{a_1}K_{a_2}} \tag{4-19}$$

或

$$pH=\frac{1}{2}(pK_{a_1}+pK_{a_2}) \tag{4-20}$$

对于其他形式的两性物质，上述各式只需将式中的 K_{a_1} 和 K_{a_2} 作相应的交换，然后根据具体情况选用公式，变换的原则是：各公式中的 K_{a_2} 相当于两性物质中酸组分的 K_a，K_{a_1} 相当于两性物质中碱组分的共轭酸的 K_a。

例如，两性物质 Na_2HPO_4 溶液，其最简式为

$$[H^+]=\sqrt{K_{a_2}K_{a_3}}$$

又如 NH_4Ac 溶液，其相应的最简式为

$$[H^+]=\sqrt{K_{a(HAc)}K_{a(NH_4^+)}}$$

4.4 酸碱缓冲溶液

一、缓冲溶液和缓冲作用

酸、碱缓冲溶液是一种能对溶液的酸度起稳定（缓冲）作用的溶液。在缓冲溶液中加入少量的酸或碱，或因溶液中发生化学反应产生了少量的酸或碱，或将溶液稍加稀释，溶液的酸度基本上稳定不变。这种能对抗少量的酸、碱，或稍加稀释而使其 pH 不易发生变化的性质，称为缓冲作用。

什么样的溶液具有缓冲作用呢？显然纯水不具备缓冲作用。因为纯水的 pH = 7.0，若在 1 L 水中加入 0.01 mol HCl，pH 由 7 变为 2。同理，若加入 0.01 mol NaOH，pH 就从 7 变为 12，都改变 5 个 pH 单位。所以，纯水无缓冲作用，不是缓冲溶液。

缓冲溶液一般由浓度较大的弱酸及其共轭碱组成，如 HAc 和 NaAc，NH_3 和 NH_4Cl 等。当加入少量强酸时，就与共轭碱作用生成对应的弱酸，溶液的酸度变化不大；当加入少量强碱时，就同弱酸相作用生成对应的共轭碱，所以溶液 OH^- 浓度也变化不大。对于一些较浓的强酸（强碱）溶液，由于其酸度（或碱度）本来较大，加入少量的碱或酸后溶液的 pH 也不会有明显的变化，因而也具有缓冲作用。所以在高酸度（$pH<2$）时，可用 HCl 作缓冲溶液，高碱度（$pH>12$），可用 NaOH 或 KOH 溶液作缓冲溶液。

缓冲溶液在工业、农业、化学、生物学等领域中都有重要意义。在分析化学中，有许多反应都需控制在一定的酸度下才能进行完全。因此，缓冲溶液在分析化学中的应用是多方面的。就其作用可将缓冲溶液分为两类：一类是用于控制溶液酸度的一般缓冲溶液。这类就是我们前面提到的，大多由一定浓度的共轭酸碱组成的。另一类是标准缓冲溶液，它大多数由

一定浓度的逐级离解常数相差较小的两性物质组成，或者由不同形式的两性物质组成。标准缓冲溶液的 pH 是在一定温度下，经实验准确测定的。标准缓冲溶液的作用是，在测量溶液的 pH 时，作为参照溶液。即当用酸度计测量溶液的 pH 时，它是用来校正 pH 计的。校正时，所选用的标准缓冲溶液的 pH 应与被测溶液的 pH 相近，这样测量的准确度才高。

二、缓冲溶液 pH 的计算

以一元弱酸及其共轭碱体系为例。设弱酸（HA）的浓度为 c_a，共轭碱（A^-）的浓度为 c_b。将 HA-A^-混合以水为溶剂，按 HA-H_2O 和 A^--H_2O 分别列出两个相应的 PBE，求出[HA]和[A^-]后，便可对[H^+]求解。

对 HA-H_2O 而言，其 PBE 为

$$[H^+] = [A^-] + [OH^-]$$

$$[HA] = c_a - [A^-] = c_a - [H^+] + [OH^-] \tag{4-21}$$

对 A^--H_2O 而言，其 PBE 为

$$[H^+] + [HA] = [OH^-]$$

$$[A^-] = c_b - [HA] = c_b + [H^+] - [OH^-] \tag{4-22}$$

按平衡关系有

$$K_a = \frac{[H^+][A^-]}{[HA]}，\ [H^+] = K_a \frac{[HA]}{[A^-]}$$

将式（4-21）和式（4-22）代入上式得

$$[H^+] = K_a \times \frac{c_a - [H^+] + [OH^-]}{c_b + [H^+] - [OH^-]} \tag{4-23}$$

式(4-23)为计算一元弱酸及其共轭碱或一元弱碱及其共轭酸缓冲体系 pH 的通式，即精确式。若是一元弱碱及其共轭酸的缓冲体系，式中的 c_a 和 K_a 分别表示弱碱的共轭酸的浓度和离解常数。如果将$[H^+]=\frac{K_w}{[OH^-]}$或$[OH^-]=\frac{K_w}{[H^+]}$代入上式，并展开整理后得到的是含[OH^-]或含[H^+]的一元三次方程式。为了便于求解，在一般的情况下需作近似处理。

（1）如果缓冲体系在酸性范围（pH < 6）起缓冲作用，如 HAc-NaAc 等，因$[H^+] \gg [OH^-]$，则可简化为

$$[H^+] = K_a \times \frac{c_a - [H^+]}{c_b + [H^+]}，\ pH = pK_a - \lg\frac{c_a - [H^+]}{c_b + [H^+]} \tag{4-24}$$

（2）如果缓冲体系在碱性范围（pH>8）起缓冲作用，如 NH_3-NH_4Cl 等，因$[OH^-] \gg [H^+]$，则可简化为

$$[H^+] = K_a \times \frac{c_a + [OH^-]}{c_b - [OH^-]}，\ pH = pK_a - \lg\frac{c_a + [OH^-]}{c_b - [OH^-]} \tag{4-25}$$

上面两式是在忽略了水的离解的情况下的近似计算式。

（3）如果 c_a 和 c_b 远较溶液中[H^+]和[OH^-]大时，既可忽略水的离解，又可在考虑总浓度时忽略弱酸和共轭碱（或弱碱和共轭酸）的离解，这样可以进一步简化得到最常用的计算缓

冲溶液[H⁺]的最简式：

$$[H^+]=K_a\frac{c_a}{c_b} \tag{4-26}$$

$$pH=pK_a+\lg\frac{c_b}{c_a} \tag{4-27}$$

因此，弱酸 HA 及其共轭碱 A^-组成的缓冲溶液可把溶液的 pH 控制在弱酸的 pK_a附近。例如 $HAc\text{-}Ac^-$缓冲溶液能控制溶液的 pH=5；$NH_3\text{-}NH_4Cl$ 缓冲溶液控制溶液的 pH=9。各种不同的共轭酸碱，由于它们的 pK_a 不同，组成缓冲溶液所能控制的 pH 范围也不同。

三、缓冲容量和缓冲范围

缓冲溶液的缓冲作用是有一定限度的，如果加入的酸（或碱）的量太多，或是稀释的倍数太大，缓冲溶液的 pH 将不再保持基本不变。所以，每一种缓冲溶液只具有一定的缓冲能力。缓冲溶液的缓冲能力常用缓冲容量来衡量，以 β 表示。缓冲容量的数学表达式为

$$\beta=\frac{db}{dpH}=-\frac{da}{dpH} \tag{4-28}$$

da 和 db 分别代表强酸或强碱的量（mol），dpH 表示 pH 改变值。酸的增加使 pH 降低，故在 $\frac{da}{dpH}$ 前加负号，以使 β 具有正值。该式的物理意义是：为使 1 L 缓冲溶液的 pH 增加（或减小）dpH 单位所需加入的强碱（或强酸）的量。

缓冲容量的大小与缓冲溶液的总浓度及组分比有关。总浓度越大，缓冲容量越大；总浓度一定时，缓冲组分的浓度比越接近于 1:1，缓冲容量也越大。当 pH = pK_a 时，缓冲容量最大。

缓冲组分的浓度比离 1:1 越远，缓冲容量就越小，甚至可能失去缓冲能力。因此，任何缓冲溶液的缓冲作用都有一个有效的 pH 范围，这个有效的 pH 范围称为缓冲范围。一般认为缓冲组分的浓度比在 1:10 和 10:1 之间时，具有缓冲作用，在此区间之外，就不具备缓冲作用。因此，缓冲范围约在 pK_a 两侧各一个 pH 单位之内。即

$$pH=pK_a\pm1 \quad 或 \quad pH=pK_w-(pK_b\pm1) \tag{4-29}$$

例如，HAc-NaAc 缓冲溶液，HAc 的 pK_a = 4.74，其缓冲范围为 3.74～5.74。$NH_3\text{-}NH_4Cl$ 缓冲溶液 NH_3 的 pK_b = 4.74，NH_4^+ 的 pK_a = 9.26，其缓冲范围为 8.26～10.26。

四、缓冲溶液的选择和配制

缓冲溶液的选择，应注意以下几点：

（1）要求缓冲溶液的各组分对滴定反应的反应物和生成物不起作用，即缓冲溶液的各组分对滴定反应没有干扰。加入缓冲溶液，对分析结果应不产生影响。

（2）缓冲溶液应具有足够的缓冲容量，否则没有实用意义。这就应该根据需要配制一定浓度并要加入足够量的缓冲溶液。

（3）所需控制的 pH 应在所选用的缓冲溶液的缓冲范围（pK_a ± 1）之内。因此，如果缓冲溶液是由弱酸及其共轭碱组成，其 pK_a 应尽量与所要控制的 pH 接近。如果是由弱碱及其共轭酸所组成，那么 pK_b 应尽量与所需控制的 pOH 接近。例如，HAc-NaAc 缓冲体系，因 HAc

的 $pK_a = 4.74$，所以常用来配制 pH = 5 的缓冲溶液。

简单缓冲溶液的配制，可用有关公式计算而得。

例 4-5 欲配制 pH = 5 的缓冲溶液，现有 HAc、苯甲酸、HCOOH 及其对应的共轭碱供选用。已知：醋酸的 $pK_a = 4.74$、苯甲酸的 $pK_a = 4.18$、甲酸的 $pK_a = 3.68$，问选用哪种体系最合适？其酸与共轭碱的比率应如何？

解：因 HAc 的 pK_a 最接近所需控制的 pH，故选用 HAc-NaAc 体系。

由

$$pH = pK_a + \lg\frac{c_{NaAc}}{c_{HAc}}$$

则有

$$5.0 = 4.74 + \lg\frac{c_{NaAc}}{c_{HAc}}$$

故

$$\lg\frac{c_{NaAc}}{c_{HAc}} = 0.26,\ \frac{c_{NaAc}}{c_{HAc}} = 10^{0.26} = 1.8$$

因此，配制时 NaAc 与 HAc 的物质的量之比应为 1.8 : 1。

例 4-6 在 500 mL 0.020 $mol \cdot L^{-1}$ 的 NH_3 溶液中，若使溶液稀至 1 L 时，溶液 pH=9.30，应加多少克 NH_4Cl?

解：根据 NH_3 的 $pK_b = 4.74$，得 NH_4^+ 的 $pK_a = 9.26$，则

$$9.30 = 9.26 + \lg\frac{c_{NH_3}}{c_{NH_4^+}}$$

$$\lg\frac{c_{NH_3}}{c_{NH_4^+}} = 0.04,\ \frac{c_{NH_3}}{c_{NH_4^+}} = 10^{0.04} = 1.10$$

因稀释至 1 L，则 c_{NH3}=0.010 $mol \cdot L^{-1}$。

$$c_{NH_4^+} = \frac{0.010}{1.1} = 0.009\,1\ (mol \cdot L^{-1})$$

而

$$M_{NH_4Cl} = 53.49\ g \cdot mol^{-1}$$

所以

$$m_{NH_4Cl} = c_{NH_4^+} V M_{NH_4Cl}$$

$$= 0.009\,1 \times 1 \times 53.49 = 0.49\ (g)$$

即需加 0.49 g 的 NH_4Cl。

4.5 酸碱指示剂

一、酸碱指示剂的作用原理

在酸碱滴定过程中，因被滴定的溶液通常不发生任何外观的变化，故常需借助酸碱指示剂（acid-base indicator）的颜色变化来指示滴定终点。酸碱指示剂一般为有机弱酸或有机弱碱，

其共轭酸碱具有不同的结构，且颜色不同。当溶液的 pH 改变时，共轭酸碱相互发生转变，从而引起溶液颜色的变化。

例如，甲基橙（MO）是一种双色指示剂，在溶液中的平衡式如下

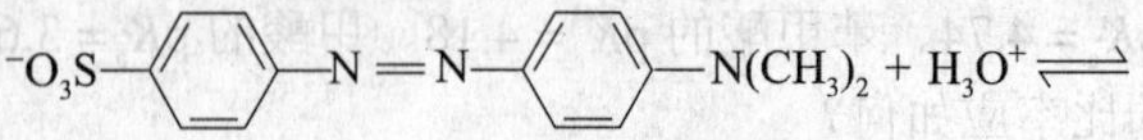

黄色（碱色型）

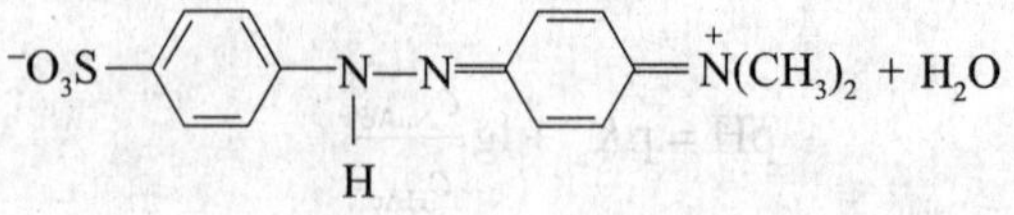

红色（酸色型）

当溶液的$[H^+]$增大时，甲基橙主要以酸色型（醌式）存在，溶液呈红色；降低溶液的$[H^+]$时，甲基橙主要以碱色型（偶氮式）存在，溶液呈黄色。

又如酚酞是一种单色指示剂，它在溶液中的平衡式如下

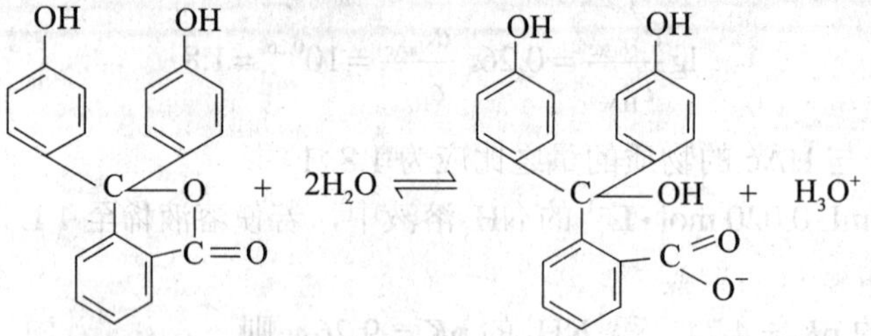

无色分子　　　　无色离子（酸色型）

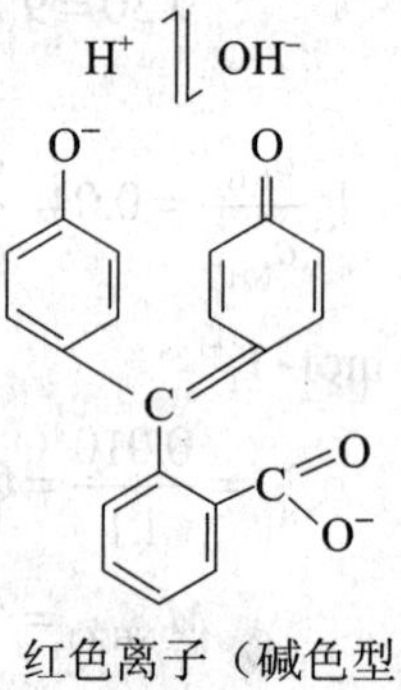

红色离子（碱色型）

在酸性溶液中，酚酞主要以酸色型存在，溶液无色；在碱性溶液中，酚酞主要以碱色型（醌式）存在，溶液呈红色。但在浓碱溶液中，酚酞转变为无色的羧酸盐，溶液又变为无色。

由上可见，指示剂的颜色改变，起因于溶液 pH 的变化。由于 pH 的变化，引起指示剂分子结构的改变，因而显示出不同的颜色。但是，并不是溶液的 pH 的任何微小的变化，都能引起指示剂颜色的变化，指示剂的颜色变化是在一定的 pH 范围内进行的。

二、酸碱指示剂变色的 pH 范围

若以 HIn 表示指示剂的酸色型，其颜色称为酸色，对酚酞来说是无色；In^-表示指示剂碱色型，其颜色称为碱色，对酚酞来说是红色。HIn 在溶液中的离解为

$$\underset{\text{酸色型}}{HIn} \rightleftharpoons H^+ + \underset{\text{碱色型}}{In^-} \tag{4-30}$$

当离解达到平衡时有

$$K_{HIn} = \frac{[H^+][In^-]}{HIn} \tag{4-31}$$

K_{HIn} 为指示剂的离解常数，简称指示剂常数，在一定的温度下是定值。将式（4-31）改写得

$$\frac{[In^-]}{[HIn]} = \frac{K_{HIn}}{[H^+]} \tag{4-32}$$

由式（4-32）可知：

（1）$\frac{[In^-]}{[HIn]}$ 比值的大小与 $[H^+]$ 和 K_{HIn} 有关。因在一定的温度下，K_{HIn} 为定值，因此该比值的大小只是 $[H^+]$ 的函数。

（2）$\frac{[In^-]}{[HIn^-]}$ 为指示剂碱色型平衡浓度与酸色型平衡浓度的比值，该比值的大小决定了溶液的颜色，即溶液的颜色只与溶液的酸度有关。

（3）需要指出的是，由于人的眼睛辨别颜色的能力有限，因此并不是 $\frac{[In^-]}{[HIn]}$ 比值的任何微小变化，即溶液酸度的任何微小变化，都会使人们观察到溶液颜色的变化。具体颜色变化如下所示：

$\frac{[In^-]}{[HIn]} < \frac{1}{10}$	$= \frac{1}{10}$	$= 1$	$= \frac{10}{1}$	$> \frac{10}{1}$
酸色	略带碱色	中间颜色	略带酸色	碱色
酸色	←变	色　范	围→	碱色
		变色点 $pH = pK_{HIn}$		

由上可见，只有当 $\frac{1}{10} \leqslant \frac{[In^-]}{[HIn]} \leqslant 10$ 时，才既能看到酸色，又能看到碱色，即指示剂呈现混合色。人们可在这个范围内看到指示剂颜色的变化，此范围称为指示剂的变色范围。

指示剂的变色范围，与溶液的 pH 的关系为

$$\frac{[In^-]}{[HIn]} = \frac{K_{HIn}}{[H^+]} = \frac{1}{10},\ [H^+] = 10K_{HIn},\ pH = pK_{HIn} - 1 \tag{4-33}$$

$$\frac{[In^-]}{[HIn]} = \frac{K_{HIn}}{[H^+]} = \frac{10}{1},\ [H^+] = \frac{1}{10}K_{HIn},\ pH = pK_{HIn} + 1 \tag{4-34}$$

因此，指示剂变色的 pH 范围为

$$pH = pK_{HIn} \pm 1 \tag{4-35}$$

由指示剂变色的 pH 范围可见：

（1）指示剂变色的 pH 范围与指示剂常数 K_{HIn} 有关，不同的指示剂具有不同的 K_{HIn}，即不同的指示剂具有不同变色范围。

（2）由以上理论推导可知，指示剂应该在 pK_{HIn} 附近两个 pH 单位内变色。即指示剂的理论变色范围是两个 pH 单位。但实际上得到的各种指示剂的变色范围与理论的变色范围并不完全一致，而是略有上下。这是人眼对各种颜色的敏感程度不同以及指示剂两种颜色间互相掩盖所致。

例如甲基橙，它的酸色型 HIn 为红色，碱色型 In^- 为黄色。甲基橙的 $pK_{HIn}=3.4$，其理论变色 pH 范围应为 2.4～4.4，而实测的变色 pH 范围为 3.1～4.4。这说明甲基橙由红色变为黄色时，当其黄色的浓度 $[In^-]$ 是红色浓度 [HIn] 的 10 倍时，才能看到黄色而看不到红色。即

$$\frac{[In^-]}{[HIn]}=\frac{K_{HIn}}{[H^+]}=10$$

即
$$[H^+]=\frac{1}{10}K_{HIn}\text{，}pH=pK_{HIn}+1=3.4+1=4.4$$

而当甲基橙由黄色变为红色时，其红色的浓度 [HIn] 只要是黄色浓度 $[In^-]$ 的两倍，就可以看到红色而看不到黄色了，即

$$\frac{[In^-]}{[HIn]}=\frac{K_{HIn}}{[H^+]}=\frac{1}{2}$$

即
$$[H^+]=2K_{HIn}\text{，}pH=pK_{HIn}-\lg 2=3.4-0.31=3.09$$

产生这种差异的原因是人眼睛对红颜色比对黄颜色更为敏感。所以甲基橙实测变色的 pH 范围在 pH 小的一端就比理论值缩小一些。

指示剂的变色范围应该是越窄越好，此时 pH 稍有变化，指示剂就可以由一种颜色变到另一种颜色，即指示剂变色灵敏，有利于提高分析结果的准确度。常用酸碱指示剂见表 4-1。

表 4-1 常用酸碱指示剂

指示剂	变色范围 pH	颜色		pK_{HIn}	浓度
		酸色	碱色		
百里酚蓝（第一步离解）	1.2～2.8（第一次变色）	红	黄	1.7	0.1%乙醇（20%）溶液
甲基黄	2.9～4.0	红	黄	3.3	0.1%乙醇（90%）溶液
甲基橙	3.1～4.4	红	黄	3.4	0.1%水溶液
溴酚蓝	3.0～4.6	黄	紫	4.1	0.1%乙醇（20%）溶液或其钠盐 0.1%水溶液
溴甲酚绿	3.8～5.4	黄	蓝	4.9	0.1%乙醇（20%）溶液或其钠盐 0.1%水溶液
甲基红	4.4～6.2	红	黄	5.2	0.1%乙醇（60%）溶液
溴百里酚蓝	6.0～7.6	黄	蓝	7.3	0.1%乙醇（20%）溶液或其钠盐 0.1%水溶液
中性红	6.8～8.0	红	黄橙	7.4	0.1%乙醇（60%）溶液

续表

指示剂	变色范围 pH	颜色		pK_{HIn}	浓　度
		酸色	碱色		
酚　红	6.7～8.4	黄	红	8.0	0.1%乙醇（20%）溶液或其钠盐 0.1%水溶液
百里酚蓝（第二步离解）	8.0～9.6（第二次变色）	黄	蓝	8.9	0.1%乙醇（20%）溶液
酚　酞	8.2～10.0	无	红	9.1	0.1%乙醇（60%）溶液
百里酚酞	9.4～10.6	无	蓝	10.0	0.1%乙醇（90%）溶液

三、混合指示剂

表 4-1 中所列指示剂都是单一指示剂，它们的变色范围一般都比较宽，有的在变色过程中还出现难以辨别的过渡色。而混合指示剂则具有变色范围窄、变色敏锐等优点。混合指示剂主要是利用颜色之间的互补作用，而使它的指示性能得到改善。常用混合指示剂的配制方法有以下两种。

1. 由两种或两种以上指示剂混合而成

例如 0.1%溴甲酚绿（变色范围 3.8～5.4）和 0.2%甲基红（变色范围 4.4～6.2）以 3:1 体积比混合，呈现颜色的示意图如下：

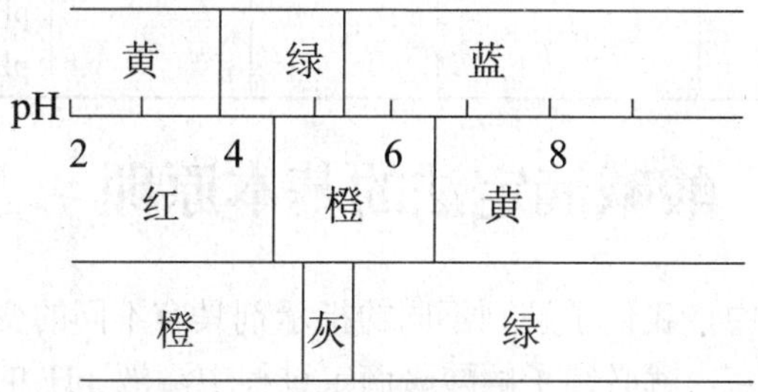

在 pH = 5.1 时，由于绿色和橙色互补，溶液呈灰色，颜色变化明显。

2. 由一种指示剂和一种惰性染料混合而成

所谓惰性染料是指它的颜色不随溶液的 pH 变化而改变，如亚甲基蓝、靛蓝二磺酸钠等。在甲基橙中加入靛蓝二磺酸钠，即可得这种混合指示剂。呈现颜色的示意图如下：

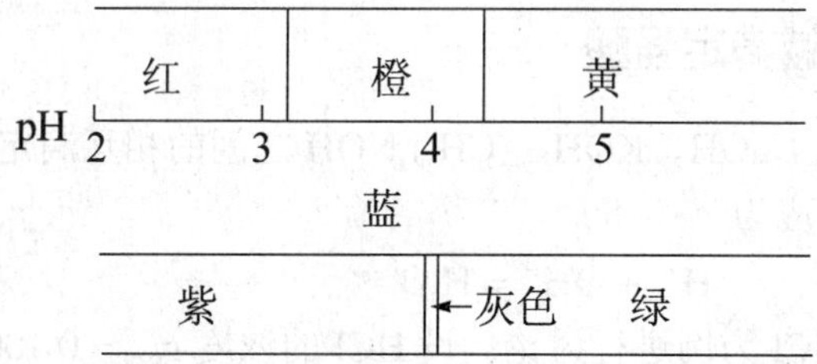

当 pH 增大时，溶液由紫色→灰色→绿色，灰色的范围很窄，颜色变化明显，即使在灯光下也容易辨别。

常用的酸碱混合指示剂见表 4-2。

表 4-2　常用酸碱混合指示剂

指示剂溶液的组成	变色点 pH	颜色		备注
		酸色	碱色	
1 份 0.1%甲基黄乙醇溶液 1 份 0.1%亚甲基蓝乙醇溶液	3.25	蓝紫	绿	pH = 3.2，蓝紫色 pH = 3.4，绿色
1 份 0.1%甲基橙水溶液 1 份 0.25%靛蓝二磺酸钠水溶液	4.1	紫	黄绿	pH = 4.1，灰色
3 份 0.1%溴甲酚绿乙醇溶液 1 份 0.2%甲基红乙醇溶液	5.1	酒红	绿	pH = 5.1，灰色 颜色变化极显著
1 份 0.1%溴甲酚绿钠盐水溶液 1 份 0.1%氯酚红钠盐水溶液	6.1	黄绿	蓝紫	pH = 5.4，蓝绿色 pH = 5.8，蓝色 pH = 6.0，蓝微带紫色 pH = 6.2，蓝紫色
1 份 0.1%中性红乙醇溶液 1 份 0.1%亚甲基蓝乙醇溶液	7.0	蓝紫	绿	pH = 7.0，蓝紫色
1 份 0.1%甲基红钠盐水溶液 3 份 0.1%百里酚蓝钠盐水溶液	8.3	黄	紫	pH = 8.2，玫瑰色 pH = 8.4，紫色
1 份 0.1%酚酞乙醇溶液 2 份 0.1%甲基绿乙醇溶液	8.9	绿	紫	pH = 8.8，浅蓝色 pH = 9.0，紫色
1 份 0.1%酚酞乙醇溶液 1 份 0.1%百里酚酞乙醇溶液	9.9	无	紫	pH = 9.6，玫瑰色 pH = 10.0，紫色

4.6　酸碱滴定法的基本原理

在上节酸碱指示剂的讨论中，我们了解到不同的指示剂具有不同的变色范围。为了借助酸碱指示剂的颜色变化指示终点，就必须了解酸碱滴定过程中溶液 pH 的变化。不同类型的酸碱滴定，其 pH 的变化规律各不相同。因此，下面就不同类型的酸碱滴定分别加以讨论。

在酸碱滴定中，滴定剂一般都是强酸强碱，如 HCl、H_2SO_4、NaOH 和 KOH 等；被滴定的是各种具有碱性或酸性的物质，如 NaOH、NH_3、Na_2CO_3、H_3PO_4 和吡啶盐等。弱酸与弱碱之间的滴定，由于滴定突跃太小，实际意义不大，故本书不进行讨论。

一、强酸滴定强碱或强碱滴定强酸

例如 HCl、HNO_3、$HClO_4$ 与 NaOH、KOH、$(CH_3)_4NOH$ 之间的相互滴定，由于它们在溶液中全部离解，故滴定的基本反应为

$$H^+ + OH^- = H_2O$$

现以强碱 NaOH 滴定强酸 HCl 为例进行讨论。设 HCl 的浓度 $c_{HCl} = 0.100\,0\ mol \cdot L^{-1}$，体积 $V_{HCl} = 20.00\ mL$；NaOH 的浓度 $c_{NaOH} = 0.100\,0\ mol \cdot L^{-1}$，滴定时加入的体积为 V_{NaOH}。

整个滴定过程分为滴定前、化学计量点前、化学计量点、化学计量点后等四个阶段来考虑。

1. 滴定前（$V_{NaOH}=0$）

滴定前溶液的酸度等于 HCl 的原始浓度，即

$$[H^+]=c_{HCl}=0.100\,0\ mol\cdot L^{-1}$$

$$pH=1.00$$

2. 滴定开始至化学计量点前（$V_{NaOH}<V_{HCl}$）

滴定开始之后，随着 NaOH 溶液的不断加入，溶液中$[H^+]$逐渐减小，$[H^+]$的大小取决于剩余的 HCl 量和溶液的体积，即

$$[H^+]=\frac{c_{HCl}V_{HCl}-c_{NaOH}V_{NaOH}}{V_{HCl}+V_{NaOH}}=\frac{c_{HCl}(V_{HCl}-V_{NaOH})}{V_{HCl}+V_{NaOH}}$$

例如，当滴入 NaOH 溶液 18.00 mL 时，

$$[H^+]=0.100\,0\times\frac{2.00}{20.00+18.00}=5.3\times10^{-3}\ (mol\cdot L^{-1})$$

$$pH=2.28$$

当滴入 NaOH 溶液 19.98 mL（相对误差为−0.1%）时，

$$[H^+]=0.100\,0\times\frac{0.02}{20.00+19.98}=5.0\times10^{-5}\ (mol\cdot L^{-1})$$

$$pH=4.30$$

3. 化学计量点时（$V_{NaOH}=V_{HCl}$）

滴入 NaOH 溶液 20.00 mL 时，NaOH 和 HCl 恰好按化学计量关系完全反应，溶液的$[H^+]$由水的离解决定，即

$$[H^+]=[OH^-]=1.0\times10^{-7}\ mol\cdot L^{-1}$$

$$pH=7.00$$

4. 化学计量点后（$V_{NaOH}>V_{HCl}$）

此时 NaOH 溶液过量，溶液的酸碱性决于 NaOH 溶液过量的程度和溶液体积的大小，即

$$[OH^-]=\frac{c_{NaOH}V_{NaOH}-c_{HCl}V_{HCl}}{V_{HCl}+V_{NaOH}}=\frac{c_{NaOH}(V_{NaOH}-V_{HCl})}{V_{HCl}+V_{NaOH}}$$

例如，当滴入 NaOH 溶液 20.02 mL（相对误差为+0.1%）时，

$$[OH^-]=0.100\,0\times\frac{0.02}{20.00+20.02}=5.0\times10^{-5}\ (mol\cdot L^{-1})$$

$$pOH=4.30$$

$$pH=9.70$$

如此逐一计算，将计算结果列于表 4-3 中。如果以 NaOH 的加入量（或滴定百分数）为横坐标，以 pH 为纵坐标来绘制曲线，就得到酸碱滴定曲线（图 4-5）。

表 4-3　0.100 0 mol·L^{-1} NaOH 滴定 20.00 mL 0.100 0 mol·L^{-1} HCl 溶液的 pH 变化

加入 NaOH /mL	HCl 被滴定的百分数/%	剩余的 HCl /mL	过量的 NaOH/mL	$[H^+]$ / (mol·L^{-1})	pH
0	0	20.00		1.00×10^{-1}	1.00
18.00	90.0	2.00		5.26×10^{-3}	2.28

续表

加入 NaOH /mL	HCl 被滴定的百分数/%	剩余的 HCl /mL	过量的 NaOH/mL	$[H^+]$ /（$mol \cdot L^{-1}$）	pH	
19.80	99.0	0.20		5.02×10^{-4}	3.30	
19.98	99.9	0.02		5.00×10^{-5}	4.30	滴定突跃
20.00	100.0	0.00		1.00×10^{-7}	7.00	
20.02	100.1		0.02	2.00×10^{-10}	9.70	
20.20	101.0		0.20	2.01×10^{-11}	10.70	
22.00	110.0		2.00	2.10×10^{-12}	11.68	
40.00	200.0		20.00	5.00×10^{-13}	12.62	

从表 4-3 和图 4-5 中可以看出：

（1）在整个滴定过程中，溶液 pH 并不是均匀变化的。从滴定开始到加入 NaOH 溶液 19.98 mL，即有 99.9%的 HCl 被滴定，在这一阶段中，溶液的 pH 变化较慢，加入 NaOH 溶液 19.98 mL，pH 只变化 4.30 – 1.00 = 3.30 个单位。但从加入 NaOH 溶液 19.98 mL 至 20.02 mL，仅加入 NaOH 溶液 0.04 mL（不过一滴左右，相当于化学计量点前后 ± 0.1%的误差），pH 却从 4.30 突然上升至 9.70，变化了 5.40 个 pH 单位。此时溶液也由酸性变为碱性，发生了由量变到质变的转折。这种转折之后，再继续加入 NaOH 溶液，溶液的 pH 变化又越来越小，和滴定开始相似。

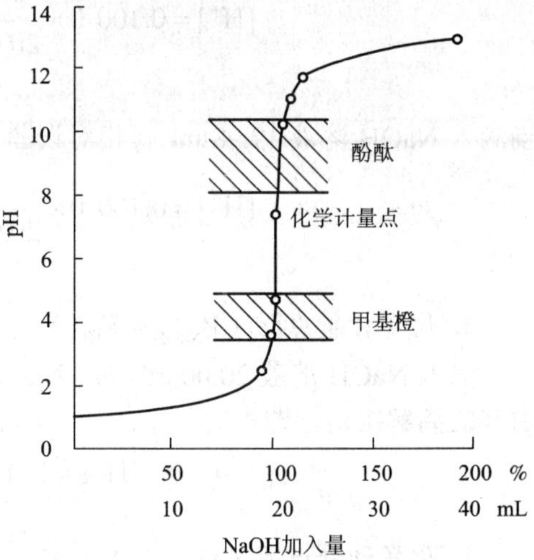

图 4-5　0.100 0 $mol \cdot L^{-1}$ NaOH 滴定 0.100 0 $mol \cdot L^{-1}$ HCl 的滴定曲线

（2）在化学计量点前后 ± 0.1%相对误差内，溶液的 pH 有一个突变，这段曲线几乎是垂线。这种 pH 的突变称为滴定突跃，它所处的 pH 范围称为滴定突跃范围。滴定突跃范围在分析化学中具有十分重要的意义，它是选择指示剂的依据。凡是变色范围全部或部分处于滴定突跃范围内的指示剂，均可用来指示滴定终点，可以保证测定有足够的准确度。用 0.100 0 $mol \cdot L^{-1}$ NaOH 溶液滴定 0.100 0 $mol \cdot L^{-1}$ 的 HCl 溶液时，其滴定突跃范围为 4.30～9.70，酚酞、甲基红、甲基橙都是适用的指示剂。

另外，滴定突跃还启示我们，当滴定到接近化学计量点时，必须小心地半滴半滴地滴加溶液，以免滴过终点。

（3）从选择指示剂的角度出发，滴定突跃范围越大，越有利于指示剂的选择。突跃范围小会使指示剂的选择受到限制，有时甚至选不到合适的指示剂，使滴定分析无法进行。对于强碱滴定强酸，滴定突跃范围的大小与溶液的浓度有关。溶液浓度对滴定突跃范围的影响如图 4-6 所示。

由图 4-6 可见，用 0.01 $mol \cdot L^{-1}$、0.1 $mol \cdot L^{-1}$、1 $mol \cdot L^{-1}$ 的 NaOH 溶液，分别滴定 0.01 $mol \cdot L^{-1}$、0.1 $mol \cdot L^{-1}$、1 $mol \cdot L^{-1}$ 的 HCl 溶液时，其滴定突跃范围分别为 5.3～8.7、4.30～9.70、3.3～10.7。可见溶液的浓度越大，滴定突跃范围也越大；溶液的浓度减小，滴定突跃

范围缩小。如用 0.01 $mol \cdot L^{-1}$ 的 NaOH 溶液滴定 0.01 $mol \cdot L^{-1}$ 的 HCl 溶液时，其突跃范围缩小到 5.3～8.7，已不能选用甲基橙作指示剂。这也是在一般的滴定分析中不能用浓度太小的标准溶液、试样溶液的原因。

上面讨论的是强碱滴定强酸，如果反过来，用强酸滴定强碱，情况又是怎样呢？其滴定曲线与强碱滴定强酸的滴定曲线呈对称状，pH 变化的方向相反。此时酚酞和甲基红都可用作指示剂。如果用甲基橙作指示剂，是从黄色滴定至橙色（pH = 4），甚至还可能过一点，故将有+0.2%以上的误差。在这种情况下，最好进行校正。校正的方法是取 40 mL 0.05 $mol \cdot L^{-1}$ NaCl 溶液，加入与滴定时相同量的甲基橙（终点时溶液的组成），然后滴加 0.1 $mol \cdot L^{-1}$ HCl 至溶液颜色正好与被滴定的溶液颜色相同为止，把所消耗的 HCl 体积从滴定 NaOH 时所用的 HCl 体积中减去。

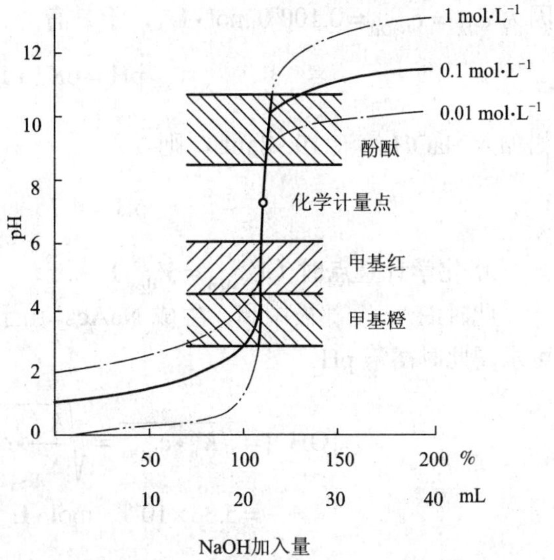

图 4-6　不同浓度的强碱滴定相应浓度强酸的滴定曲线

由上可见，酸碱滴定曲线揭示了酸碱滴定过程中溶液 pH 变化的规律，特别是滴定突跃，它是选择指示剂的依据。因此，任何一种酸碱滴定，为了正确地确定终点，都离不开对滴定曲线的讨论。

二、强碱滴定弱酸或强酸滴定弱碱

现以 NaOH 滴定 HAc 为例，讨论强碱滴定弱酸的滴定曲线和指示剂的选择。

设 HAc 的浓度 c_{HAc} 为 0.100 0 $mol \cdot L^{-1}$，体积 V_{HAc} 为 20.00 mL；NaOH 的浓度 c_{NaOH} 为 0.100 0 $mol \cdot L^{-1}$，滴定时加入的 NaOH 溶液的体积为 V_{NaOH}。

为了掌握强碱滴定弱酸的滴定过程中溶液 pH 变化的规律，同讨论强碱滴定强酸一样，分为滴定前、化学计量点前、化学计量点、化学计量点后四个阶段进行讨论。

1. 滴定前（$V_{NaOH} = 0$）

滴定前溶液是 0.100 0 $mol \cdot L^{-1}$ HAc 溶液，溶液$[H^+]$为

$$[H^+] = \sqrt{K_a c_{HAc}} = \sqrt{1.76 \times 10^{-5} \times 0.100\,0} = 1.36 \times 10^{-3}\ (mol \cdot L^{-1})$$

$$pH = 2.88$$

2. 滴定开始至化学计量点前（$V_{NaOH} < V_{HAc}$）

因 NaOH 的滴入，溶液中新生成的 NaAc 和剩余的 HAc 同时存在，组成 HAc-NaAc 缓冲体系，故溶液的 pH 应按缓冲溶液的公式进行计算，即

$$pH = pK_a + \lg\frac{[Ac^-]}{[HAc]}$$

其中，$[HAc] = \dfrac{c_{HAc}V_{HAc} - c_{NaOH}V_{NaOH}}{V_{HAc} + V_{NaOH}}$；$[Ac^-] = \dfrac{c_{NaOH}V_{NaOH}}{V_{HAc} + V_{NaOH}}$。

因为 $c_{HAc}=c_{NaOH}=0.100\,0\ mol\cdot L^{-1}$，于是有

$$pH=pK_a+\lg\frac{V_{NaOH}}{V_{HAc}-V_{NaOH}}$$

如加入 NaOH 溶液 19.98 mL，则

$$pH=4.75+\lg\frac{19.98}{0.02}=7.75$$

3. 化学计量点时（$V_{NaOH}=V_{HAc}$）

此时 HAc 全部被中和，生成 NaAc。由于 NaAc 为弱碱，根据它在溶液中的离解平衡，可求得此时溶液 pH。

$$[OH^-]=\sqrt{K_b\cdot c_{NaAc}}=\sqrt{\frac{K_w}{K_a}\cdot c_{NaAc}}=\sqrt{\frac{1.00\times10^{-14}}{1.76\times10^{-5}}\times0.050\,00}$$

$$=5.33\times10^{-6}\ (mol\cdot L^{-1})$$

则

$$pOH=5.28,\ pH=8.72$$

4. 化学计量点后（$V_{NaOH}>V_{HAc}$）

因加入的 NaOH 溶液已过量，抑制了 Ac^- 的离解，故此时溶液的 pH 主要取决于过量的 NaOH 浓度，其计算方法与强碱滴定强酸相同。例如，已滴入 NaOH 溶液 20.02 mL（过量 NaOH 0.02 mL），此时溶液的 pH 可计算如下：

$$[OH^-]=\frac{c_{NaOH}(V_{NaOH}-V_{HAc})}{V_{NaOH}+V_{HAc}}=\frac{0.100\,0\times0.02}{40.02}=5.00\times10^{-5}\ (mol\cdot L^{-1})$$

则

$$pOH=4.30,\ pH=9.70$$

按照上述方法可以计算出每加入一定体积 NaOH 后溶液的 pH。现将计算结果列于表 4-4 中，并据此绘制滴定曲线如图 4-7 所示。

表 4-4　0.100 0 mol · L⁻¹ NaOH 滴定 20.00 mL 0.100 0 mol · L⁻¹ HAc 溶液的 pH 变化

加入 NaOH /mL	HAc 被滴定的百分数/%	溶液组成	$[H^+]$计算公式	pH	
0	0	HAc	$[H^+]=\sqrt{K_a c_{HAc}}$	2.88	
10.00	50.0	$HAc+Ac^-$	$[H^+]=K_a\frac{[HAc]}{[Ac^-]}$	4.75	
18.00	90.0			5.70	
19.80	99.0			6.74	
19.98	99.9			7.75	滴定突跃
20.00	100.0	Ac^-	$[OH^-]=\sqrt{K_b c_{NaAc}}=\sqrt{\frac{K_w}{K_a}c_{NaAc}}$	8.72	
20.02	100.1	OH^-+Ac^-	$[OH^-]=\frac{c_{NaOH}(V_{NaOH}-V_{HAc})}{V_{NaOH}+V_{HAc}}$	9.70	
20.20	101.0			10.70	
22.00	110.0			11.68	
40.00	200.0			12.50	

比较强碱滴定强酸和强碱滴定弱酸的滴定曲线可以看出，强碱滴定弱酸的滴定曲线有如下的特点。

（1）滴定曲线起点高。这是因为 HAc 是弱酸，在水溶液中不能全部离解。因此，溶液$[H^+]$小于弱酸的起始浓度。故滴定曲线的起点 pH 较高，pH = 2.88。

（2）从滴定开始到化学计量点前的滴定曲线，开始时 pH 变化较大，其后稍慢，接近化学计量点时，又逐渐加快。滴定刚开始时，由于 NaOH 的加入，溶液中的 H^+ 被中和，这样 Ac^-的量相对增加，因 Ac^-的同离子效应，抑制 HAc 的离解，致使溶液中$[H^+]$迅速降低，即 pH 增加较快，曲线的斜率较大。随着滴定的进行，HAc 的浓度不断降低，而 NaAc 的浓度逐渐增大，溶液中形成 HAc-NaAc 的缓冲体系。因此，溶液的 pH 变化缓慢，曲线较为平缓。当 50%的 HAc 被滴定时，$[HAc]/[Ac^-]=1$，此时溶液的缓冲能力最大，曲线最平缓。接近化学计量点时，由于 HAc 已经很少，缓冲作用减弱，其生成的 Ac^-是弱碱，所以溶液的 pH 增加较快，曲线的斜率又迅速增大。

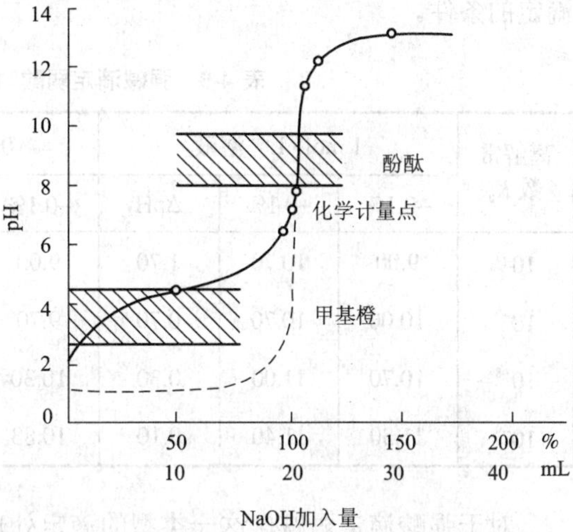

图 4-7　0.100 0 mol·L^{-1} NaOH 滴定 0.100 0 mol·L^{-1} HAc 的滴定曲线

（3）滴定突跃范围小。由于上述的原因，强碱滴定弱酸的滴定突跃较相同浓度的强碱滴定强酸的滴定突跃要小得多。由 4.3～9.7 减小到 7.7～9.7，减小了 3.4 个 pH 单位。在化学计量点时，由于 Ac^-是一弱碱，溶液的 pH 不是 7.0 而是 8.7 进入了碱性区域。显然不能采用在酸性范围内变色的指示剂如甲基橙、甲基红等，否则会引起较大的滴定误差。酚酞的变色范围恰好在此滴定突跃范围内，所以本滴定应选用酚酞作指示剂。

（4）影响滴定突跃范围大小的因素。一是浓度，这与强碱滴定强酸一样。溶液的浓度越大，滴定突跃范围也越大。二是弱酸强度，弱酸的 K_a 越大，即酸越强，滴定突跃范围也越大。图 4-8 是用 0.100 0 mol·L^{-1} NaOH 溶液滴定 0.100 0 mol·L^{-1}各种不同强度弱酸的滴定曲线。从图中可以看出，当弱酸浓度一定时，滴定突跃范围随弱酸 K_a 的减小而减小。当酸很弱时，如 $K_a \leqslant 10^{-9}$，已经没有明显的滴定突跃，此时不能用一般的酸碱指示剂确定滴定终点。

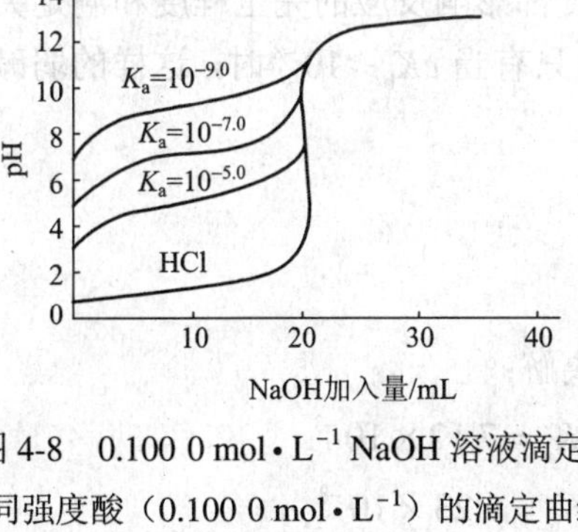

图 4-8　0.100 0 mol·L^{-1} NaOH 溶液滴定不同强度酸（0.100 0 mol·L^{-1}）的滴定曲线

表 4-5 综合了酸的浓度和强度对滴定突跃范围的影响。由表中的数据可知，K_a 一定、浓度愈大，或浓度一定、K_a 愈大时，滴定突跃范围愈大。即 cK_a 的乘积愈大，滴定突跃范围愈大。当浓度为 0.1 mol·L^{-1}，$K_a \leqslant 10^{-9}$ 时，已无明显的滴定突跃，实践证明，人眼借助指示剂准确判断终点，滴定突跃（ΔpH）必须在 0.3 单位以上。在这个条件下，分析结果的相对误差≤±0.1%。由表 4-5 中的 ΔpH 可知，只有当弱酸的 $cK_a \geqslant 10^{-8}$ 才能满足这一要求。因此，通常以 $cK_a \geqslant 10^{-8}$ 作为判断弱酸能否被准确

滴定的条件。

表 4-5　强碱滴定弱酸时化学计量点附近 pH 的变化

离解常数 K_a	1 mol·L^{-1} 溶液			0.1 mol·L^{-1} 溶液			0.01 mol·L^{-1} 溶液		
	−0.1%	+0.1%	ΔpH	−0.1%	+0.1%	ΔpH	−0.1%	+0.1%	ΔpH
10^{-5}	9.00	10.70	1.70	9.00	9.77	0.77	8.70	9.00	0.30
10^{-7}	10.00	10.70	0.70	9.70	10.00	0.30	9.30	9.40	0.10
10^{-8}	10.70	11.00	0.30	10.30	10.40	0.10			
10^{-9}	11.30	11.40	0.10	10.83	10.87	0.04			

对于强酸滴定弱碱，这一类型的滴定处理方法与强碱滴定弱酸相似。与强碱滴定弱酸相比，强酸滴定弱碱的 pH 变化方向相反。如 0.100 0 mol·L^{-1} HCl 滴定 20.00 mL 0.100 0 mol·L^{-1} $NH_3 \cdot H_2O$ 的滴定曲线如图 4-9 所示。

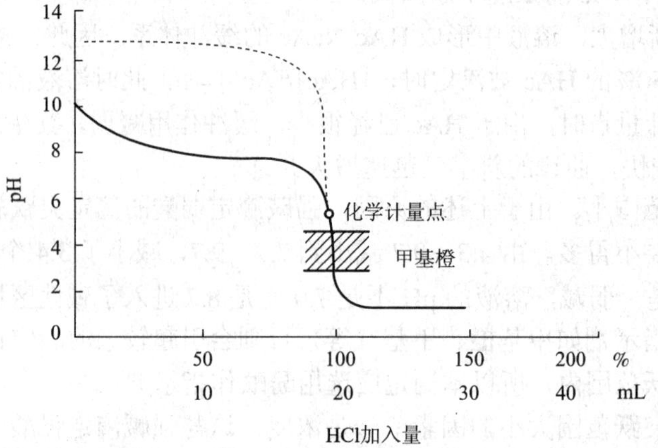

图 4-9　0.100 0 mol·L^{-1} HCl 滴定 0.100 0 mol·L^{-1} $NH_3 \cdot H_2O$ 的滴定曲线

用 HCl 滴定 $NH_3 \cdot H_2O$ 的滴定反应的产物为 NH_4^+。从图 4-9 可以看出，由于 NH_4^+显酸性，化学计量点的 pH 偏酸性（pH = 5.28），滴定突跃范围也在酸性区（pH = 6.24～4.30）。因此只能选用在酸性范围内变色的指示剂如甲基橙、甲基红等指示终点。

与强碱滴定弱酸相似，弱碱的强度和弱碱溶液的浓度都影响反应的完全程度和滴定突跃的大小。碱性太弱或浓度太稀的弱碱，也不能直接滴定。只有当 $cK_b \geqslant 10^{-8}$ 时，这样的弱碱才能被准确滴定。

三、多元酸、多元碱的滴定

1. 多元酸的滴定

多元酸在水溶液中是分步离解的，如 H_3PO_4 有三级离解：

$$H_3PO_4 \rightleftharpoons H^+ + H_2PO_4^- \qquad K_{a_1} = 7.52 \times 10^{-3}$$

$$H_2PO_4^- \rightleftharpoons H^+ + HPO_4^{2-} \qquad K_{a_2} = 6.23 \times 10^{-8}$$

$$HPO_4^{2-} \rightleftharpoons H^+ + PO_4^{3-} \qquad K_{a_3} = 4.4 \times 10^{-13}$$

磷酸三级离解的 H^+ 是否都能被准确滴定？这由一元弱酸的滴定可知，应根据 $cK_a \geqslant 10^{-8}$ 来判断。磷酸的 $cK_{a_1} > 10^{-8}$，$cK_{a_2} > 10^{-8}$，而 $cK_{a_3} < 10^{-8}$。因此，磷酸第一级和第二级离解的 H^+ 能被准确滴定，第三级离解的 H^+ 不能被准确滴定。

那么磷酸一、二级离解的 H^+，是同时被滴定呢，还是可以分步滴定？即在滴定曲线上只有一个滴定突跃呢，还是有两个滴定突跃？这和两个相邻 K_a 值的差别大小有关，如果 $K_{a_1}:K_{a_2} \geqslant 10^4$，两级离解的 H^+ 就可以分步滴定；若 $K_{a_3}:K_{a_2} < 10^4$，则两级离解的 H^+ 混在一起，同时被滴定。磷酸的 $K_{a_1}:K_{a_2} > 10^4$，$K_{a_2}:K_{a_3} > 10^4$，因此磷酸一、二级离解的 H^+ 可以分步滴定，即在滴定曲线上有两个滴定突跃。由于磷酸的 $cK_{a_3} < 10^{-8}$，故得不到第三个滴定突跃。

草酸的 $K_{a_1} = 5.9 \times 10^{-2}$，$K_{a_2} = 6.4 \times 10^{-5}$，$K_{a_1}:K_{a_2} < 10^4$，两级离解的 H^+ 混在一起同时被滴定，即不能分步滴定。因此，草酸的滴定曲线只有一个滴定突跃，多数多元有机弱酸的情况与此相似，各级的 K_a 相差太小，不能分步滴定，只能形成一个滴定突跃。

例如，酒石酸：$K_{a_1} = 1.04 \times 10^{-3}$，$K_{a_2} = 4.55 \times 10^{-5}$

柠檬酸：$K_{a_1} = 7.10 \times 10^{-4}$，$K_{a_2} = 1.68 \times 10^{-3}$，$K_{a_3} = 4.07 \times 10^{-7}$

多元酸的滴定曲线计算比较复杂，通常用 pH 计记录滴定过程中 pH 的变化，可以直接测得其滴定曲线。在实际工作中，为了选择指示剂，通常只需计算化学计量点的 pH，然后在此 pH 附近选择指示剂。

下面讨论用 0.1 $mol \cdot L^{-1}$ NaOH 滴定 0.1 $mol \cdot L^{-1}$ H_3PO_4 的情况。为计算方便，采用最简式计算化学计量点的 pH。

第一化学计量点时，为 NaH_2PO_4 的水溶液，故

$$[H^+] = \sqrt{K_{a_1} K_{a_2}}$$

$$pH = \frac{1}{2}(pK_{a_1} + pK_{a_2}) = \frac{1}{2} \times (2.12 + 7.21) = 4.66$$

可选用甲基橙作指示剂。但因滴定突跃很小，终点误差较大，有时选用混合指示剂（溴甲酚绿和甲基橙，变色点 pH = 4.3，橙色→绿色），终点变色较明显。

第二化学计量点时，为 Na_2HPO_4 的水溶液，故

$$[H^+] = \sqrt{K_{a_2} K_{a_3}}$$

$$pH = \frac{1}{2}(pK_{a_2} + pK_{a_3}) = \frac{1}{2} \times (7.21 + 12.36) = 9.78$$

可选用百里酚酞指示剂，误差约为 0.5%。有时选用混合指示剂（酚酞和百里酚酞，无色→紫色），终点变色较明显。

0.1 $mol \cdot L^{-1}$ NaOH 滴定 0.1 $mol \cdot L^{-1}$ H_3PO_4 的滴定曲线如图 4-10 所示。从上述的讨论可以看出，多元酸的滴定，实际上可以看做不同强度的一元酸混合物的滴定。

HPO_4^{2-} 不能用 NaOH 直接滴定，但可利用生成难溶化合物，使弱酸强化的反应进行测定。在 HPO_4^{2-} 溶液中加入 Ca^{2+}，发生下式反应：

$$2HPO_4^{2-} + 3Ca^{2+} = Ca_3(PO_4)_2 \downarrow + 2H^+$$

用 NaOH 滴定释放出来的 H^+，为了不使 $Ca_3(PO_4)_2$ 溶解，选用酚酞作指示剂。

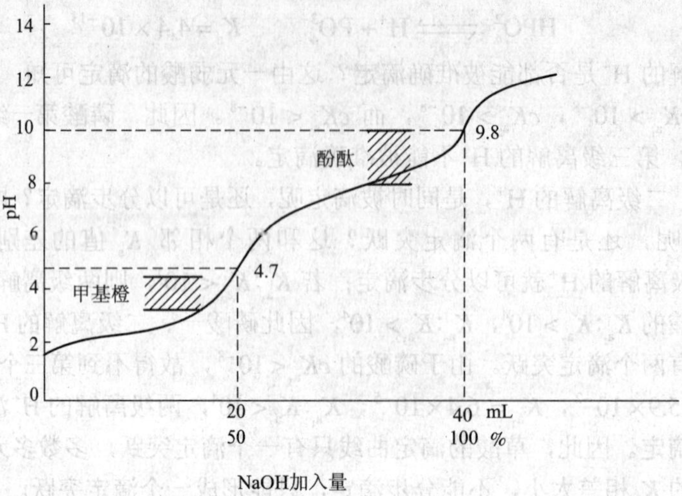

图 4-10　0.1 mol • L^{-1} NaOH 滴定 0.1 mol • L^{-1} H_3PO_4 的滴定曲线

2. 多元碱的滴定

多元碱用强酸滴定时，其情况与多元酸用强碱滴定的处理方式相似。以 HCl 滴定 Na_2CO_3 为例。Na_2CO_3 为二元碱，在水溶液中分步离解：

$$CO_3^{2-} + H^+ \rightleftharpoons HCO_3^- \qquad K_{b_1} = 10^{-3.75}$$

$$HCO_3^- + H^+ \rightleftharpoons H_2CO_3 \qquad K_{b_2} = 10^{-7.63}$$

因 $c_bK_{b_1} > 10^{-8}$，$c_bK_{b_2} \approx 10^{-8}$，但 $K_{b_1}/K_{b_2} = 10^{3.87} \approx 10^4$，两步滴定反应间有一定的交叉，分步滴定的准确性不如 NaOH 滴定 H_3PO_4 的高。

第一化学计量点时为酸式盐，此时溶液的 pH 为

$$[H^+] = \sqrt{K_{a_1}K_{a_2}}$$

$$pH = \frac{1}{2}(pK_{a_1} + pK_{a_2}) = \frac{1}{2} \times (6.37 + 10.25) = 8.31$$

可以选用酚酞作指示剂，但终点颜色较难判断（红至微红），采用混合指示剂（如甲酚红和百里酚蓝）指示终点，比较明显。

第二化学计量点时终点产物为 H_2CO_3（$CO_2 + H_2O$），它的饱和溶液的浓度约为 0.04 mol • L^{-1}，溶液的 pH 为

$$[H^+] = \sqrt{K_{a_1}c} = \sqrt{10^{-6.37} \times 0.04} = 10^{-3.88}$$

$$pH = 3.88$$

可选用甲基橙或甲基橙–靛蓝磺酸钠混合指示剂。滴定到第二化学计量点时，易形成 CO_2 的过饱和溶液，使溶液的酸度稍有增大，终点出现稍稍早些。因此，在滴定至接近终点时，可加热煮沸除去 CO_2，冷却后再滴定至终点（或充分振摇除去 CO_2 后再滴定至终点），由于排除了 CO_2 的干扰，终点敏锐。HCl 滴定 Na_2CO_3 的滴定曲线如图 4-11 所示。

3. 滴定误差

根据上述讨论可以知道，酸碱滴定法的误差由几种误差构成，其中主要误差是由滴定终点与化学计量点不符合引起的。一般地说，如果能确定产生误差的原因，便可以设法减小滴

定误差。酸碱滴定误差产生的可能原因如下。

（1）指示剂误差：指示剂颜色的改变（即滴定终点）不是恰好与化学计量点符合。例如，若用强酸滴定强碱，化学计量点时 pH 为 7；而若用甲基橙作指示剂，它变色的 pH 范围为 3.1～4.4，这样就要多消耗一些酸。要减小指示剂误差，指示剂要选择适当，终点的颜色也要掌握好。

（2）滴数误差：由于从滴定管滴下的液滴不是很小，因此滴定不可能恰好在化学计量点时结束，一般都是微超过一些。当然，液滴愈小，超过愈少。因此，当滴定至接近终点时，要注意放慢滴定速度，特别是最后几滴，最好是半滴半滴地加，以免超过终点过多。

此外，标准溶液的浓度、指示剂的用量等对滴定误差也有影响。

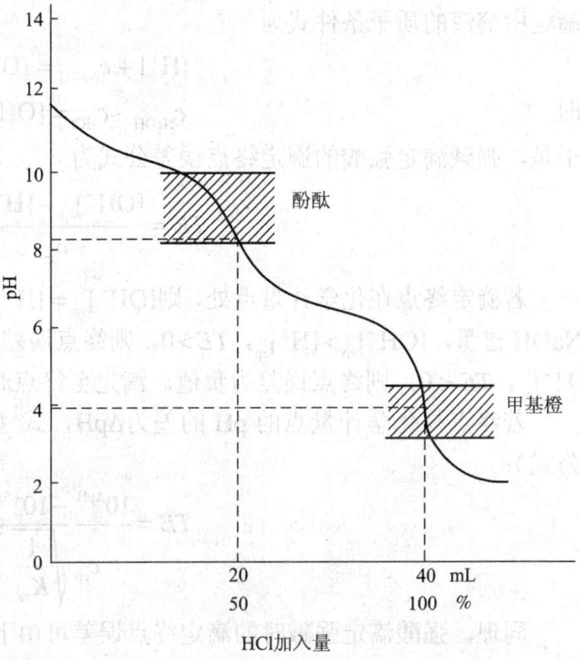

图 4-11　HCl 溶液滴定 Na_2CO_3 溶液的滴定曲线

4.7　酸碱滴定法的滴定终点误差

在酸碱滴定中，通常利用指示剂来确定滴定终点。由于滴定终点与化学计量点不一致导致的滴定误差（titration error，TE）称为终点误差（end point error）。终点误差总是存在的，即使指示剂的变色点与化学计量点完全一致，人眼观察时仍有 ±0.3 个 pH 单位的出入。终点误差不包括滴定操作本身所引起的误差，其大小与被滴定溶液中剩余的酸（碱）或是过量的标准溶液（滴定剂）有关，一般表示为

$$TE = \frac{\text{标准溶液的过量或不足的物质的量}}{\text{被测物的物质的量}} \times 100\%$$

一、滴定强酸（强碱）的终点误差

现以强碱 NaOH 滴定强酸 HCl 为例，滴定误差 TE 为

$$TE = \frac{(c_{NaOH} - c_{HCl})V_{ep}}{c_{sp}V_{sp}} \times 100\% \tag{4-36}$$

式中，c_{sp}、V_{sp} 为化学计量点时被测酸的实际浓度和体积；V_{ep} 为滴定终点时溶液的体积。因通常情况下滴定终点与化学计量点相差很小，即 $V_{sp} \approx V_{ep}$，代入式（4-36）得

$$TE = \frac{(c_{NaOH} - c_{HCl})}{c_{sp}} \times 100\% \tag{4-37}$$

滴定中溶液的质子条件式为

$$[H^+] + c_{NaOH} = [OH^-] + c_{HCl}$$

即

$$c_{NaOH} - c_{HCl} = [OH^-] - [H^+]$$

于是，强碱滴定强酸的滴定终点误差公式为

$$TE = \frac{[OH^-]_{ep} - [H^+]_{ep}}{c_{sp}} \times 100\% \tag{4-38}$$

若滴定终点在化学计量点处，则$[OH^-]_{sp} = [H^+]_{sp}$，$TE = 0$。若指示剂在化学计量点后变色，NaOH 过量，$[OH^-]_{ep} > [H^+]_{ep}$，$TE>0$，则终点误差为正值；反之，NaOH 用量不足，$[OH^-]_{ep} < [H^+]_{ep}$，$TE < 0$，则终点误差为负值。滴定至终点时，溶液体积增加近一倍，$c_{sp} \approx 1/2c_a$。

若终点与化学计量点的 pH 的差为ΔpH，式（4-38）可以变换为下面计算式（林邦误差公式）：

$$TE = \frac{10^{\Delta pH} - 10^{-\Delta pH}}{c_{ep}\sqrt{\frac{1}{K_w}}} \times 100\%$$

同理，强酸滴定强碱时的滴定终点误差可由下式计算：

$$TE = \frac{[H^+]_{ep} - [OH^-]_{ep}}{c_{sp}} \times 100\% \tag{4-39}$$

例 4-7 计算 0.1 mol•L^{-1} NaOH 溶液滴定 0.1 mol•L^{-1} HCl 溶液，分别滴定至（1）pH = 4.0（甲基橙指示终点），（2）pH = 9.0（酚酞指示终点）时的滴定终点误差。

解：（1）pH = 4.0 时，

$$[H^+] = 10^{-4.0}\ mol•L^{-1}，[OH^-] = 10^{-10.0}\ mol•L^{-1}，c_{HCl} = 0.05\ mol•L^{-1}，$$

$$TE = \frac{10^{-10.0} - 10^{-4.0}}{0.05} \times 100\% = -0.2\%$$

（2）pH = 9.0 时，

$$[H^+] = 10^{-9.0}\ mol•L^{-1}，[OH^-] = 10^{-5.0}\ mol•L^{-1}，c_{HCl} = 0.05\ mol•L^{-1}，$$

$$TE = \frac{10^{-5.0} - 10^{-9.0}}{0.05} \times 100\% = 0.02\%$$

例 4-8 计算 0.01 mol•L^{-1} HCl 溶液滴定 0.01 mol•L^{-1} NaOH 溶液，分别滴定至（1）pH = 4.0，（2）pH = 9.0 时的滴定终点误差。

解：（1）pH = 4.0 时，

$$[H^+] = 10^{-4.0}\ mol•L^{-1}，[OH^-] = 10^{-10.0}\ mol•L^{-1}，c_{HCl} = 0.005\ mol•L^{-1}，$$

$$TE = \frac{10^{-4.0} - 10^{-10.0}}{0.005} \times 100\% = 2\%$$

（2）pH = 9.0 时，

$$[H^+] = 10^{-9.0}\ mol•L^{-1}，[OH^-] = 10^{-5.0}\ mol•L^{-1}，c_{HCl} = 0.005\ mol•L^{-1}，$$

$$TE = \frac{10^{-9.0} - 10^{-5.0}}{0.005} \times 100\% = -0.2\%$$

例 4-7 和例 4-8 结果表明，由于溶液稀释 10 倍，滴定至相同 pH 时的滴定误差增大了 10

倍，且由于稀溶液的滴定突跃范围减小，甲基橙已不能用做 0.01 mol•L^{-1} 强酸强碱滴定的指示剂。

二、滴定弱酸（弱碱）的终点误差

现以强碱 NaOH 滴定一元弱酸 HA（离解常数为 K_a）为例，滴定误差 *TE* 为

$$TE=\frac{(c_{NaOH}-c_{HA})}{c_{sp}}\times 100\% \tag{4-40}$$

根据滴定终点时溶液的质子条件式

$$[H^+]+c_{NaOH}=[A^-]+[OH^-]$$

由于

$$[A^-]=c_{HA}-[HA]$$

所以

$$[H^+]+c_{NaOH}=c_{HA}-[HA]+[OH^-]$$

因为强碱滴定弱酸，终点附近溶液呈碱性，即$[OH^-]\gg[H^+]$，因而 $[H^+]$ 可以忽略，即

$$c_{NaOH}-c_{HA}=[OH^-]-[HA]$$

于是

$$TE=\frac{[OH^-]-[HA]}{c_{sp}}\times 100\%$$

终点时[HA]可以用分布系数表示，可得到一元弱酸的滴定终点误差公式为

$$TE=\left(\frac{[OH^-]}{c_{sp}}-\delta_{HA}\right)\times 100\%$$

式中，$\delta_{HA}=\dfrac{[HA]_{ep}}{c_{sp}}=\dfrac{[H^+]}{[H^+]+K_a}$。

同理，一元弱碱（B）的滴定误差公式用类似方法处理得到

$$TE=\left(\frac{[H^+]}{c_{sp}}-\delta_{B}\right)\times 100\%$$

例 4-9　计算 0.100 0 mol•L^{-1} NaOH 溶液滴定 0.100 0 mol•L^{-1} HAc 溶液，分别滴定至（1）pH = 9.20，（2）pH = 8.20 时的滴定终点误差。

解：（1）pH = 9.20 时，

$[H^+]=10^{-9.20}$ mol•L^{-1}，$[OH^-]=10^{-4.80}$ mol•L^{-1}，$c_{sp}=0.050\,00$ mol•L^{-1}，

$$TE=\left(\frac{[OH^-]}{c_{sp}}-\frac{[H^+]}{[H^+]+K_a}\right)\times 100\%$$

$$=\left(\frac{10^{-4.80}}{0.050\,00}-\frac{10^{-9.20}}{10^{-9.20}+1.7\times 10^{-5}}\right)\times 100\%=0.03\%$$

（2）pH = 8.20 时，

$[H^+]=10^{-8.20}$ mol•L^{-1}，$[OH^-]=10^{-5.80}$ mol•L^{-1}，$c_{sp}=0.050\,00$ mol•L^{-1}，

$$TE=\left(\frac{[OH^-]}{c_{sp}}-\frac{[H^+]}{[H^+]+K_a}\right)\times100\%$$

$$=\left(\frac{10^{-5.80}}{0.050\ 00}-\frac{10^{-8.20}}{10^{-8.20}+1.7\times10^{-5}}\right)\times100\%=-0.03\%$$

4.8 酸碱标准溶液的配制和标定

酸碱滴定中最常用的标准溶液是 HCl 和 NaOH 溶液，也可以用 H_2SO_4、HNO_3、KOH 等其他强酸、强碱溶液。浓度一般为 0.01～1 mol·L^{-1}，最常用的浓度是 0.1 mol·L^{-1}。通常采用间接法配制。

一、酸标准溶液

酸标准溶液一般用 HCl 配制，有时也用 H_2SO_4 和 HNO_3 配制。HCl 标准溶液稳定性好，可以长期保存。H_2SO_4 的稳定性也较好，但它的第二级离解常数（$pK_{a_2}=2$）不大，所以滴定突跃相应较小，同时，有些金属离子的硫酸盐难溶于水，在此情况下就不能应用。HNO_3 标准溶液的稳定性稍差，只有在必要时才使用。

酸标准溶液通常配成浓度为 0.1 mol·L^{-1} 或 0.2 mol·L^{-1} 的溶液，有时也可配成浓度为 1 mol·L^{-1} 或 0.01 mol·L^{-1} 的溶液。但浓度过高时，为了使标准溶液消耗体积保持在 20～30 mL，减小滴定管读数误差，一定要增加试样的质量，这样操作上可能带来困难，而且要消耗大量试剂，造成浪费。如果浓度太稀，滴定突跃就小，指示剂变色不明显，造成分析误差。

HCl 标准溶液一般用浓 HCl 间接法配制。先将 HCl 配制成近似浓度的溶液，然后用基准物标定。常用于标定 HCl 标准溶液的基准物有无水 Na_2CO_3 和硼砂。

1. 无水碳酸钠

容易获得纯品，价格低，但吸湿性强。Na_2CO_3 易吸收空气中的水分，使用前应在 270～300℃下干燥至恒重，然后密封于瓶内置干燥器中保存备用。称量时速度要快，避免吸收空气中的水分而引入误差。

用 Na_2CO_3 标定 HCl 溶液，以甲基橙为指示剂，标定反应为

$$Na_2CO_3+2HCl=2NaCl+CO_2\uparrow+H_2O$$

2. 硼砂（$Na_2B_4O_7\cdot10H_2O$）

容易制得纯品，无吸湿性，有较大的摩尔质量，称量误差小。但当空气相对湿度小于 39% 时，易失去结晶水，应保存在相对湿度为 60%的密闭容器中备用。

硼砂作基准物，以甲基红为指示剂，标定反应为

$$Na_2B_4O_7+2HCl+5H_2O=4H_3BO_3+2NaCl$$

终点变色明显。

此外，也可采与 NaOH 标准溶液进行比较的方法测得 HCl 标准溶液的浓度。

二、碱标准溶液

碱标准溶液一般用 NaOH 配制，NaOH 易吸潮，也易吸收空气中的 CO_2 生成 Na_2CO_3，因

此用间接法配制。为了配制不含 CO_3^{2-} 的碱标准溶液，可采用浓碱法。先用 NaOH 配成饱和溶液，在此溶液中 Na_2CO_3 溶解度很小，待 Na_2CO_3 沉淀后，取上清液稀释成所需浓度，再加以标定。标定 NaOH 溶液的基准物有邻苯二甲酸氢钾（$KHC_8H_4O_4$，简写 KHP）、草酸等。

1. 邻苯二甲酸氢钾（KHP）

易制得纯品，在空气中不吸湿，易保存，摩尔质量大，是一种理想的基准物。其标定反应为

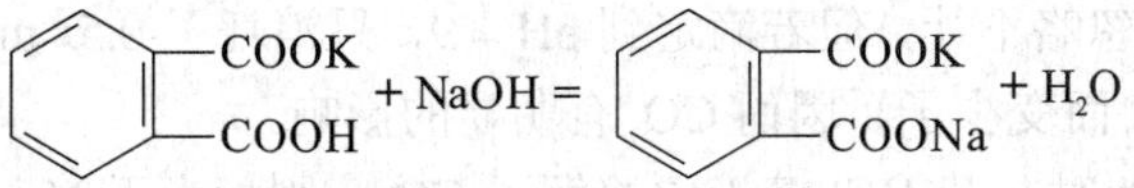

邻苯二甲酸的 $pK_{a_2} = 5.54$，因此，采用酚酞指示终点，变色相当敏锐。

邻苯二甲酸氢钾通常在 100～125℃时干燥后备用。干燥温度过高时会脱水生成苯二甲酸酐。

2. 草酸（$H_2C_2O_4 \cdot 2H_2O$）

草酸是二元弱酸，$pK_{a_1} = 1.23$，$pK_{a_2} = 4.19$，由于 $K_{a_1}/K_{a_2} < 10^4$，只能准确滴定至 $C_2O_4^{2-}$，标定反应如下：

$$H_2C_2O_4 + 2NaOH = Na_2C_2O_4 + 2H_2O$$

在化学计量点时，溶液的 pH＝8.4，化学计量点附近的 pH 突跃范围为 7.7～10.0，可选酚酞作指示剂。

草酸相当稳定，在相对湿度为 5%～95%时不易风化失水，可保存在密闭容器中备用。

与酸标准溶液相似，碱标准溶液也可采用与酸标准溶液进行比较的方法确定其准确浓度。

三、酸碱滴定中 CO_2 的影响

酸碱滴定中，CO_2 的影响不能忽略。CO_2 的来源很多，如水中溶解的 CO_2，碱标准溶液和配制碱标准溶液的试剂本身吸收了 CO_2（成了碳酸盐），滴定过程中溶液不断吸收 CO_2 等。酸碱滴定中 CO_2 的影响是多方面的，影响的大小取决于终点的 pH 和选用的指示剂。

根据 H_2CO_3 的 K_{a_1} 和 K_{a_2}，可以计算出不同 pH 时 H_2CO_3 在溶液中存在的各型体的分布系数，见表 4-6。

表 4-6　不同 pH 时 H_2CO_3 溶液中存在的各种型体的分布系数

pH	$\delta_{H_2CO_3^*}$	$\delta_{HCO_3^-}$	$\delta_{CO_3^{2-}}$
4	0.996	0.004	0.000
5	0.959	0.041	0.000
6	0.701	0.299	0.000
7	0.190	0.810	0.000
8	0.023	0.972	0.005
9	0.002	0.945	0.053

注：*包括 $CO_2 + H_2CO_3$。

用 HCl 滴定 NaOH 时，如果 NaOH 溶液吸收了 CO_2 生成了少量的 Na_2CO_3，反应式为

$$2NaOH + CO_2 = Na_2CO_3 + H_2O$$

从反应式可以看到 2 mol NaOH 相当于 1 mol Na_2CO_3。滴定时如果用甲基橙作指示剂（终点 pH = 4），终点时溶液中存在的主要型体是 H_2CO_3，滴定所消耗的 HCl 与 Na_2CO_3 的物质的量之比是 2∶1；如果用酚酞作指示剂（终点 pH = 9），终点时溶液中存在的主要型体是 HCO_3^-，滴定时所消耗的HCl与Na_2CO_3的物质的量之比是1∶1。因此，如果NaOH溶液中有 x mol NaOH与 CO_2 反应生成 0.5x mol Na_2CO_3，用 HCl 滴定到 pH = 4 时消耗了 x mol HCl，在这种情况下，CO_2 的影响很小，可以忽略不计，但若滴定到 pH = 9，只消耗了 0.5x mol HCl，HCl 的消耗量由于 NaOH 吸收了 CO_2 而变少了，因而 CO_2 有明显的影响。

用 NaOH 滴定 HCl 时，若 HCl 溶液中溶解了 CO_2，则相当于 NaOH 滴定 HCl 和 H_2CO_3 的混合酸。若用甲基橙作指示剂，H_2CO_3 不被滴定，没有影响；若用酚酞作指示剂，H_2CO_3 被滴定到 HCO_3^-，NaOH 的消耗量增加了，CO_2 的影响较大。

强酸、强碱滴定或强酸滴定弱碱采用甲基橙作指示剂的优点是 CO_2 的影响很小。当溶液浓度较大（0.5 mol·L^{-1}）时，常采用甲基橙作指示剂；溶液浓度较小（0.1 mol·L^{-1}）时，也宜采用甲基橙作指示剂；但溶液浓度太小（< 0.1 mol·L^{-1}）时，不适宜采用甲基橙作指示剂。

强碱滴定弱酸，终点 pH > 7 的范围内，CO_2 的影响不能忽略。一般情况下，采用同一指示剂在相同条件下进行标定和测定，可以部分抵消 CO_2 的影响。有时需要按下法配制不含 CO_2 的 NaOH 溶液。

先配成饱和 NaOH 溶液（质量分数约 50%），在这种浓碱溶液中 Na_2CO_3 溶解度很小，待 Na_2CO_3 沉淀后，取上层清液，用已煮沸除去 CO_2 的蒸馏水稀释到所需的浓度。配制的 NaOH 标准溶液应保存在装有虹吸管及碱石棉管（含有 $Ca(OH)_2$）的瓶中，防止吸收空气中的 CO_2。长时间放置后，溶液的浓度会改变，应该重新标定。

4.9　酸碱滴定法的应用

酸碱滴定法在生产实际中应用广泛。许多工业产品如烧碱、纯碱、硫酸铵和碳酸氢铵等，一般都采用酸碱滴定法测定其主成分的含量。在化工、材料、食品、医药工业等的原料、中间产品和成品分析中，酸碱滴定法有着广泛的应用。下面举例说明酸碱滴定法的应用。

一、混合碱的测定

本节中混合碱的组分限定为 NaOH、Na_2CO_3 和 $NaHCO_3$ 等。NaOH、Na_2CO_3 和 $NaHCO_3$ 能以 NaOH 和 Na_2CO_3 或 Na_2CO_3 和 $NaHCO_3$ 两种混合物存在，NaOH 和 $NaHCO_3$ 不能共存，因为它们之间能发生反应，即

$$NaOH + NaHCO_3 = Na_2CO_3 + H_2O$$

混合碱的测定常采用双指示剂法（double indicator titration）。双指示剂法是指在一份被滴定溶液中先加入一种指示剂（如酚酞），用滴定剂滴定到第一个终点后，再加入另一种指示剂（如甲基橙），继续滴定到第二个终点。滴定结束后，可根据每一终点所消耗的标准溶液的体积来计算各组分质量分数。用双指示剂法测定多元碱时，如果中和反应不是完全地分步进行而是稍有交错，会影响测定结果的准确度。

双指示剂法测定混合碱的滴定曲线及各步可能发生的反应如图 4-12 所示。

测定过程如下：

1. NaOH 与 Na_2CO_3 混合物的测定

准确称取一定量试样，溶解后，加入酚酞指示剂，用 HCl 标准溶液滴定至红色刚消失，记下用 HCl 的体积 V_1。这时 NaOH 全部被中和，而 Na_2CO_3 仅被中和到 $NaHCO_3$。向溶液中加入甲基橙，继续用 HCl 滴定至橙红色，记下用去 HCl 的体积 V_2。

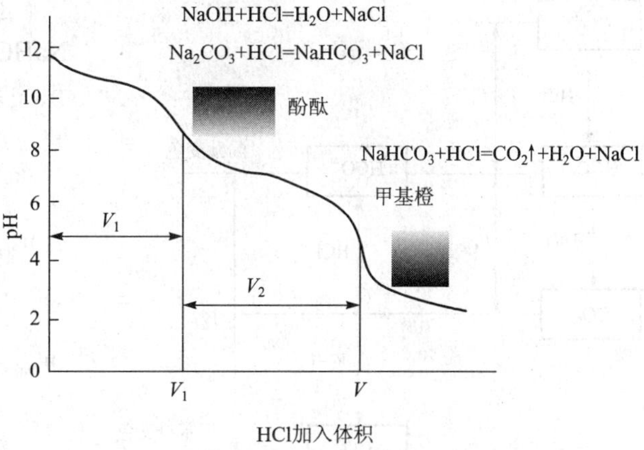

图 4-12　混合碱滴定曲线

整个过程所包括的反应如下：

第一化学计量点的反应（消耗 HCl 体积 V_1）

$$NaOH + HCl = NaCl + H_2O$$

$$Na_2CO_3 + HCl = NaHCO_3 + NaCl$$

第二化学计量点的反应（消耗 HCl 体积 V_2）

$$NaHCO_3 + HCl = NaCl + CO_2\uparrow + H_2O$$

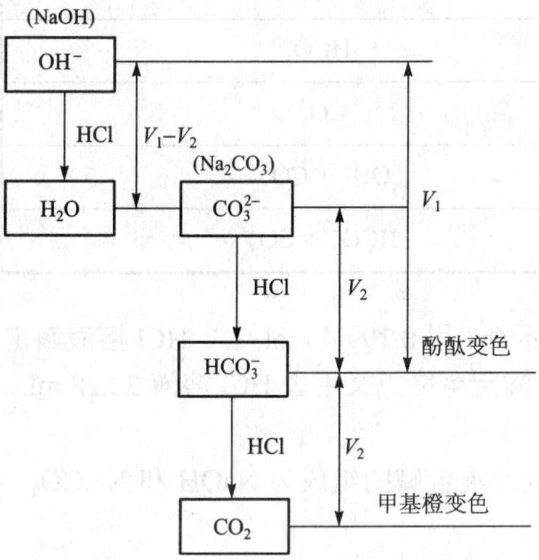

图 4-13　NaOH 和 Na_2CO_3 混合物测定原理

显然 $V_1 > V_2$。双指示剂法测定 NaOH 和 Na_2CO_3 混合物的测定过程与消耗 HCl 标准溶液体积关系如图 4-13 所示。

组分质量分数计算公式：

$$w_{NaOH} = \frac{c_{HCl} \times (V_1 - V_2) \times M_{NaOH} \times 10^{-3}}{m_s} \times 100\%$$

$$w_{Na_2CO_3} = \frac{\frac{1}{2} c_{HCl} \times 2V_2 \times M_{Na_2CO_3} \times 10^{-3}}{m_s} \times 100\%$$

2. Na_2CO_3 和 $NaHCO_3$ 混合物的测定

其测定原理与 NaOH 和 Na_2CO_3 混合物的测定原理相同，但到达第一化学计量点时，只有 Na_2CO_3 被滴定至 $NaHCO_3$。设此时所消耗的 HCl 标准溶液的体积为 V_1。再继续滴定时，由 Na_2CO_3 生成的 $NaHCO_3$ 与原来溶液中的 $NaHCO_3$ 同时被滴定。到达第二化学计量点时，设所消耗 HCl 标准溶液的体积为 V_2。

整个过程所包括的反应如下：

第一化学计量点的反应（消耗 HCl 体积 V_1）

$$Na_2CO_3 + HCl = NaHCO_3 + NaCl$$

第二化学计量点的反应　（消耗 HCl 体积 V_2 ）

原来的　$NaHCO_3 + HCl = NaCl + CO_2\uparrow + H_2O$

新生的　$NaHCO_3 + HCl = NaCl + CO_2\uparrow + H_2O$

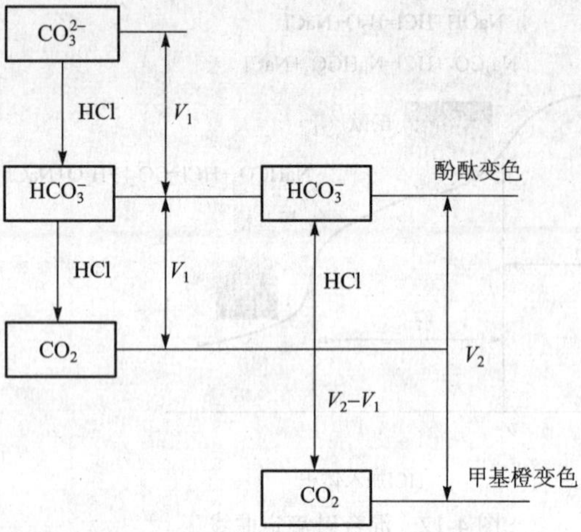

图 4-14　Na_2CO_3 和 $NaHCO_3$ 混合物测定原理

显然 $V_2 > V_1$。双指示剂法测定 Na_2CO_3 和 $NaHCO_3$ 混合物的过程与消耗 HCl 标准溶液体积关系如图 4-14 所示。

组分质量分数计算公式：

$$w_{Na_2CO_3} = \frac{\frac{1}{2}c_{HCl} \times 2V_1 \times M_{Na_2CO_3} \times 10^{-3}}{m_s} \times 100\%$$

$$w_{NaHCO_3} = \frac{c_{HCl} \times (V_2 - V_1) \times M_{NaHCO_3} \times 10^{-3}}{m_s} \times 100\%$$

混合碱的双指示剂分析法，不仅用于混合碱的定量分析，还可用于未知混合碱试样的定性分析，见表 4-7。

表 4-7　HCl 标准溶液的体积与试样组成的关系

V_1 和 V_2 的变化	试样的组成（以活性离子表示）
$V_1 \neq 0$，$V_2 = 0$	OH^-
$V_1 = 0$，$V_2 \neq 0$	HCO_3^-
$V_1 = V_2 \neq 0$	CO_3^{2-}
$V_1 > V_2 > 0$	$OH^- + CO_3^{2-}$
$V_2 > V_1 > 0$	$HCO_3^- + CO_3^{2-}$

例 4-10　称取混合碱试样 0.642 2 g，以酚酞为指示剂，用 0.199 4 mol•L^{-1} HCl 溶液滴定至终点，用去 HCl 溶液 32.12 mL；再加甲基橙指示剂，滴定至终点又用去 HCl 溶液 22.28 mL。试计算试样中各组分的质量分数。

解：因 $V_1 = 32.12$ mL，$V_2 = 22.28$ mL，$V_1 > V_2$，故此混合碱的组成为 NaOH 和 Na_2CO_3。

以酚酞作指示剂，测定反应为

$$NaOH + HCl = NaCl + H_2O$$

$$Na_2CO_3 + HCl = NaHCO_3 + NaCl$$

再以甲基橙作指示剂，测定反应为

$$NaHCO_3 + HCl = NaCl + CO_2 + H_2O$$

$$\frac{m_{NaOH}}{M_{NaOH}} = c_{HCl}(V_1 - V_2)$$

$$w_{NaOH} = \frac{c_{HCl} \times (V_1 - V_2) \times M_{NaOH} \times 10^{-3}}{m_s} \times 100\%$$

$$= \frac{0.199\ 4 \times (32.12 - 22.28) \times 40.00 \times 10^{-3}}{0.642\ 2} \times 100\% = 12.22\%$$

$$\frac{m_{Na_2CO_3}}{M_{Na_2CO_3}} = c_{HCl}V_2$$

$$w_{Na_2CO_3} = \frac{\frac{1}{2}c_{HCl} \times 2V_2 \times M_{Na_2CO_3} \times 10^{-3}}{m_s} \times 100\%$$

$$= \frac{0.199\ 4 \times 22.28 \times 106.0 \times 10^{-3}}{0.642\ 2} \times 100\% = 73.33\%$$

二、铵盐中氮的测定

肥料、土壤和含氮有机化合物常需测定其氮的含量。氮的测定在农业分析和有机分析中也比较重要。一般将试样处理后，使试样中的氮转化为 NH_4^+，再用下述的方法进行测定。

1. 蒸馏法

将含 NH_4^+ 的试样放入蒸馏瓶中，加入过量 NaOH，加热煮沸使 NH_4^+ 转换成 NH_3 蒸出，并用过量的 H_2SO_4 或 HCl 标准溶液将蒸出的 NH_3 吸收，以甲基橙或甲基红作指示剂，用 NaOH 标准溶液回滴过量的酸。

$$w_N = \frac{(c_{HCl}V_{HCl} - c_{NaOH}V_{NaOH}) \times M_N}{m_s \times 1\ 000} \times 100\%$$

也可以用过量的 2% H_3BO_3 溶液吸收 NH_3，生成的 $H_2BO_3^-$ 是较强碱，可用酸标准溶液滴定。

$$NH_3 + H_3BO_3 = NH_4^+ + H_2BO_3^-$$

$$H^+ + H_2BO_3^- = H_3BO_3$$

终点产物是 NH_4^+ 和 H_3BO_3（混合弱酸），pH = 5，可选用甲基红作指示剂。此法的优点是只需要一种标准溶液（HCl），吸收剂 H_3BO_3 的浓度和体积无须准确，过量的 H_3BO_3 不干扰滴定。蒸馏法准确，但比较费时。

$$w_N = \frac{c_{HCl}V_{HCl} \times M_N \times 10^{-3}}{m_s} \times 100\%$$

2. 甲醛法

NH_4^+ 和甲醛反应定量地生成质子化的六次甲基四胺，同时释放出定量的酸 H^+。反应如下：

$$4NH_4^+ + 6HCHO = (CH_2)_6N_4H^+ + 3H^+ + 6H_2O$$

以酚酞作指示剂，用 NaOH 标准溶液滴定，因 $(CH_2)_6N_4H^+$ 的 pK_a = 5.3，滴定的是 $(CH_2)_6N_4H^+$ 和 H^+ 的含量。

三、乙酰水杨酸（阿司匹林）的测定

乙酰水杨酸（阿司匹林）（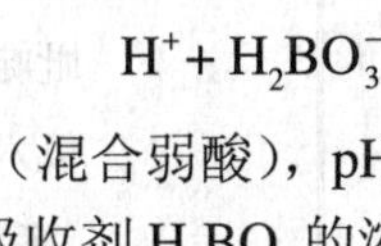）是常用的解热镇痛药，属芳酸酯类结构，在水溶液中可离解出 H^+（pK_a = 3.49），故可以酚酞为指示剂，用碱标准溶液直接滴定。为了防

止分子中的酯水解而使结果偏高，滴定应在中性乙醇溶液中进行，并注意滴定时的温度不宜太高，在振摇下快速滴定。

4.10 非水溶液中的酸碱滴定

一些在水中离解常数很小的弱酸或弱碱，由于没有明显的滴定突跃而不能被准确滴定；许多有机酸、碱在水中溶解度小，也不利于滴定进行。如果采用非水溶剂作为滴定介质，往往可以解决上述问题。非水溶剂是指有机溶剂和不含水的无机溶剂。在非水溶剂中进行的滴定分析方法称为非水滴定法（nonaqueous titration）。以非水溶剂为介质，不仅能增大有机化合物的溶解度，而且能使在水中进行不完全的反应进行完全，从而扩大了滴定分析的应用范围。

非水滴定除溶剂较为特殊外，具有一般滴定分析的特点，如准确、快速、无须特殊设备等。非水滴定法可以用于酸碱滴定、氧化还原滴定、络合滴定、沉淀滴定等，其中非水酸碱滴定应用最为广泛。有关溶剂的分类及相关性质参见本章 4.1 节，常用溶剂的自身离解常数及介电常数见表 4-8。

表 4-8　常用溶剂的自身离解常数及介电常数（25 ℃）

溶　剂	pK_s	ε	溶　剂	pK_s	ε
水	14.00	78.5	乙腈	28.5	36.6
甲醇	16.7	31.5	甲基异丁酮	>30	13.1
乙醇	19.1	24.0	二甲基甲酰胺	—	36.7
甲酸	6.22	58.5(16℃)	吡啶	—	12.3
冰醋酸	14.45	6.13	二氧六环	—	2.21
醋酐	14.5	20.5	苯	—	2.3
乙二胺	15.3	14.2	三氯甲烷	—	4.81

一、弱碱的非水滴定

滴定弱碱应选酸性溶剂，使弱碱的强度调平到溶剂阴离子水平，即增强弱碱的强度，使滴定突跃明显。冰醋酸是最常用的酸性溶剂。市售冰醋酸含有少量水分，为避免水分存在对滴定的影响，一般需加入一定量的醋酐，使其与水反应转变成醋酸。滴定碱的标准溶液常采用高氯酸的冰醋酸溶液。这是因为高氯酸在冰醋酸中有较强的酸性，且绝大多数有机碱的高氯酸盐易溶于有机溶剂，对滴定反应有利。常用标定高氯酸标准溶液的基准物是邻苯二甲酸氢钾，常用指示剂为结晶紫。需注意的是，结晶紫在不同酸度下具有多种不同的颜色，对具体样品的测定，终点颜色应以电位滴定法确定的颜色为准。

具有碱性基团的化合物，如胺类、氨基酸类、含氮杂环化合物、某些有机碱的盐及弱酸盐等，大都可用高氯酸标准溶液进行滴定。例如，各国药典应用高氯酸冰醋酸非水滴定法测定的药物包括有机弱碱、有机酸的碱金属盐、有机碱的氢卤酸盐及有机酸盐等。

有机弱碱如胺类、生物碱类等，只要其在水溶液中的 $K_b > 10^{-10}$，都能在冰醋酸介质中用高氯酸标准溶液进行定量测定。对 $K_b < 10^{-12}$ 的极弱碱，需使用冰醋酸–醋酐的混合溶液为介质，且随着醋酐用量的增加，滴定范围显著增大。图 4-15 中，咖啡因（$K_b = 4.0 \times 10^{-14}$）的滴定突跃随冰醋酸–醋酐（HAc-$Ac_2O$）溶剂中醋酐量的增加而加大。这是因为，醋酐离解生成的醋酐合乙酰阳离子$(CH_3CO)_3^+O$ 比冰醋酸中的醋酸合质子 $CH_3COOH_2^+$ 的酸性更强，因而咖啡因在醋酐中的表观碱性更强，有更明显的滴定突跃。

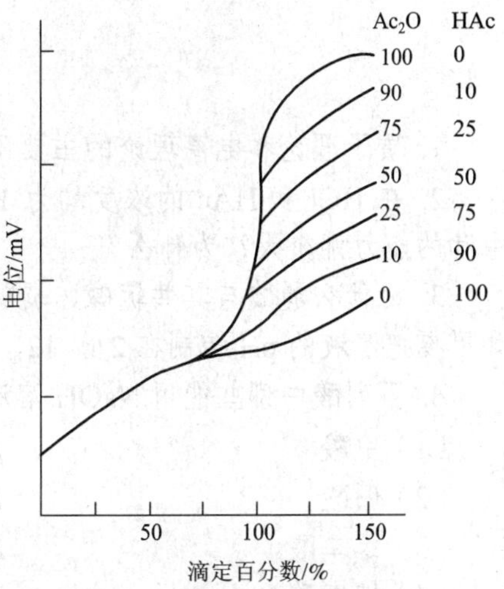

图 4-15　咖啡因在不同比例冰醋酸 – 醋酐中的滴定曲线

二、弱酸的非水滴定

酸性物质 $pK_a > 8$ 时不能用氢氧化钠标准溶液进行直接滴定。若选用碱性比水强的溶剂，使其酸性增强，便可获得明显的滴定突跃。滴定不太弱的羧酸时，可用醇类作溶剂；对弱酸和极弱酸的滴定则以碱性溶剂乙二胺或偶极亲质子溶剂二甲基甲酰胺较为常用；混合酸的区分滴定以甲基异丁酮为区分性溶剂，也常使用混合溶剂如甲醇 – 苯、甲醇 – 丙酮等。

常用的滴定剂为甲醇钠的苯–甲醇溶液，标定基准物为苯甲酸。有时也用四丁基氢氧化铵为滴定剂。常用指示剂有百里酚蓝、偶氮紫、溴酚蓝等。

非水滴定测定的弱酸包括羧酸、酚、磺酰胺、氨基酸、某些铵盐及烯醇等。例如，酚的酸性比羧酸弱，如苯酚的 $pK_a = 9.96$。若以水为溶剂，苯酚无明显的滴定突跃（图 4-16）。若以乙二胺为溶剂，苯酚可强烈地进行质子转移，形成能被强碱滴定的离子对。用氨基乙醇钠（$NaOCH_2CH_2NH_2$）作滴定剂，可获得明显的滴定突跃，如图 4-17 所示。可以看出，苯甲酸和苯酚的滴定突跃均明显增大，苯甲酸的滴定突跃和水中强碱滴定强酸的相似，苯酚亦有明显的滴定突跃，可用于定量测定。当酚的邻位或对位有—NO_2、—CHO、—Cl、—Br 等取代基时，酸的强度有所增大，可在二甲基甲酰胺中以偶氮紫作指示剂，用甲醇钠滴定。

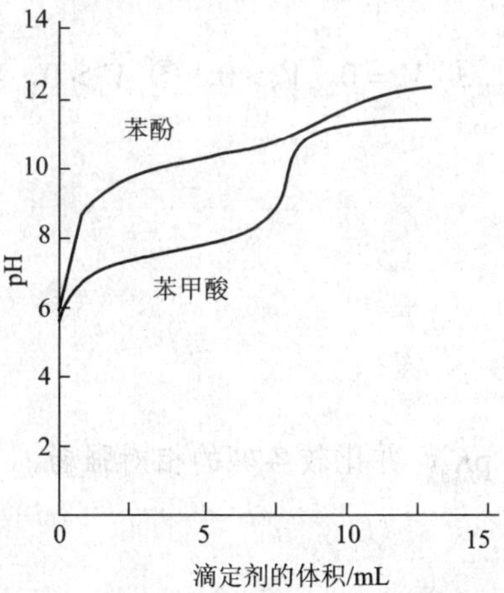

图 4-16　在水中用 NaOH 滴定苯甲酸和苯酚的滴定曲线

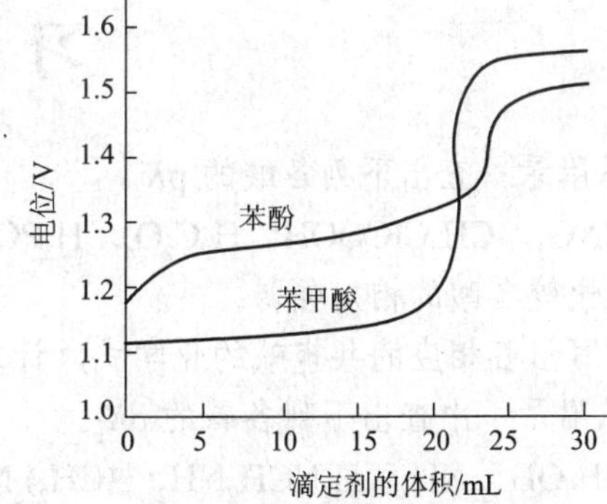

图 4-17　在乙二胺中用氨基乙醇钠滴定苯甲酸和苯酚的滴定曲线

思 考 题

1. 质子理论和电离理论的主要不同点是什么？

2. 在 HCl 和 HAc 的浓度均为 1 $mol \cdot L^{-1}$ 的溶液中，何者的$[H_3O^+]$较高？它们与 NaOH 中和的能力哪个大？为什么？

3. 为什么弱酸与其共轭碱、弱碱与其共轭酸组成的混合溶液具有控制溶液 pH 的能力？如果要把溶液的 pH 控制在 2 或 12，应如何配制？

4. 下列酸中哪些能用 NaOH 溶液直接滴定或分步滴定？哪些不能？

（1）甲酸 $K_a = 1.8\times10^{-4}$

（2）硼酸 $K_{a_1} = 5.4\times10^{-10}$

（3）丁二酸 $K_{a_1} = 6.9\times10^{-5}$，$K_{a_2} = 2.5\times10^{-6}$

（4）柠檬酸 $K_{a_1} = 7.4\times10^{-4}$，$K_{a_2} = 1.7\times10^{-5}$，$K_{a_3} = 4.1\times10^{-7}$

（5）顺丁烯二酸 $K_{a_1} = 1.5\times10^{-2}$，$K_{a_2} = 8.5\times10^{-7}$

（6）邻苯二甲酸 $K_{a_1} = 1.1\times10^{-3}$，$K_{a_2} = 3.9\times10^{-6}$

5. 酸碱指示剂的变色原理是什么？什么是变色范围？

6. 酸碱滴定中指示剂选择的原则是什么？

7. 用 NaOH 标准溶液滴定下列多元酸时，会出现几个滴定突跃？应选用何种指示剂？

（1）H_2SO_4；（2）H_3PO_4；（3）$H_2C_2O_4$；（4）H_2CO_3

8. 为什么 HCl 标准溶液可直接滴定硼砂，而不能直接滴定甲酸钠？为什么 NaOH 标准溶液能直接滴定醋酸，而不能直接滴定硼酸？

9. 用 $H_2C_2O_4\cdot2H_2O$ 标定 NaOH 溶液的浓度。若 $H_2C_2O_4\cdot2H_2O$（1）部分风化；（2）带有少量吸附水；（3）含有不溶性杂质。试问标定所得浓度是偏高、偏低还是准确的？为什么？

10. 有一碱液，可能含有 NaOH、Na_2CO_3 或 $NaHCO_3$，也可能是其中两者的混合物 NaOH + Na_2CO_3 或 $NaHCO_3 + Na_2CO_3$。今用盐酸标准溶液滴定，先以酚酞为指示剂，消耗 HCl 溶液体积为 V_1；后用甲基橙指示剂，继续用 HCl 溶液滴定，又消耗了 HCl 溶液体积为 V_2。当出现下列情况时，试判定试液的组分。

① $V_1 > V_2$，$V_2 > 0$；② $V_2 > V_1$，$V_1 > 0$；③ $V_1 = V_2$；④ $V_1 = 0$，$V_2 > 0$；⑤ $V_1 > 0$，$V_2 = 0$

习 题

1. 从附录一查出下列各酸的 pK_a。

HNO_3；$CH_2ClCOOH$；$H_2C_2O_4$；H_3PO_4

（1）比较各酸的相对强弱。

（2）写出各相应的共轭碱的化学式，计算共轭碱的 pK_b，并比较各碱的相对强弱。

2. 从附录一中查出下列各碱的 pK_b。

NH_2OH；NH_3；$H_2NCH_2NH_2$；$(CH_2)_6N_4$

（1）比较各碱的相对强弱。

（2）写出各相应共轭酸的化学式，计算共轭酸的 pK_a，并比较各酸的相对强弱。

3. 当下列溶液各加水稀释 10 倍时，计算稀释前后的 pH。

（1）0.10 mol•L^{-1} HCl 溶液；

（2）0.10 mol•L^{-1} NaOH 溶液；

（3）0.10 mol•L^{-1} HAc 溶液。

（1.00，2.00；13.00，12.00；2.88，3.38）

4. 粗铵盐 1.000 g，加过量 NaOH 溶液，产生的氨通过蒸馏吸收在 50.00 mL 0.500 0 mol•L^{-1} 的盐酸中，过量的盐酸用 0.500 0 mol•L^{-1} NaOH 溶液回滴，用去 1.56 mL。试计算试样中 NH_3 的质量分数。

（41.25%）

5. 用 0.100 0 mol•L^{-1} NaOH 溶液滴定 0.100 0 mol•L^{-1} HCOOH（$pK_a = 3.75$）溶液。（1）用中性红为指示剂，滴到 pH = 7.0 为终点；（2）以百里酚酞为指示剂，滴到 pH=10.0 为终点。分别计算终点误差。

（−0.06%；0.2%）

6. 用 0.010 00 mol•L^{-1} HCl 溶液滴定 0.010 00 mol•L^{-1} NaOH 溶液。（1）用甲基橙为指示剂，滴到 pH = 4.0 为终点；（2）以酚酞为指示剂，滴到 pH = 8.0 为终点。分别计算终点误差，并指出哪种指示剂更合适。

（2.0%；−0.02%；酚酞）

7. 准确移取食醋样品 10 mL，置于锥形瓶中，加 2 滴酚酞指示剂，用 0.163 8 mol•L^{-1} NaOH 溶液滴定醋中的 HAc，消耗了 28.15 mL。已知吸取的 HAc 溶液密度ρ=1.004 g•mL^{-1}。试计算试样中 HAc 浓度和质量分数。

（0.460 0 mol•L^{-1}；2.76%）

8. 称取混合碱试样 0.683 9 g，先以酚酞为指示剂，用 0.200 0 mol•L^{-1} 的 HCl 溶液滴定至终点，消耗了 23.10 mL，再以甲基橙为指示剂，用此 HCl 溶液继续滴定至终点，又消耗盐酸溶液 26.81 mL。试计算试样中各组分的质量分数。

（Na_2CO_3 71.61%；$NaHCO_3$ 9.11%）

9. 在 0.358 0 g 含 $CaCO_3$ 及中性杂质的石灰石里加入 25.00 mL 0.146 8 mol•L^{-1} HCl 标准溶液，过量的酸用去 NaOH 标准溶液 5.60 mL。已知 1 mL NaOH 标准溶液相当于 1.032 mL HCl 标准溶液。试计算石灰石中 $CaCO_3$ 的质量分数。

（39.45%）

10. 已知试样可能含有 Na_3PO_4、Na_2HPO_4、NaH_2PO_4 或它们的混合物，以及不与酸作用的物质。称取试样 2.000 g，溶解后用甲基橙作指示剂，用 0.500 0 mol•L^{-1} HCl 标准溶液滴定，消耗 32.00 mL。对于同样质量的试样，当用酚酞作指示剂时，消耗 HCl 溶液 12.00 mL。求试样的组成及各组分的质量分数。

（Na_3PO_4，49.17%；Na_2HPO_4，28.39%）

11. 称取 0.167 8 g 干燥恒重的邻苯二甲酸氢钾，用 1:4 的乙酸酐－冰醋酸溶液 10 mL 溶解后，用 $HClO_4$ 的冰醋酸溶液滴定，消耗 8.055 mL，而 10 mL 乙酸酐－冰醋酸（1:4）可消耗 $HClO_4$ 溶液 0.025 mL。试计算高氯酸标准溶液的浓度。

（0.102 3 mol•L^{-1}）

12. 在标定甲醇钠的甲醇溶液时，称取 0.156 0 g 苯甲酸，溶解后用甲醇钠溶液滴定，消耗了 8.530 mL。试计算甲醇钠的浓度。

（0.149 7 mol•L^{-1}）

第5章　络合滴定法

第 5 章　络合滴定法

络合滴定法（complexation titration）又称配位滴定法，是以络合反应为基础的滴定分析法。绝大多数金属离子都能和无机络合剂发生络合反应。但是多数无机络合物的稳定常数较小，无法满足滴定分析的基本条件，不能直接用于定量分析。

氨羧络合剂是以氨基二乙酸为基体的有机络合剂，目前氨羧络合剂有数十种，其中应用最广的是乙二胺四乙酸（ethylene diamine tetraacetic acid，EDTA）。EDTA 几乎能与所有金属离子络合，络合反应速率快，水溶性大，大多数络合物为无色，这些都给络合滴定提供了有利条件。EDTA 法是目前最常用的络合滴定法。

5.1 EDTA 的性质及其络合物

一、EDTA 及其二钠盐

EDTA 是一种四元酸，常用 H_4Y 表示，其结构式如下：

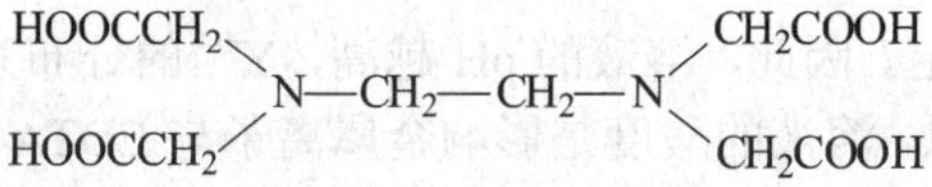

在水溶液中，EDTA 分子中两个羧基上的 H^+ 可转移到 N 原子上，形成双偶极离子：

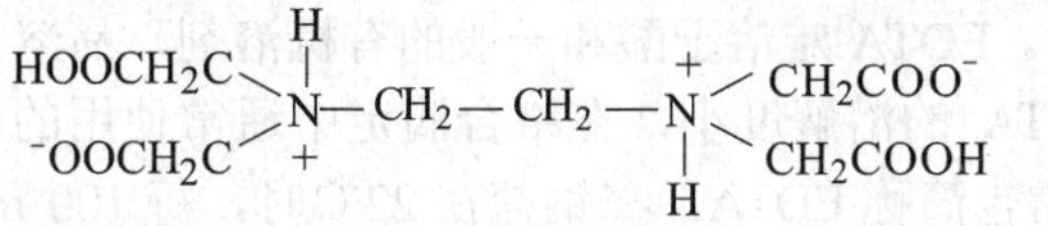

在强酸性下，两个羧酸根还可以接受 H^+ 生成 H_6Y^{2+}，相当于一个六元酸。EDTA 在水溶液中存在六级离解平衡，即

$$H_6Y^{2+} \rightleftharpoons H^+ + H_5Y^+ \qquad \frac{[H^+][H_5Y^+]}{[H_6Y^{2+}]} = K_{a_1} = 10^{-0.9}$$

$$H_5Y^+ \rightleftharpoons H^+ + H_4Y \qquad \frac{[H^+][H_4Y]}{[H_5Y^+]} = K_{a_2} = 10^{-1.6}$$

$$H_4Y \rightleftharpoons H^+ + H_3Y^- \qquad \frac{[H^+][H_3Y^-]}{[H_4Y]} = K_{a_3} = 10^{-2.07}$$

$$H_3Y^- \rightleftharpoons H^+ + H_2Y^{2-} \qquad \frac{[H^+][H_2Y^{2-}]}{[H_3Y^-]} = K_{a_4} = 10^{-2.75}$$

$$H_2Y^{2-} \rightleftharpoons H^+ + HY^{3-} \qquad \frac{[H^+][HY^{3-}]}{[H_2Y^{2-}]} = K_{a_5} = 10^{-6.24}$$

$$HY^{3-} \rightleftharpoons H^+ + Y^{4-} \qquad \frac{[H^+][Y^{4-}]}{[HY^{3-}]} = K_{a_6} = 10^{-10.34}$$

将上述六级解离关系联系起来，存在下列平衡

$$H_6Y^{2+} \underset{+H^+}{\overset{-H^+}{\rightleftharpoons}} H_5Y^+ \underset{+H^+}{\overset{-H^+}{\rightleftharpoons}} H_4Y \underset{+H^+}{\overset{-H^+}{\rightleftharpoons}} H_3Y^- \underset{+H^+}{\overset{-H^+}{\rightleftharpoons}} H_2Y^{2-} \underset{+H^+}{\overset{-H^+}{\rightleftharpoons}} HY^{3-} \underset{+H^+}{\overset{-H^+}{\rightleftharpoons}} Y^{4-}$$

所以，EDTA 在水溶液中同时存在 H_6Y^{2+}、H_5Y^+、H_4Y、H_3Y^-、H_2Y^{2-}、HY^{3-}、Y^{4-}七种型体。在不同 pH 下，各型体的浓度不同，它们的分布系数 δ 与 pH 的关系如图 5-1 所示。

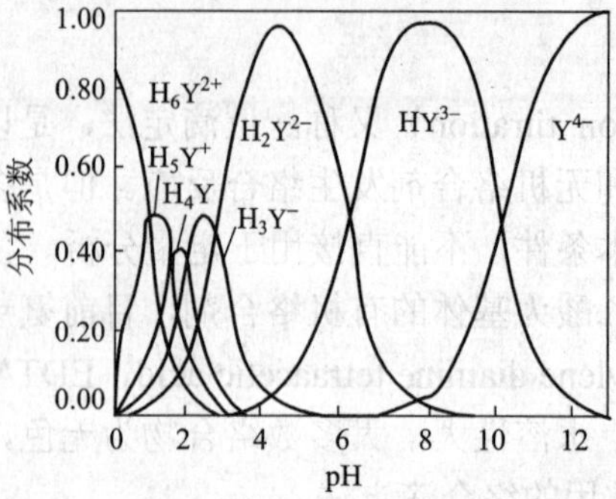

图 5-1　不同 pH 时 EDTA 各种型体的分布

由图 5-1 可知，在不同的 pH 时，EDTA 各型体所占比例不同。在 pH<1 的强酸性溶液中，主要以 H_6Y^{2+} 存在；在 pH = 2.75～6.24 的溶液中，主要以 H_2Y^{2-} 存在；pH≥10.34 时，主要以 Y^{4-} 存在；在 pH >12 时，几乎完全以 Y^{4-} 存在。如果用 c_{EDTA} 表示 EDTA 的总浓度，则有

$$c_{EDTA} = [H_6Y] + [H_5Y] + [H_4Y] + [H_3Y] + [H_2Y] + [HY] + [Y]$$

上式为方便起见，EDTA 的各种型体均略去电荷。在 EDTA 的七种型体中，以 Y^{4-} 与金属离子形成的络合物最稳定。因此，溶液的 pH 越高，Y^{4-} 的分布系数就越大，即 EDTA 在碱性溶液中络合能力强。所以，溶液的酸度是影响金属离子与 EDTA 络合物稳定性的重要因素。

EDTA 在水中的溶解度很小，22℃时，每 100 mL 水中仅溶解 0.02 g，即其饱和水溶液的浓度为 7×10^{-4} mol·L^{-1}。EDTA 难溶于酸和一般的有机溶剂，易溶于氨水和 NaOH 溶液，生成相应的盐。由于 EDTA 的溶解度小，在络合滴定中通常使用的是乙二胺四乙酸的二钠盐（$Na_2H_2Y\cdot2H_2O$），通常也简称 EDTA。二钠盐在 22℃时，每 100 mL 水中可溶解 11.1 g，其饱和水溶液的浓度约为 0.3 mol·L^{-1}，pH = 4.4。

二、EDTA 与金属离子的络合物

EDTA 与金属离子的络合物具有以下特点：

（1）EDTA 具有广泛的络合性，几乎能与所有的金属离子络合。其络合物具有多个五元环结构的特点，即形成螯合物。EDTA 与金属离子 M 形成的螯合物的立体结构如图 5-2 所示。

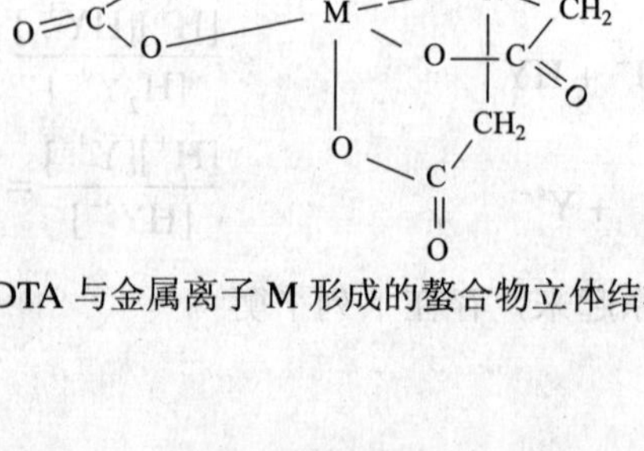

图 5-2　EDTA 与金属离子 M 形成的螯合物立体结构示意图

（2）EDTA 分子中含有两个氨基和四个羧基，具有六个络合原子，大多数金属离子的络合数不超过六。因此，无论金属离子的价数是多少，在一般情况下，EDTA 与金属离子均按 1:1 络合，例如：

$$Zn^{2+} + H_2Y^{2-} = ZnY^{2-} + 2H^+$$
$$Fe^{3+} + H_2Y^{2-} = FeY^- + 2H^+$$
$$Sn^{4+} + H_2Y^{2-} = SnY + 2H^+$$

当溶液的酸性或碱性比较高时，一些金属离子和 EDTA 还可能形成酸式络合物 MHY 或碱式络合物 M(OH)Y。但酸式或碱式络合物大多数不稳定，不影响金属离子与 EDTA 之间的 1:1 计量关系，故一般可忽略不计。

（3）EDTA 与无色金属离子络合时生成无色的络合物，这有利于用指示剂指示终点。EDTA 与有色金属离子络合时一般生成颜色更深的螯合物。如：

NiY^{2-}	CuY^{2-}	CoY^{2-}	FeY^-	AlY^-
蓝色	深蓝色	紫红色	黄色	无色

当滴定这些金属离子时，应控制其浓度不宜过大，以免指示剂确定终点时发生困难。

（4）EDTA 与金属离子的络合物一般都溶于水，而且多数络合反应的速度也比较快。这有利于络合滴定在水溶液中进行。

综上可知，EDTA 与金属离子络合物的上述特点有利于滴定分析的进行，这也是络合滴定法能得到广泛应用的主要原因。

5.2 络合物的稳定性及其影响因素

络合反应也是溶液中的一种化学平衡，络合物的形成和离解，同处于相对的平衡状态之中，其平衡状况常用平衡常数表示。在络合反应中，一般用络合物的稳定常数表示。

一、金属离子络合物的稳定常数

EDTA 与大多数金属离子反应生成 1:1 的络合物（为简便，略去式中离子电荷）：

$$M + Y \rightleftharpoons MY$$

反应平衡常数表达式为

$$K_{MY} = \frac{[MY]}{[M][Y]} \tag{5-1}$$

K_{MY} 是络合物 MY 的稳定常数（也称形成常数）。K_{MY} 是指 EDTA 全部以 Y^{4-} 形式存在，即 $c_{EDTA}=[Y^{4-}]$，且金属离子的浓度也不受其他条件影响时的稳定常数。它可用来衡量在没有副反应发生的情况下络合物的稳定程度。K_{MY} 值越大，络合物越稳定。EDTA 与常见金属离子络合物的稳定常数见表 5-1。

表 5-1 EDTA 络合物的稳定常数（25℃，$I = 0.1$）

金属离子	$\lg K_{MY}$	金属离子	$\lg K_{MY}$	金属离子	$\lg K_{MY}$
Na^+	1.66	Fe^{2+}	14.33	Cu^{2+}	18.8
Li^+	2.8	La^{3+}	15.5	Hg^{2+}	21.8

续表

金属离子	$\lg K_{MY}$	金属离子	$\lg K_{MY}$	金属离子	$\lg K_{MY}$
Ag^+	7.3	Al^{3+}	16.13	Sn^{2+}	22.1
Ba^{2+}	7.76	Co^{2+}	16.31	Cr^{3+}	23.0
Sr^{2+}	8.63	Cd^{2+}	16.46	Th^{4+}	23.2
Mg^{2+}	8.69	Zn^{2+}	16.5	Fe^{3+}	25.1
Ca^{2+}	10.69	Pb^{2+}	18.04	Bi^{3+}	28.2
Mn^{2+}	14.04	Ni^{2+}	18.67	Zr^{4+}	29.5

二、影响金属离子络合物稳定性的因素

由表 5-1 可见，不同金属离子与 EDTA 络合的稳定性有很大差别，大致有以下规律：

（1）碱金属离子与 EDTA 的络合物最不稳定，$\lg K_{MY} < 3$。

（2）碱土金属离子与 EDTA 络合物的 $\lg K_{MY} = 8 \sim 11$。

（3）过渡元素、稀土元素、Al^{3+} 与 EDTA 络合物的 $\lg K_{MY} = 15 \sim 19$。

（4）三价、四价金属离子和 Hg^{2+} 与 EDTA 络合物的 $\lg K_{MY} > 20$。

不同金属离子络合物稳定性的差异主要来自两方面的原因：① 金属离子本身的电荷、半径和电子层结构的不同；② 溶液的酸度、其他络合剂和干扰离子的存在等。本书将重点讨论反应条件（溶液酸度、其他络合剂、干扰离子）对络合物稳定性的影响。

5.3 副反应系数和条件稳定常数

在研究化学反应时，通常把主要考察的一种反应看做主反应，其他有关的反应看做副反应。络合滴定中所涉及的化学平衡比较复杂，除了待测金属离子 M 和 EDTA 之间的主反应外，还存在不少副反应，平衡关系表示如下（其中 L、N 分别是溶液中存在的其他络合剂和其他金属离子）：

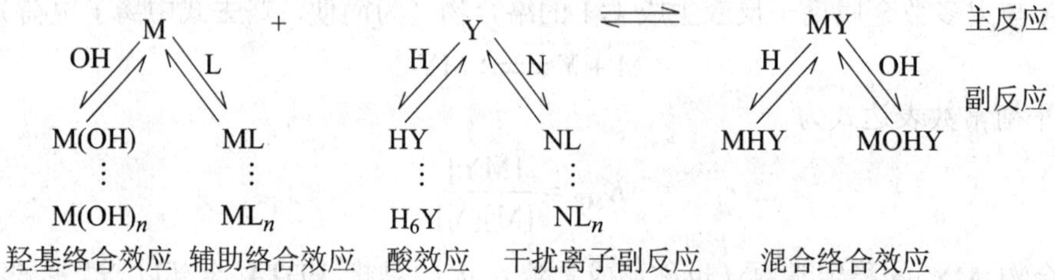

这些副反应的存在，都将影响络合物 MY 的稳定性。如果一个平衡发生移动，整个平衡体系将随之发生变化。在这样复杂的多元平衡体系中，要解决的问题是每一个副反应对主反应有什么影响。为了定量地处理这个问题，引进了副反应系数 α 和络合物条件稳定常数 K'_{MY} 的概念。

在上面一节的内容中我们知道，在没有副反应发生时，以络合物的稳定常数 K_{MY} 衡量络合反应进行的程度，达到平衡时，未参与络合反应的 M 和 Y 的浓度越小，形成的络合物 MY 的浓度越大，反应进行得越完全，络合物 MY 越稳定。当有副反应发生时，未与 Y 络合的金属离子 M，就不只以 M 型体存在，还可能以 ML，ML_2，…，ML_n，MOH，$M(OH)_2$，…，

$M(OH)_n$ 等型体存在。如果以 $[M']$ 表示没有与 Y 络合的金属离子的总浓度，则有

$$[M'] = [M] + [ML] + [ML_2] + \cdots + [ML_n] + [MOH] + [M(OH)_2] + \cdots + [M(OH)_n]$$

同理，溶液中未与 M 络合的络合剂不只是以 Y 型体存在，还可能以 HY，H_2Y，…，H_6Y，NY 等型体存在，如果以 $[Y']$ 表示没有与 M 络合的 EDTA 的总浓度，则有

$$[Y'] = [Y] + [HY] + [H_2Y] + \cdots + [H_6Y] + [NY]$$

同理，反应产物的总浓度 $[(MY)']$ 为

$$[(MY)'] = [MY] + [MHY] \text{（在酸性溶液中）}$$

$$[(MY)'] = [MY] + [M(OH)Y] \text{（在碱性溶液中）}$$

在这种情况下，反映络合物稳定性的常数是 K'_{MY}，即

$$K'_{MY} = \frac{[(MY)']}{[M'][Y']} \tag{5-2}$$

K'_{MY} 称为条件稳定常数，简称条件常数。它是考虑了各种副反应存在下的稳定常数。只有条件常数才能衡量有副反应存在时络合物的稳定性。

由于 K_{MY} 值已知，若能找到 $[M']$ 和 $[M]$，$[Y']$ 和 $[Y]$，$[(MY)']$ 和 $[MY]$ 之间的关系，就能将 K'_{MY} 和 K_{MY} 联系起来，使复杂问题简单化。为此，下面引入副反应系数 α 的概念。

一、络合剂的副反应系数 α_Y

络合剂的副反应系数定义为

$$\alpha_Y = \frac{[Y']}{[Y]} = \frac{[Y]+[HY]+[H_2Y]+\cdots+[H_6Y]+[NY]}{[Y]} \tag{5-3}$$

它表示没有与金属离子络合的络合剂各型体的总浓度 $[Y']$ 是游离络合剂浓度 $[Y]$ 的多少倍。可以用 α_Y 来衡量络合剂副反应发生的程度，α_Y 越大，表示络合剂发生的副反应越严重。$\alpha_Y = 1$，表示络合剂没有发生副反应，$[Y'] = [Y]$。络合剂 Y 与 H^+ 和溶液中其他金属离子 N 发生的副反应分别用 $\alpha_{Y(H)}$ 和 $\alpha_{Y(N)}$ 表示。

1. 酸效应系数 $\alpha_{Y(H)}$

络合剂 Y 本身是碱，易于接受质子，因此，络合剂 Y 与 H^+ 的副反应影响很大。Y 的逐级质子化反应和相应的质子化常数为

$$Y + H \rightleftharpoons HY \qquad K_1 = \frac{[HY]}{[H][Y]} = 10^{10.34},\ \beta_1 = K_1 = 10^{10.34}$$

$$HY + H \rightleftharpoons H_2Y \qquad K_2 = \frac{[H_2Y]}{[H][HY]} = 10^{6.24},\ \beta_2 = K_1K_2 = 10^{16.58}$$

$$H_2Y + H \rightleftharpoons H_3Y \qquad K_3 = \frac{[H_3Y]}{[H][H_2Y]} = 10^{2.75},\ \beta_3 = K_1K_2K_3 = 10^{19.33}$$

$$H_3Y + H \rightleftharpoons H_4Y \qquad K_4 = \frac{[H_4Y]}{[H][H_3Y]} = 10^{2.07},\ \beta_4 = K_1K_2K_3K_4 = 10^{21.40}$$

$$H_4Y + H \rightleftharpoons H_5Y \qquad K_5 = \frac{[H_5Y]}{[H][H_4Y]} = 10^{1.6},\ \beta_5 = K_1K_2K_3K_4K_5 = 10^{23.0}$$

$$H_5Y + H \rightleftharpoons H_6Y \qquad K_6 = \frac{[H_6Y]}{[H][H_5Y]} = 10^{0.9}, \ \beta_6 = K_1K_2K_3K_4K_5K_6 = 10^{23.9}$$

则

$$\alpha_{Y(H)} = \frac{[Y]+[HY]+[H_2Y]+[H_3Y]+[H_4Y]+[H_5Y]+[H_6Y]}{[Y]}$$

$$= 1 + \frac{[H^+]}{K_{a_6}} + \frac{[H^+]^2}{K_{a_6}K_{a_5}} + \frac{[H^+]^3}{K_{a_6}K_{a_5}K_{a_4}} + \frac{[H^+]^4}{K_{a_6}K_{a_5}K_{a_4}K_{a_3}} + \frac{[H^+]^5}{K_{a_6}K_{a_5}K_{a_4}K_{a_3}K_{a_2}} + \frac{[H^+]^6}{K_{a_6}K_{a_5}K_{a_4}K_{a_3}K_{a_2}K_{a_1}}$$

$$= 1 + \beta_1[H^+] + \beta_2[H^+]^2 + \beta_3[H^+]^3 + \beta_4[H^+]^4 + \beta_5[H^+]^5 + \beta_6[H^+]^6$$

其中β称为累积常数。

上式说明$\alpha_{Y(H)}$是$[H^+]$的函数。溶液的酸性越强，$\alpha_{Y(H)}$越大，络合剂 Y 的络合能力就越低，因此，$\alpha_{Y(H)}$称为络合剂 Y 的酸效应系数。

因$\alpha_{Y(H)}$常常较大，为应用方便，常采用它的对数值$\lg\alpha_{Y(H)}$。在研究络合平衡时，$\alpha_{Y(H)}$是个很重要的数值。不同 pH 下的$\lg\alpha_{Y(H)}$见表 5-2。

表 5-2　不同 pH 时的 $\lg\alpha_{Y(H)}$

pH	$\lg\alpha_{Y(H)}$	pH	$\lg\alpha_{Y(H)}$	pH	$\lg\alpha_{Y(H)}$
0.0	23.64	3.4	9.70	6.8	3.55
0.4	21.32	3.8	8.85	7.0	3.32
0.8	19.08	4.0	8.44	7.5	2.78
1.0	18.01	4.4	7.64	8.0	2.27
1.4	16.02	4.8	6.84	8.4	1.87
1.8	14.27	5.0	6.45	9.0	1.28
2.0	13.51	5.4	5.69	9.5	0.83
2.4	12.19	5.8	4.98	10.0	0.45
2.8	11.09	6.0	4.65	11.0	0.07
3.0	10.60	6.4	4.06	12.0	0.00

例 5-1　计算 pH = 5 时 EDTA 的酸效应系数及对数值，若此时 EDTA 各种型体总浓度为 0.02 mol · L^{-1}，求$[Y^{4-}]$。

解：pH = 5 时，

$$\alpha_{Y(H)} = 1 + \frac{10^{-5}}{10^{-10.34}} + \frac{10^{-10}}{10^{-10.34-6.24}} + \frac{10^{-15}}{10^{-10.34-6.24-2.75}} + \frac{10^{-20}}{10^{-10.34-6.24-2.75-2.07}} + \frac{10^{-25}}{10^{-10.34-6.24-2.75-2.07-1.6}} + \frac{10^{-30}}{10^{-10.34-6.24-2.75-2.07-1.6-0.9}}$$

$$= 10^{6.45}$$

由于$\lg\alpha_{Y(H)} = 6.45$

则 $$[Y]=\frac{[Y']}{\alpha_{Y(H)}}=\frac{0.02}{10^{6.45}}=8\times10^{-9}\ (\mathrm{mol\cdot L^{-1}})$$

2. 络合剂 Y 与其他金属离子的副反应系数 $\alpha_{Y(N)}$

若溶液中有其他金属离子 N 存在，它也与 Y 络合，相应的副反应系数为 $\alpha_{Y(N)}$：

$$\alpha_{Y(N)}=\frac{[Y]+[NY]}{[Y]}=\frac{[Y]+[N][Y]K_{NY}}{[Y]}=1+[N]K_{NY} \tag{5-4}$$

当络合剂 Y 同时与 H^+ 和 N 发生副反应时，Y 的总副反应系数为

$$\alpha_Y=\frac{[Y]+[HY]+[H_2Y]+\cdots+[H_6Y]+[NY]}{[Y]}$$
$$=\frac{[Y]+[HY]+[H_2Y]+\cdots+[H_6Y]}{[Y]}+\frac{[Y]+[NY]}{[Y]}-\frac{[Y]}{[Y]}$$
$$=\alpha_{Y(H)}+\alpha_{Y(N)}-1$$

二、金属离子的副反应系数 α_M

金属离子 M 可能与其他络合剂 L（可能是辅助络合剂、缓冲剂或掩蔽剂等）或 OH^- 发生副反应。若 M 与 L 发生了副反应，其副反应系数为 $\alpha_{M(L)}$：

$$\alpha_{M(L)}=\frac{[M]+[ML]+[ML_2]+\cdots+[ML_n]}{[M]}$$
$$=1+\beta_1[L]+\beta_2[L]^2+\cdots+\beta_n[L]^n$$

式中，β_1，β_2，…，β_n 分别是 M 与 L 络合物的各级累积常数。

若 M 和 OH^- 发生了副反应，生成羟基络合物，其副反应系数则为 $\alpha_{M(OH)}$，同理

$$\alpha_{M(OH)}=1+\beta_1[OH]+\beta_2[OH]^2+\cdots+\beta_n[OH]^n$$

式中，β_1，β_2，…，β_n 分别是金属离子羟基络合物的各级累积常数。

若 M 同时与 L 和 OH^- 发生副反应，则 M 的总副反应系数为 α_M：

$$\alpha_M=\frac{[M']}{[M]}$$
$$=\frac{[M]+[ML]+[ML_2]+\cdots+[ML_n]+[MOH]+[M(OH)_2]+\cdots+[M(OH)_n]}{[M]}$$
$$=\alpha_{M(L)}+\alpha_{M(OH)}-1$$

三、络合物的副反应系数 α_{MY}

在酸性较强的溶液中，MY 和 H^+ 发生副反应形成酸式络合物：

$$MY+H^+=MHY$$

$$K_{MHY}^{H}=\frac{[MHY]}{[MY][H]}$$

K^{H}_{MHY} 是 MY 与 H^+形成 MHY 的稳定常数，其副反应系数为 $\alpha_{MY(H)}$：

$$\alpha_{MY(H)}=\frac{[MY]+[MHY]}{MY}=1+[H]K^{H}_{MHY}$$

在碱性较强的溶液中，MY 与 OH^-发生副反应形成碱式络合物：

$$MY+OH^-=M(OH)Y$$

$$K^{OH}_{M(OH)Y}=\frac{[M(OH)Y]}{[MY][OH]}$$

$K^{OH}_{M(OH)Y}$ 是 MY 与 OH^-形成 M(OH)Y 的稳定常数，其副反应系数为 $\alpha_{MY(OH)}$：

$$\alpha_{MY(OH)}=\frac{[MY][M(OH)Y]}{[MY]}=1+[OH]K^{OH}_{M(OH)Y}$$

多数金属离子的酸式络合物和碱式络合物都不稳定，因此，MY 的副反应在络合滴定中影响很小，常常可以略而不计。

四、络合物的 K'_{MY} 与 K_{MY} 的关系

当有副反应发生时，应采用条件常数 K'_{MY} 来衡量络合物的稳定性，即

$$K'_{MY}=\frac{[(MY)']}{[M'][Y']}$$

由于

$$\alpha_M=\frac{[M']}{[M]} \qquad [M']=\alpha_M[M]$$

$$\alpha_Y=\frac{[Y']}{[Y]} \qquad [Y']=\alpha_Y[Y]$$

$$\alpha_{MY}=\frac{[(MY)']}{[MY]} \qquad [(MY)']=\alpha_{MY}[MY]$$

将这些关系式代入 K'_{MY} 式中，得

$$K'_{MY}=\frac{[(MY)']}{[M'][Y']}=\frac{[MY]\alpha_{MY}}{[M][Y]\alpha_M\alpha_Y}=K_{MY}\frac{\alpha_{MY}}{\alpha_M\alpha_Y} \tag{5-5}$$

用对数式表示则有

$$\lg K'_{MY}=\lg K_{MY}+\lg\alpha_{MY}-\lg\alpha_M-\lg\alpha_Y \tag{5-6}$$

在一定条件下，例如当溶液 pH、溶液中其他络合剂和其他金属离子的浓度一定时，α_M，α_Y 和 α_{MY} 都是定值，因此 K'_{MY} 在一定条件下是常数，称为条件（稳定）常数，有时也称表观稳定常数；[M′]，[Y′]和[(MY)′]则称为表观浓度。

为了明确表示 M、Y 和 MY 中哪一个发生了副反应，可在发生副反应的离子（或分子）的右上方加“′”表示。例如，只有 M 发生了副反应，条件常数写成 $K_{M'Y}$；只有 Y 发生副反应，写成 $K_{MY'}$；M 和 Y 都发生了副反应，写成 $K_{M'Y'}$；M、Y 和 MY 都发生了副反应，则写成 $K_{M'Y'(MY)'}$。也可以用 K'_{MY} 表示以上四种条件常数的任何一种。

因为在多数条件下，不形成 MHY 和 M(OH)Y，或形成的 MHY、M(OH)Y 不稳定，上式

可简化为

$$\lg K'_{MY} = \lg K_{MY} - \lg \alpha_M - \lg \alpha_Y \qquad (5\text{-}7)$$

若溶液中无共存离子效应，溶液 pH 低于金属离子的水解 pH，且不存在其他引起金属离子副反应的络合剂，则此时只有 EDTA 的酸效应，故上式可进一步简化为

$$\lg K'_{MY} = \lg K_{MY} - \lg \alpha_Y \qquad (5\text{-}8)$$

例 5-2　计算 pH = 2 和 pH = 5 时的 $\lg K'_{ZnY}$。

解： pH = 2 时，$\lg \alpha_{Y(H)} = 13.51$

故　$\lg K'_{ZnY} = \lg K_{ZnY} - \lg \alpha_{Y(H)} = 16.50 - 13.51 = 2.99$

pH = 5 时，$\lg \alpha_{Y(H)} = 6.45$

故 $\lg K'_{ZnY} = 16.5 - 6.45 = 10.05$

由上述计算可以看到，尽管 $\lg K_{ZnY} = 16.50$，但在 pH = 2 时，$\lg K'_{ZnY} = 2.99$，ZnY 极不稳定，在此 pH 条件下 Zn^{2+} 不能被滴定；而在 pH = 5 时，$\lg K'_{ZnY} = 10.05$，ZnY 相当稳定，络合反应完全。由此可见络合滴定中控制溶液酸度的重要性。

EDTA 能与许多金属离子生成稳定的络合物，其稳定常数均较大，有的络合物 $\lg K_{MY}>30$。但在实际的化学反应中，由于不可避免地有各种副反应存在，故显示出来的条件常数却小得多，$\lg K'_{MY}$ 很少超过 20。条件常数是在副反应存在时，对稳定常数作出的校正。部分金属离子与 EDTA 络合物的条件常数见表 5-3。

表 5-3　校正酸效应、水解效应及生成酸式或碱式络合物效应后的条件稳定常数

离子 \ pH	0	1	2	3	4	5	6	7	8	9	10	11	12	13	14
Ag^+					0.7	1.7	2.8	3.9	5.0	5.9	6.8	7.1	6.8	5.0	2.2
Al^{3+}			3.0	5.4	7.5	9.6	10.4	8.5	6.6	4.5	2.4				
Ba^{2+}						1.3	3.0	4.4	5.5	6.4	7.3	7.7	7.8	7.7	7.3
Bi^{3+}	1.4	5.3	8.6	10.6	11.8	12.8	13.6	14.0	14.1	14.0	13.9	13.3	12.4	11.4	10.4
Ca^{2+}					2.2	4.1	5.9	7.3	8.4	9.3	10.2	10.6	10.7	10.4	9.7
Cd^{2+}		1.0	3.8	6.0	7.9	9.9	11.7	13.1	14.2	15.0	15.5	14.4	12.0	8.4	4.5
Co^{2+}		1.0	3.7	5.9	7.8	9.7	11.5	12.9	13.9	14.5	14.7	14.1	12.1		
Cu^{2+}		3.4	6.1	8.3	10.2	12.2	14.0	15.4	16.3	16.6	16.6	16.1	15.7	15.6	15.6
Fe^{2+}			1.5	3.7	5.7	7.7	9.5	10.9	12.0	12.8	13.2	12.7	11.8	10.8	9.8
Fe^{3+}	5.1	8.2	11.5	13.9	14.7	14.8	14.6	14.1	13.7	13.6	14.0	14.3	14.4	14.4	14.4
Hg^{2+}	3.5	6.5	9.2	11.1	11.3	11.3	11.1	10.5	9.6	8.8	8.4	7.7	6.8	5.8	4.8
La^{3+}			1.7	4.6	6.8	8.8	10.6	12.0	13.1	14.0	14.6	14.3	13.5	12.5	11.5
Mg^{2+}						2.1	3.9	5.3	6.4	7.3	8.2	8.5	8.2	7.4	
Mn^{2+}			1.4	3.6	5.5	7.4	9.2	10.6	11.7	12.6	13.4	13.4	12.6	11.6	10.6
Ni^{2+}		3.4	6.1	8.2	10.1	12.0	13.8	15.2	16.3	17.1	17.4	16.9			
Pb^{2+}		2.4	5.2	7.4	9.4	11.4	13.2	14.5	15.2	15.2	14.8	13.9	10.6	7.6	4.6
Sr^{2+}						2.0	3.8	5.2	6.3	7.2	8.1	8.5	8.6	8.5	8.0
Th^{4+}	1.8	5.8	9.5	12.4	14.5	15.8	16.7	17.4	18.2	19.1	20.0	20.4	20.5	20.5	20.5
Zn^{2+}		1.1	3.8	6.0	7.9	9.9	11.7	13.1	14.2	14.9	13.6	11.0	8.0	4.7	1.0

5.4 络合滴定法的基本原理

在酸碱滴定法的基本原理中，我们知道：在酸碱滴定中，随着酸碱标准溶液的加入，溶液的$[H^+]$发生变化，在化学计量点附近，溶液的$[H^+]$发生突变，形成滴定突跃。与酸碱滴定法相似，在络合滴定法中，随着滴定剂的加入，金属离子的浓度逐渐降低，到化学计量点附近，溶液中的金属离子浓度发生突变而形成滴定突跃。

一、络合滴定曲线

现以浓度为 0.010 00 $mol \cdot L^{-1}$ 的 EDTA 标准溶液滴定 20.00 mL 0.010 00 $mol \cdot L^{-1}$的Ca^{2+}溶液为例，计算 pH = 12 时滴定过程中 pCa 的变化，根据 EDTA 标准溶液的体积与对应的 pCa 值绘制络合滴定曲线。（pH =12 时，$\lg \alpha_{Y(H)} = 0$，$\lg K'_{CaY} = \lg K_{CaY} = 10.69$）

（1）滴定前，溶液中 Ca^{2+} 浓度为

$$[Ca^{2+}] = 0.010\,00 \text{ mol} \cdot L^{-1}$$

$$pCa = -\lg[Ca^{2+}] = -\lg 0.010\,00 = 2.00$$

（2）化学计量点前，当滴入 19.98 mL EDTA 标准溶液，即滴入百分数为 99.9%时，溶液中 Ca^{2+}浓度为

$$[Ca^{2+}] = \frac{0.010\,00 \times 0.02}{20.00 + 19.98} = 5.00 \times 10^{-6}\ (\text{mol} \cdot L^{-1})$$

$$pCa = 5.30$$

（3）化学计量点时，滴入 20.00 mL EDTA 标准溶液，即滴入百分数为 100.0%，此时 Ca^{2+}几乎全部与 EDTA 络合，溶液中 Ca^{2+} 浓度为

$$[CaY] = 0.010\,00/2 = 0.005\,000\ (\text{mol} \cdot L^{-1});\quad [Ca^{2+}] = [Y],\ K_{MY} = 10^{10.69}$$

根据稳定常数计算式 $$K_{CaY} = \frac{[CaY]}{[Ca^{2+}][Y]}$$

得 $$10^{10.69} = \frac{0.005\,000}{[Ca^{2+}]^2}$$

$$[Ca^{2+}] = 3.2 \times 10^{-7} \text{ mol} \cdot L^{-1}$$

$$pCa = 6.49$$

（4）化学计量点后，当滴入 20.02 mL EDTA 标准溶液（EDTA 过量 0.02 mL），即滴入百分数为 100.1%时，溶液中 Y^{4-} 浓度为

$$[Y] = \frac{0.010\,00 \times 0.02}{20.00 + 20.02} = 5.00 \times 10^{-6}\ (\text{mol} \cdot L^{-1})$$

根据稳定常数计算式 $$10^{10.69} = \frac{0.005\,000}{[Ca^{2+}] \times 5.00 \times 10^{-6}}$$

得 $$pCa = 7.69$$

上述络合滴定中各阶段的溶液组成及有关计算参见表 5-4。以加入 EDTA 标准溶液的体积或滴定百分数为横坐标，以 pCa 为纵坐标，可以绘制得到络合滴定曲线，如图 5-3

所示。

表 5-4　0.010 00 mol·L^{-1} EDTA 滴定 20.00 mL 0.010 00 mol·L^{-1} Ca^{2+} 时溶液中 pCa 的变化（pH = 12）

加入 EDTA 溶液 mL	加入 EDTA 溶液 %	溶液组成	$[Ca^{2+}]$计算公式	pCa
0	0	Ca^{2+}	$[Ca^{2+}] = c_0$	2.0
18.00	90.0	$CaY+Ca^{2+}$	按剩余的 Ca^{2+} 计算（考虑体积变化）	3.3
19.80	99.0			4.3
19.98	99.9			5.3（滴定突跃起）
20.00	100.0	CaY	$[Ca^{2+}]=\sqrt{\dfrac{[CaY]}{K_{CaY}}}$	6.5（滴定突跃）
20.02	100.1	CaY + Y	$[Ca^{2+}]=\dfrac{[CaY]}{K_{CaY}[Y]}$	7.7（滴定突跃止）
20.20	101.0			8.7
40.00	200.0			10.7

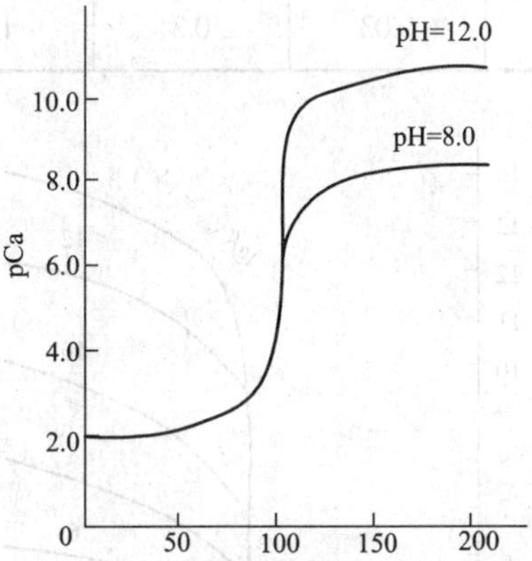

图 5-3　0.010 00 mol·L^{-1} EDTA 滴定 0.010 00 mol·L^{-1} Ca^{2+} 滴定曲线

从图 5-3 可以看到，pH = 12 时，用 0.010 00 mol·L^{-1} 的 EDTA 滴定 0.010 00 mol·L^{-1} Ca^{2+}，化学计量点时 pCa = 6.5，滴定突跃（±0.1%）的 pCa 为 5.3～7.7，滴定突跃较大，可以准确滴定。

同理可以计算出其他 pH 时，如 pH = 8.0 时，EDTA 的加入量和相应的 pCa 数值。并绘制 pH = 8.0 时的滴定曲线（图 5-3）。应当指出的是，当 pH = 8.0 时，$\lg\alpha_{Y(H)}$ 不等于零，应当先查出 pH = 8.0 下的 $\lg\alpha_{Y(H)}$，按照公式 $\lg K'_{CaY} = \lg K_{CaY} - \lg\alpha_{Y(H)}$ 求得 $\lg K'_{CaY}$ 的值。将 $\lg K'_{CaY}$ 的值代入络合平衡计算 pCa。

二、影响滴定突跃的因素

在酸碱滴定中，用强碱滴定弱酸时，当浓度一定时，弱酸的 K_a 越大，滴定突跃也越大；当 K_a 一定时，酸的浓度越大，滴定突跃也越大。与酸碱滴定法相似，在络合滴定中，浓度一定时，K'_{MY} 越大，滴定突跃也越大；当 K'_{MY} 一定时，溶液浓度越大，滴定突跃也越大。

当浓度一定时，在不同 $\lg K'_{MY}$ 下，用 0.01 mol·L^{-1} EDTA 滴定 0.01 mol·L^{-1} 金属离子 M 过程中 pM 的变化情况见表 5-5。相应的滴定曲线如图 5-4 所示。当 $\lg K'_{MY}$ 一定时，用不同浓度 EDTA 滴定相应浓度的金属离子 M 过程中 pM 的变化情况见表 5-6。相应的滴定曲线如图 5-5 所示。

表 5-5　滴定过程中化学计量点附近 pM 的变化情况

$\lg K'_{MY}$ / pM / 加入 EDTA 的百分数/%	4	6	8	10	12	14
99.9	3.18	4.14	5.0	5.3	5.3	5.3
100.0	3.18	4.15	5.2	6.2	7.2	8.2
100.1	3.18	4.17	5.3	7.0	9.0	11.0
滴定突跃ΔpM	0	0.03	0.3	1.7	3.7	5.7

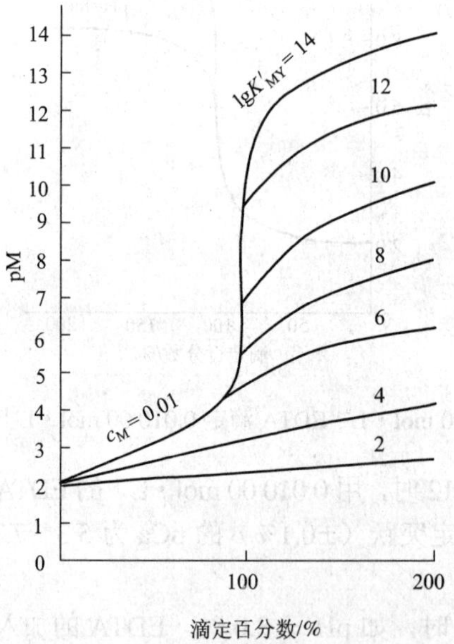

图 5-4　0.01 mol·L^{-1} EDTA 滴定 0.01 mol·L^{-1} 金属离子 M 的滴定曲线

表 5-6　不同浓度 EDTA 滴定相应浓度 M 时溶液 pM 的变化

M 起始浓度/（mol·L^{-1}） pM 加入 EDTA 的百分数/%	10^{-1}	10^{-2}	10^{-3}	10^{-4}
99.9	4.30	5.30	6.23	7.00
100.0	5.65	6.15	6.65	7.15
100.1	7.00	7.01	7.07	7.30
滴定突跃ΔpM	2.70	1.71	0.84	0.30

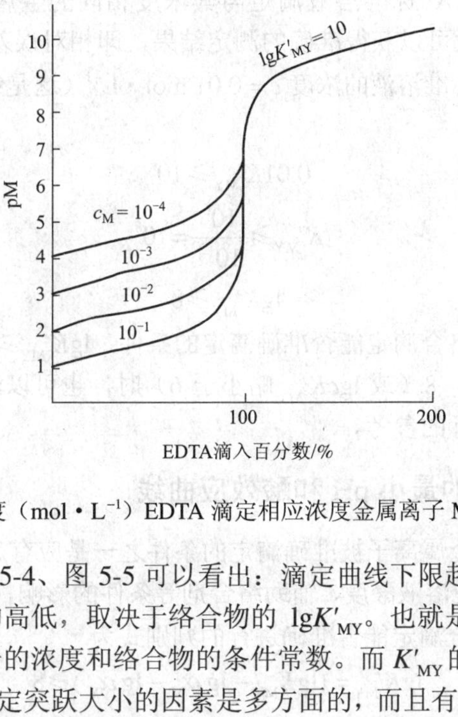

图 5-5　不同浓度（mol·L^{-1}）EDTA 滴定相应浓度金属离子 M 时的滴定曲线

由表 5-5、表 5-6 和图 5-4、图 5-5 可以看出：滴定曲线下限起点的高低，取决于金属离子的起始浓度；曲线上限的高低，取决于络合物的 $\lg K'_{MY}$。也就是说，滴定曲线突跃范围的大小，取决于被测金属离子的浓度和络合物的条件常数。而 K'_{MY} 的大小，又与 α_M 和 α_Y 的大小有关。因此，影响络合滴定突跃大小的因素是多方面的，而且有些因素间又是相互制约的。例如从提高分析结果的准确度来说，希望滴定突跃要大。为使滴定突跃增大，溶液的 pH 高些较为有利。但 pH 太高会引起金属离子的水解，使金属离子的浓度降低，滴定突跃范围变小。另外，pH 的增加有时会引起其他离子的干扰，影响分析结果的准确度。因此，在络合滴定中，存在着如何选择合适的 pH 范围这样一个问题。在选择合适的 pH 范围时，除考虑上述因素外，还要考虑指示剂的颜色变化、辅助络合剂的作用等。总之，在络合滴定中选择和控制介质条件，特别是溶液的 pH 十分重要。

三、络合滴定准确进行的条件

从上述讨论可知，在其他条件一定时，络合物的条件常数 K'_{MY} 越大，络合反应就进行得越完全，在化学计量点附近，金属离子的浓度的变化才会有一个明显的突跃，这样才能得到准确的分析结果。那么条件常数 K'_{MY} 应该多大时，其准确度才能满足滴定分析的要求，即滴定误差≤0.1%？为此，有必要对络合物的条件常数 K'_{MY} 的大小提出一个要求界限，以保证络合滴定的准确进行。下面根据滴定的允许误差，近似地推导能使络合滴定准确进行的条件常数 K'_{MY} 的大致界限。

假定 EDTA 溶液和金属离子的初始浓度均为 c，滴定至化学计量点时，基本上都生成 MY，则[MY]≈c（滴定过程中溶液体积的增加略而不计）。滴定的允许误差为 0.1%，则在化学计量点时，没与 EDTA 络合的金属离子的总浓度[M′]和没有与金属离子络合的 EDTA 的总浓度[Y′]都应小于或等于 $c\times0.1\%$。将这一关系代入条件稳定常数式，得

$$K'_{MY}=\frac{[MY]}{[M'][Y']}=\frac{c}{c\times0.1\%\times c\times0.1\%}=\frac{1}{c\times10^{-6}}$$

故 $$cK'_{MY}\geqslant10^{6}\text{ 或 }\lg cK'_{MY}\geqslant6\tag{5-9}$$

上式说明，当用 EDTA 标准溶液滴定与其浓度相同的金属离子溶液时，如果能满足 $\lg cK'_{MY}\geqslant6$ 这一条件，一般可以获得准确的测定结果，即相对误差≤0.1%。

若金属离子和 EDTA 标准溶液的浓度 $c=0.01\ \text{mol}\cdot\text{L}^{-1}$（这是络合滴定法中常用的浓度），则可得

$$0.01K'_{MY}\geqslant10^{6}$$

$$K'_{MY}\geqslant\frac{10^{6}}{10^{-2}}=10^{8}$$

或 $$\lg K'_{MY}\geqslant8\tag{5-10}$$

从而得出另一个判断络合滴定能否准确滴定的条件：$\lg K'_{MY}\geqslant8$。如果滴定的允许误差稍宽一些，那么 $\lg K'_{MY}$ 略小于 8（或 $\lg cK'_{MY}$ 略小于 6）时，也可以滴定。上述判别式可以作为判断络合滴定能否准确进行的参考。

四、络合滴定允许的最小 pH 和酸效应曲线

根据前面讨论可知，金属离子被准确滴定的条件之一是应有足够大的 K'_{MY}。K'_{MY} 的大小除与稳定常数有关外，还受溶液酸度、辅助络合剂等条件的影响，所以当存在副反应时，$c_M=0.01\ \text{mol}\cdot\text{L}^{-1}$ 条件下，络合滴定能否准确进行的判别式为

$$\lg K'_{MY}=(\lg K_{MY}-\lg\alpha_M-\lg\alpha_Y)\geqslant8\tag{5-11}$$

副反应程度越大，$\lg\alpha_M$ 和 $\lg\alpha_Y$ 越大，$\lg K'_{MY}$ 就越小，小到 $\lg K'_{MY}<8$ 时就不能进行准确滴定。因此，为保证络合滴定结果准确，必须对滴定条件（溶液 pH、络合剂等）予以控制。

设不存在其他副反应，只考虑酸效应，则有

$$\lg K'_{MY}=(\lg K_{MY}-\lg\alpha_{Y(H)})\geqslant8\tag{5-12}$$

为此，对溶液的酸度要有一定的控制，酸度大于这个限度就不能准确地进行滴定，这一限度就是络合滴定允许的最大酸度（最小 pH）。

EDTA 滴定金属离子的最小 pH 的确定方法是先根据式（5-13）计算出滴定某金属离子的 $\lg\alpha_{Y(H)}$，再由表 5-2 查出其相应的 pH。这个 pH 即为滴定某一金属离子的最小 pH。

$$\lg\alpha_{Y(H)}=\lg K_{MY}-8\tag{5-13}$$

例 5-3 计算用 $0.020\ \text{mol}\cdot\text{L}^{-1}$ EDTA 溶液准确滴定 $0.020\ \text{mol}\cdot\text{L}^{-1}\ Zn^{2+}$ 时，溶液的最

小 pH。

解： 根据 $\lg\alpha_{Y(H)} = \lg K_{MY} - 8$

由表 5-1 可知，$\lg K_{ZnY}=16.5$

则　　　$\lg\alpha_{Y(H)} = 16.5 - 8 = 8.5$

查表 5-2，当 $\lg\alpha_{Y(H)} = 8.5$ 时，其相应的 pH 约为 4。即滴定 Zn^{2+} 的最小 pH 为 4 左右。

用上述方法，可以计算出用 EDTA 滴定各种金属离子时的最小 pH，结果见表 5-7。将表 5-7 中的 $\lg K_{MY}$ 对 pH 作图，即可绘制出 EDTA 滴定金属离子所允许的最小 pH 的曲线，此曲线称为 EDTA 的酸效应曲线（又称 Ringbom 曲线），如图 5-6 所示。

表 5-7　金属离子能被 EDTA 滴定的最小 pH

金属离子	$\lg K_{MY}$	最小 pH	金属离子	$\lg K_{MY}$	最小 pH
Mg^{2+}	8.69	9.7	Pb^{2+}	18.04	3.2
Ca^{2+}	10.69	7.6	Ni^{2+}	18.62	3.2
Mn^{2+}	13.87	5.2	Cu^{2+}	18.80	2.9
Fe^{2+}	14.32	5.0	Hg^{2+}	21.80	1.9
Al^{3+}	16.30	4.2	Sn^{2+}	22.11	1.7
Co^{2+}	16.31	4.0	Cr^{3+}	23.40	1.4
Cd^{2+}	16.46	3.9	Fe^{3+}	25.10	1.0
Zn^{2+}	16.50	3.9	ZrO^{2+}	29.50	0.4

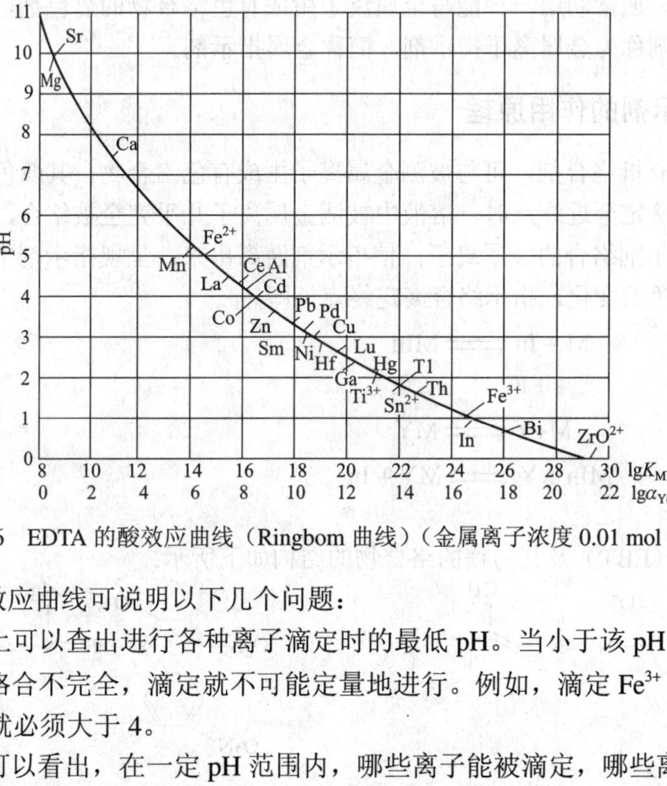

图 5-6　EDTA 的酸效应曲线（Ringbom 曲线）（金属离子浓度 0.01 mol·L^{-1}）

EDTA 的酸效应曲线可说明以下几个问题：

（1）从曲线上可以查出进行各种离子滴定时的最低 pH。当小于该 pH 时，EDTA 与金属离子不能络合或络合不完全，滴定就不可能定量地进行。例如，滴定 Fe^{3+} 的 pH 必须大于 1，滴定 Zn^{2+} 的 pH 就必须大于 4。

（2）从曲线可以看出，在一定 pH 范围内，哪些离子能被滴定，哪些离子有干扰。例如，在 pH = 10 附近滴定 Mg^{2+} 时，从曲线上知道，溶液中若存在 Ca^{2+} 或 Mn^{2+} 等位于 Mg^{2+} 下面的离子，滴定都会受到干扰，因为它们均可以同时被滴定。

（3）从曲线还可以看出，利用控制溶液酸度的方法，有可能在同一溶液中连续测定几种离子。例如，当溶液中含有 Bi^{3+}、Zn^{2+} 及 Mg^{2+} 时，可以用甲基百里酚蓝作指示剂，在 pH = 1.0 时，用 EDTA 滴定 Bi^{3+}，然后在 pH = 5.0～6.0 时，连续滴定 Zn^{2+}，最后在 pH = 10.0～11.0 时滴定 Mg^{2+}。又如，铁和铝的滴定也是基于控制溶液不同的酸度而进行的连续滴定。调节 pH = 2～2.5，用 EDTA 先滴定 Fe^{3+}，此时 Al^{3+} 不干扰。然后，调节溶液的 pH = 4.0～4.2，再继续滴定 Al^{3+}。由于 Al^{3+} 与 EDTA 的络合反应速度缓慢，通常采用加入过量 EDTA 标准溶液，然后用 Zn^{2+} 标准溶液回滴过量的 EDTA 来测定 Al^{3+}。

必须指出，实际滴定时所采用的 pH 一般要比允许的最小 pH 高一些，这样可以使被滴定的金属离子络合得更完全。但是，过高的 pH 会引起金属离子水解生成羟基络合物，从而降低了金属离子与 EDTA 络合的能力，甚至会生成氢氧化物沉淀而影响 MY 络合物的形成。例如，正三价稀土离子在碱性介质中会生成氢氧化物沉淀，而不能进行络合滴定。Mg^{2+} 在 pH > 12 的强碱性介质中会形成 $Mg(OH)_2$ 沉淀而不能与 EDTA 络合。利用这个性质，可以在强碱性介质中滴定 Ca^{2+}、Mg^{2+} 混合溶液中的 Ca^{2+}，而 Mg^{2+} 不干扰。不同的金属离子用 EDTA 滴定时，pH 都有一定范围的限制，超过这个范围，不论是高还是低，都不适于滴定的进行。

5.5 金属指示剂

在络合滴定中，通常利用一种能与金属离子生成有色络合物的显色剂，来指示络合滴定的终点。这种显色剂称为金属离子指示剂，简称金属指示剂。

一、金属指示剂的作用原理

金属指示剂为有机络合剂，可与被测金属离子生成有色络合物，其颜色与游离指示剂的颜色不同。当络合滴定至近终点时，溶液中被测金属离子几乎完全被络合，稍过量的滴定剂（EDTA）夺取与指示剂络合的金属离子，使指示剂游离出来，呈现指示剂本身颜色。利用滴定终点前后溶液颜色的变化，指示络合滴定终点。即

滴定前 $$\underset{\text{甲色}}{M + In} \rightleftharpoons \underset{\text{乙色}}{MIn}$$

滴定中 $$M + Y \rightleftharpoons MY$$

滴定终点 $$\underset{\text{乙色}}{MIn} + Y \rightleftharpoons MY + \underset{\text{甲色}}{In}$$

例如，铬黑 T（EBT）及其与镁的络合物的结构如下所示：

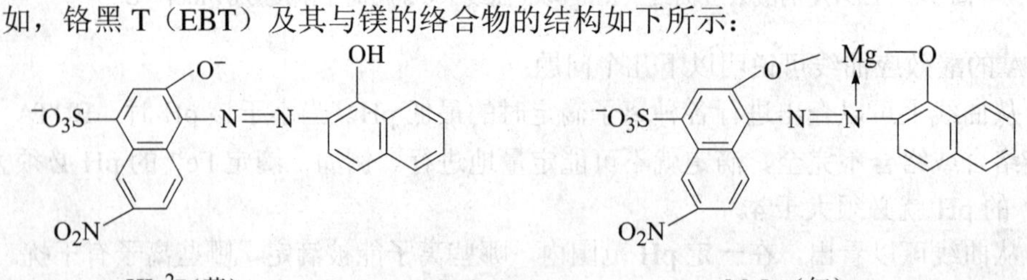

将铬黑 T 用作 EDTA 滴定 Mg^{2+} 的指示剂时，滴定开始时少量的 Mg^{2+} 与指示剂络合生成

$MgIn^-$，呈红色；在滴定过程中，加入的 EDTA 不断与溶液中 Mg^{2+} 络合；在化学计量点附近，Mg^{2+} 浓度降至很低，加入的 EDTA 会夺取 $MgIn^-$ 络合物中的 Mg^{2+}，使指示剂游离出来，呈现蓝色，指示滴定终点的到达。

应该指出，许多金属指示剂不仅具有络合显色剂的性质，而且本身常是多元弱酸或多元弱碱，能随溶液的 pH 变化而显示不同的颜色。例如，铬黑 T 作为金属指示剂，同时又是三元酸，在溶液中有以下平衡：

$$\underset{\substack{(\text{紫红})\\ pH<6}}{H_2In^-} \xrightleftharpoons{pK_{a_2}=6.3} \underset{\substack{(\text{蓝})\\ pH=8\sim11}}{HIn^{2-}} \xrightleftharpoons{pK_{a_3}=11.6} \underset{\substack{(\text{橙})\\ pH>12}}{In^{3-}}$$

铬黑 T 第一级离解极容易进行，第二、三级离解则较难（$pK_{a_2}=6.3$，$pK_{a_3}=11.6$）。铬黑 T 与许多金属离子如 Ca^{2+}、Mg^{2+}、Zn^{2+}和 Cd^{2+} 等形成酒红色的络合物。显然，铬黑 T 在 pH < 6 或 pH > 12 时，游离指示剂的颜色与所生成的金属离子络合物的颜色没有显著的差别。只有在 pH = 8～11 时，滴定终点由络合物的酒红色变成游离指示剂的蓝色，呈现明显的颜色变化。因此，选择金属指示剂必须注意其适用的 pH 范围。

二、金属指示剂应具备的条件

金属离子的显色剂很多，但其中只有一部分能用作金属离子指示剂。一般来说，金属指示剂应具备下列条件：

（1）在滴定的 pH 范围内，显色络合物（MIn）与指示剂（In）的颜色应有显著不同，这样终点颜色变化才明显。

（2）显色反应灵敏、迅速，并有良好的变色可逆性。

（3）显色络合物的稳定性要适度。既要有足够的稳定性，但又要比该金属离子与 EDTA 络合物的稳定性小。如果稳定性太低，就会提前出现终点，而且变色不敏锐；如果稳定性太高，就会使终点延后，甚至有可能使 EDTA 不能夺取 MIn 中的金属离子，显色反应失去可逆性，得不到滴定终点。通常要求两者的条件常数之差大于 100，即 $\lg K'_{MY}-\lg K'_{MIn}>2$。

（4）显色络合物应易溶于水。如果生成胶体溶液或沉淀，也会使变色不明显。

（5）金属指示剂应比较稳定，便于贮存和使用。

三、金属指示剂使用中存在的问题

1. 指示剂的封闭

某些指示剂能与某些金属离子生成极稳定的络合物，这些络合物较对应的 MY 络合物更稳定，以致到达化学计量点时滴入过量的 EDTA，也不能夺取指示剂络合物（MIn）中的金属离子，使指示剂不能释放出来，看不到终点颜色的变化，这种现象称为指示剂的封闭。例如，在 pH = 10.0 的条件下，以铬黑 T 作指示剂，用 EDTA 滴定 Ca^{2+}、Mg^{2+} 时，Al^{3+}、Fe^{3+}、Ni^{2+} 和 Co^{2+} 对铬黑 T 有封闭作用。这时可加入少量三乙醇胺（掩蔽 Al^{3+} 和 Fe^{3+}）和 KCN（掩蔽 Cu^{2+}、Co^{2+} 和 Ni^{2+}）以消除其干扰。

某些指示剂的封闭现象是由引起有色络合物的颜色变化的反应为不可逆反应所引起。这时 MIn 有色络合物的稳定性虽然没有 MY 络合物的稳定性高，但由于其颜色变化不可逆，有色络合物 MIn 不能很快地被 EDTA 所置换，因而对指示剂也产生了封闭。如果封闭现象是由被滴定离子所引起的，一般可用返滴定法予以消除。例如，Al^{3+} 对指示剂二甲酚橙有封闭作用，测定 Al^{3+} 时可先加入过量的 EDTA 标准溶液，于 pH = 3.5 条件下煮沸，使 Al^{3+} 与 EDTA 完全络合后，再调节溶液 pH = 5～6，加入二甲酚橙，用 Zn^{2+} 或 Pb^{2+} 标准溶液回滴过量的 EDTA，即可以克服 Al^{3+} 对指示剂二甲酚橙的封闭现象。

2. 指示剂的僵化

某些显色络合物 MIn 的溶解度很小，使终点的颜色变化不明显；还有些显色络合物的稳定性只稍小于 MY 的稳定性，因而使 EDTA 与 MIn 之间的置换反应缓慢，使终点拖长，这种现象称为指示剂的僵化。这时，可加入适当的有机溶剂或加热以增大其溶解度。例如，用 PAN 作指示剂，可加入少量甲醇或乙醇。也可以将溶液适当加热以加快置换速度，使指示剂的变色比较明显。例如，用磺基水杨酸作指示剂，以 EDTA 标准溶液滴定 Fe^{3+} 时，可先将溶液加热到 50～70℃后再进行滴定。

3. 指示剂的氧化变质

金属指示剂大多数是具有双键的有机化合物，易被日光、氧化剂、空气氧化分解；有些指示剂在水溶液中不稳定，日久会变质。例如，铬黑 T、钙指示剂的水溶液均易氧化变质，所以常配成固体混合物或用具有还原性的溶液来配制溶液。分解变质的速度还与试剂的纯度有关。一般情况下，纯度高时，保存时间会长些。另外，有些金属离子对指示剂的氧化分解起催化作用。例如，铬黑 T 在 Mn^{4+} 或 Ce^{4+} 存在下，仅数秒钟就分解褪色。为此，在配制铬黑 T 时，应加入盐酸羟胺等还原剂。

四、常用金属指示剂

金属指示剂按照化学组成，可以分成三类：偶氮染料类指示剂、三苯甲烷染料类指示剂和其他结构的指示剂。络合滴定中常用的金属指示剂见表 5-8。

表 5-8　常用的金属指示剂

指示剂	使用 pH 范围	颜色变化		直接测定的离子		干扰离子及消除方法	配制方法
		MIn	In				
铬黑 T（EBT）	7～10	红	蓝	pH=10	Mg^{2+}，Zn^{2+}，Cd^{2+}，Pb^{2+}，Mn^{2+}，稀土离子	微量 Al^{3+}，Fe^{3+} 用三乙醇胺消除；Cu^{2+}，Co^{2+}，Ni^{2+} 用 KCN 消除	三乙醇胺溶液并加盐酸羟胺；1∶100 NaCl（固体）
钙指示剂（Calconcarboxylic Acid）	10～13	红	蓝	pH=2～13	Ca^{2+}		1∶100 NaCl（固体）
二甲酚橙（XO）	<6	紫红	亮黄	pH<1 pH=1～2 pH=2.5～3.5 pH=5～6	ZrO^{2+} Bi^{3+} Th^{4+} Zn^{2+}，Pb^{2+}，Cd^{2+}，Hg^{2+}，稀土离子	Fe^{3+} 用抗坏血酸消除；Al^{3+}，Tl^{4+} 用 NH_4F 掩蔽；Cu^{2+}，Co^{2+}，Ni^{2+} 用邻二氮菲消除	0.2%水溶液

续表

指示剂	使用 pH 范围	颜色变化		直接测定的离子	干扰离子及消除方法	配制方法
		MIn	In			
酸性铬蓝 K（Acid Chrome Blue K）	8～13	红	蓝	pH=10　Mg^{2+}，Zn^{2+} pH=13　Ca^{2+}		1∶100 NaCl（固体）
PAN	2～12	紫红	黄	pH=2～3　Bi^{3+}，Th^{4+} pH=4～6　Cu^{2+}，Ni^{2+}，Cd^{2+}，Zn^{2+}等		0.2%乙醇溶液
磺基水杨酸*	1.5～3	紫红	无色	pH=1.5～3　Fe^{3+}		2%水溶液
注：磺基水杨酸本身无色，与 Fe^{3+}形成紫红色络合物，滴定到达终点时，溶液中有 FeY，使溶液呈亮黄色。						

常用金属指示剂及其与金属离子的络合物的化学结构如下。

1. 铬黑 T（eriochrome black T，EBT）

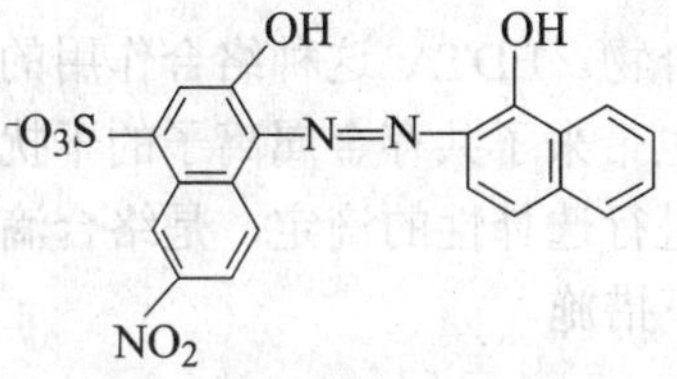

铬黑T

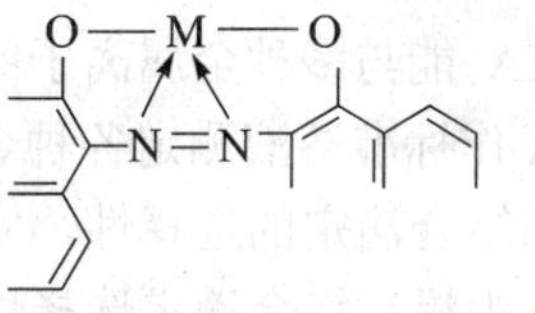

M-EBT络合物

2. 二甲酚橙（xylenol orange，XO）

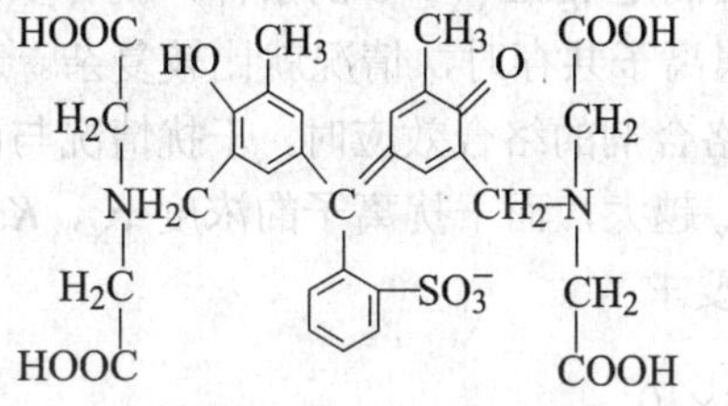

二甲酚橙

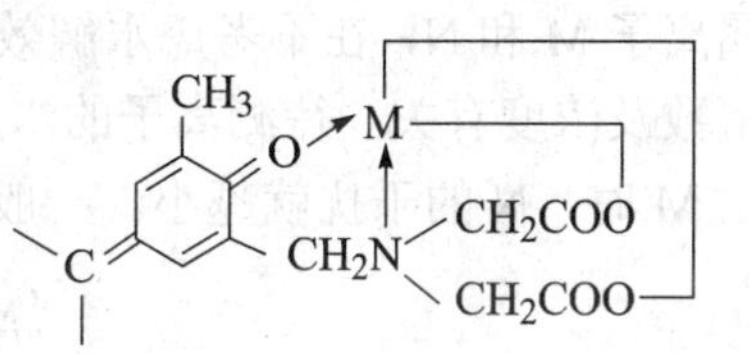

M-XO络合物

3. PAN（1–（2–pyridylazo）–2–naphthol）

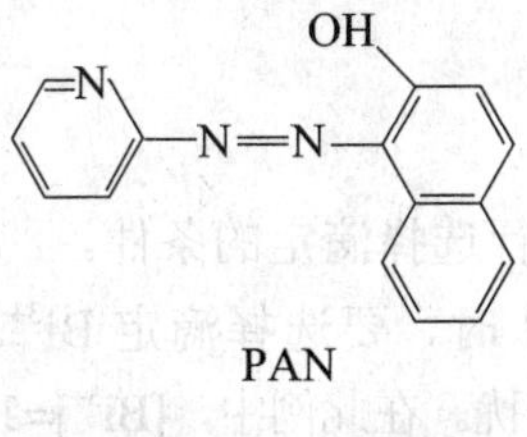

PAN

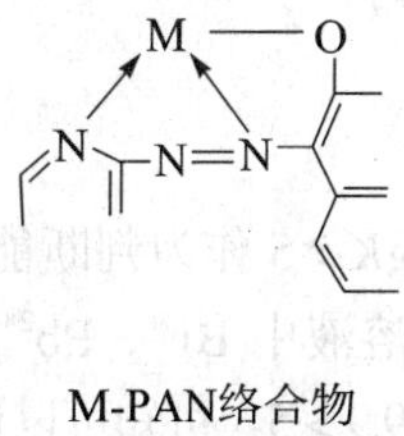

M-PAN络合物

此外，还有一类间接金属指示剂，如 Cu-PAN 指示剂，它是 CuY 和 PAN 的混合溶液。现以在 pH=10 的氨性溶液中用 EDTA 滴定 Ca^{2+} 为例说明间接金属指示剂指示终点的原理。滴定前，加入 Cu-PAN 指示剂后发生如下置换反应，溶液呈紫红色。

$$\underset{\underbrace{\text{蓝色}\quad\text{黄色}}_{\text{黄绿色}}}{CuY + PAN} + Ca^{2+} = CaY + \underset{\text{紫红色}}{Cu\text{-}PAN}$$

滴定开始后加入EDTA，当EDTA与溶液中的Ca^{2+}定量络合后，EDTA夺取Cu-PAN中的Cu^{2+}，使PAN游离出来，即

$$\underset{\text{紫红色}}{Cu\text{-}PAN} + Y = \underset{\text{黄绿色}}{CuY + PAN}$$

因滴定前加入的CuY量和最后生成的CuY量是相等的，因而开始时加入的CuY不影响测定结果。Cu-PAN可在很宽的pH范围（1.9～12.2）内使用。因此，利用调节溶液pH的方法连续滴定几种离子的混合溶液时，若采用Cu-PAN指示剂，可以连续指示终点。

此外，还可以利用MgY-铬黑T作间接金属指示剂，在pH = 10的溶液中，用EDTA测定Ca^{2+}、Ba^{2+}时，终点由红色变为蓝色，颜色变化明显。

5.6 提高络合滴定选择性的方法

EDTA 能与多种金属离子络合生成稳定的络合物。EDTA 这种络合作用的普遍性有利于用EDTA作标准溶液测定各种金属离子，但同时也带来了共存金属离子的干扰问题。因此，如何提高络合滴定的选择性，实现在混合离子中进行选择性的滴定，是络合滴定中亟待解决的问题。为提高络合滴定选择性，一般可采取以下措施。

一、控制溶液的酸度

前面提到，当滴定单独一种金属离子时，只要满足$\lg cK'_{MY} \geqslant 6$的条件，就可以准确地进行滴定，误差≤±0.1%。当溶液中有两种以上金属离子共存时，情况就比较复杂。若溶液中含有金属离子M和N，在不考虑水解效应、其他络合剂的络合效应时，干扰情况与两种离子的稳定常数及浓度有关。待测离子的浓度c_M、K_{MY}越大，而干扰离子的浓度c_N、K_{NY}越小，则在滴定M时，N的干扰就越小。一般情况下，要求

$$\frac{c_M K_{MY}}{c_N K_{NY}} \geqslant 1.0 \times 10^5 \qquad (5\text{-}14)$$

或

$$\lg c_M K_{MY} - \lg c_N K_{NY} \geqslant 5$$

当$c_M = c_N$时，

$$\lg K_{MY} - \lg K_{NY} \geqslant 5$$

或

$$\Delta \lg K \geqslant 5 \qquad (5\text{-}15)$$

故一般常以$\Delta \lg K \geqslant 5$作为判断能否利用控制溶液酸度进行选择滴定的条件。

例如，当溶液中Bi^{3+}、Pb^{2+}浓度皆为10^{-2} mol·L^{-1}时，要选择滴定Bi^{3+}。根据$\Delta \lg K = 27.94 - 18.04 = 9.9 > 5$，可知可以选择滴定$Bi^{3+}$而$Pb^{2+}$不干扰。在此例中，$[Bi^{3+}]=10^{-2}$ mol·L^{-1}，可直接利用EDTA的酸效应曲线，查得滴定Bi^{3+}的最小pH为0.7，但滴定时pH不能大于2，因为在pH = 2时，Bi^{3+}将开始水解析出沉淀。因此，滴定Bi^{3+}的适宜pH范围为0.7～2，通常在pH = 1时进行滴定，以保证滴定时没有铋的水解产物析出。

若溶液中有两种以上金属离子共存，确定能否用控制溶液酸度的方法进行分别滴定时，应首先考虑络合物稳定常数最大的和与络合物稳定常数相近的两种离子。例如，溶液中含有 Fe^{3+}、Al^{3+}、Ca^{2+} 和 Mg^{2+}，假定它们的浓度皆为 10^{-2} mol · L^{-1}，能否通过控制溶液酸度分别滴定 Fe^{3+} 和 Al^{3+}？已知 $\lg K_{FeY} = 25.1$，$\lg K_{AlY} = 16.3$，$\lg K_{CaY} = 10.69$，$\lg K_{MgY} = 8.69$。其中，K_{FeY} 最大，K_{AlY} 次之，滴定 Fe^{3+} 时，最可能发生干扰的是 Al^{3+}，但 $\Delta\lg K = 25.1 - 16.3 = 8.8 > 5$，因此滴定 Fe^{3+} 时，共存的 Al^{3+} 没有干扰。由 EDTA 的酸效应曲线看出，滴定 Fe^{3+} 的最小 pH 约为 1，又考虑到 Fe^{3+} 的水解，滴定 Fe^{3+} 的适宜 pH 范围应为 1～2.2。

前已提到，在考虑滴定适宜的 pH 范围时，还应注意所选用的指示剂的 pH 范围。上例中 EDTA 滴定 Fe^{3+} 时，以磺基水杨酸作指示剂，它在 pH = 1.5～2.2 下能与 Fe^{3+} 形成红色络合物。终点由红色变亮黄色，而 Al^{3+}、Ca^{2+}及 Mg^{2+} 等离子不干扰测定。将滴定 Fe^{3+} 后的溶液 pH 调至 3，加入过量的 EDTA，煮沸，使大部分 Al^{3+} 与 EDTA 络合，再加六次甲基四胺缓冲溶液，控制 pH = 4～6，使 Al^{3+} 与 EDTA 络合完全。然后用 PAN 作指示剂，用 Cu^{2+} 标准溶液回滴过量的 EDTA，即可测出 Al^{3+} 的质量分数。

二、掩蔽和解蔽

当 $\Delta\lg K < 5$ 时不能直接利用酸效应来消除干扰。此时常在待测溶液中加入一种能与干扰离子 N 作用生成稳定物质的试剂，以降低干扰离子的游离浓度达到消除干扰的目的。所加入的试剂称为掩蔽剂，掩蔽剂与干扰离子生成稳定物质的反应，称为掩蔽反应。根据掩蔽反应类型的不同，掩蔽方法分为络合掩蔽法、沉淀掩蔽法及氧化还原掩蔽法。

1. 络合掩蔽法

利用掩蔽剂和干扰离子间的络合反应，降低干扰离子的浓度以达到消除干扰的方法称为络合掩蔽法。这是滴定分析中最常用的掩蔽方法之一。EDTA 滴定中常用的掩蔽剂见表 5-9。

表 5-9　常用的掩蔽剂

名称	pH 范围	被掩蔽的离子	备　注
KCN	>8	Co^{2+}，Ni^{2+}，Cu^{2+}，Zn^{2+}，Hg^{2+}，Cd^{2+}，Ag^{+}，Tl^{+}及铂族元素	
NH_4F	4～6	Al^{3+}，Ti（Ⅳ），Sn（Ⅳ），Zn^{2+}，W（Ⅵ）等	用 NH_4F 比 NaF 好，加入后溶液 pH 变化不大
	10	Al^{2+}，Mg^{2+}，Ca^{2+}，Sr^{2+}，Ba^{2+}及稀土元素	
邻二氮菲	5～6	Cu^{2+}，Co^{2+}，Ni^{2+}，Zn^{2+}，Cd^{2+}，Mn^{2+}，Hg^{2+}	
三乙醇胺（TEA）	10	Al^{3+}，Sn（Ⅳ），Ti（Ⅳ），Fe^{3+}	与 KCN 并用，可提高掩蔽效果
	11～12	Fe^{3+}，Al^{3+}及少量 Mn^{2+}	
二巯基丙醇	10	Hg^{2+}，Cd^{2+}，Zn^{2+}，Bi^{3+}，Pb^{2+}，Ag^{+}，As^{3+}，Sn（Ⅳ）及少量 Cu^{2+}，Co^{2+}，Ni^{2+}，Fe^{3+}，Ni^{3+}	
硫脲	弱酸性	Cu^{2+}，Hg^{2+}，Ti^{+}	

续表

名称	pH 范围	被掩蔽的离子	备　注
铜试剂（DDTC）	10	能与 Cu^{2+}，Hg^{2+}，Pb^{2+}，Cd^{2+}，Bi^{3+} 生成沉淀，其中 Cu-DDTC 为褐色，Bi-DDTC 为黄色，故其存在量应分别小于 2 mg 和 10 mg	
酒石酸	1.5～2	Sb^{3+}，Sn（Ⅳ）	在抗坏血酸存在下
	5.5	Fe^{3+}，Al^{3+}，Sn（Ⅳ），Ca^{2+}	
	6～7.5	Mg^{2+}，Cu^{2+}，Fe^{3+}，Al^{3+}，Mo^{4+}	
	10	Al^{3+}，Sn（Ⅳ），Fe^{3+}	

为了得到良好的掩蔽效果，所选择的掩蔽剂应满足下列要求：

（1）掩蔽剂与干扰离子生成的络合物应比 EDTA 与干扰离子生成的络合物更稳定；

（2）掩蔽剂应不与待测离子络合或络合倾向很小；

（3）掩蔽剂与干扰离子形成的络合物应是无色或浅色的，不影响终点的观察；

（4）应用掩蔽剂所需的 pH 范围应与测定所需的 pH 范围一致。

例如，用 EDTA 测定水中 Ca^{2+}、Mg^{2+} 时，Fe^{3+}、Al^{3+} 的存在因会封闭指示剂而干扰测定，此时可加入三乙醇胺作掩蔽剂消除 Fe^{3+}、Al^{3+} 的干扰。三乙醇胺可与 Fe^{3+}、Al^{3+} 形成稳定的络合物，而不与 Ca^{2+}、Mg^{2+} 作用。由于 Fe^{3+}、Al^{3+} 在 pH = 2～4 时将水解生成氢氧化物沉淀，因此必须在酸性溶液中加入三乙醇胺，然后再调至 pH = 10～12 测定 Ca^{2+} 和 Mg^{2+}。

又如，Al^{3+} 和 Zn^{2+} 两种离子共存时可用 NH_4F 掩蔽 Al^{3+}，使其生成稳定的 AlF_6^{3-}，在 pH = 5～6 下用 EDTA 滴定 Zn^{2+}。

上面讨论的是加入掩蔽剂掩蔽 N 离子测定 M 离子的情况。如果还要测定被掩蔽的 N 离子，则可以在滴定 M 离子后再加入一种试剂（称为解蔽剂），破坏 N 与掩蔽剂的络合物，将 N 离子释放出来后再用 EDTA 滴定。这种方法称为解蔽法。

例如，测定溶液中 Zn^{2+} 和 Mg^{2+} 的质量分数。在氨性缓冲溶液中加入 KCN 掩蔽 Zn^{2+}，以铬黑 T 为指示剂，用 EDTA 滴定 Mg^{2+} 的量。然后加入甲醛，破坏 $Zn(CN)_4^{2-}$，释放出 Zn^{2+}，继续用 EDTA 滴定 Zn^{2+}。注意 KCN 为剧毒物，只允许在碱性溶液中使用。测定后的溶液处理要按相关规定进行，以免造成污染。

$$Zn(CN)_4^{2-} + 4HCHO + 4H_2O = Zn^{2+} + 4CH_2(OH)CN + 4OH^-$$

（羟基乙腈）

又如，在 Zn^{2+} 和 Ni^{2+} 混合溶液中测定 Zn^{2+}，先在氨性缓冲溶液中加入 KCN，Zn^{2+} 和 Ni^{2+} 分别与 CN^- 络合为 $Zn(CN)_4^{2-}$（$\lg K_{Zn(CN)_4^{2-}} = 16.7$）和 $Ni(CN)_4^{2-}$（$\lg K_{Ni(CN)_4^{2-}} = 31.3$），然后加入解蔽剂 HCHO，由于 $Ni(CN)_4^{2-}$ 特别稳定，只有 Zn^{2+} 释放出来，可用 EDTA 滴定 Zn^{2+} 的量。

2. 氧化还原掩蔽法

利用氧化还原反应改变金属离子的价态，以达到消除干扰的方法称为氧化还原掩蔽法。例如 Fe^{3+} 与 Bi^{3+} 共存时，Fe^{3+} 干扰 Bi^{3+} 的测定（$\lg K_{BiY} = 28.2$，$\lg K_{FeY} = 25.1$）。若用抗坏血酸（$C_6H_8O_6$）或盐酸羟胺（$NH_2OH \cdot HCl$）等还原剂将 Fe^{3+} 还原为 Fe^{2+}，由于 FeY^{2-} 稳定性较差

（$\lg K_{FeY^{2-}}$=14.33），可以用控制溶液 pH 的方法滴定 Bi^{3+}。滴定 ZrO^{2+}、Tn^{4+}、Sn^{4+}、Hg^{2+} 等时也可用同样的方法消除 Fe^{3+} 的干扰。有些金属离子如果把它们氧化为高价态的酸根离子，如 $Cr^{3+}\rightarrow Cr_2O_7^{2-}$，$Mn^{2+}\rightarrow MnO_4^-$ 等，就不再和 EDTA 络合，因而可消除干扰。

常用的还原剂有抗坏血酸、盐酸羟胺、联胺（NH_2-NH_2）、硫脲、$Na_2S_2O_3$、半胱氨酸等；常用的氧化剂有 H_2O_2、$(NH_4)_2S_2O_3$ 等。

3. 沉淀掩蔽法

利用沉淀反应降低干扰离子的浓度，在不分离沉淀的条件下直接进行滴定的方法称为沉淀掩蔽法。例如，Ca^{2+}、Mg^{2+} 的 EDTA 络合物稳定性相近（$\lg K_{CaY}$=10.69，$\lg_{MgY}$= 8.69），不能用控制酸度的方法分别滴定，但它们的氢氧化物溶解度相差较大（$pK_{sp,Ca(OH)_2}$ = 4.9，$pK_{sp,Mg(OH)_2}$ =10.9），在 pH=12 时，Mg^{2+} 生成 $Mg(OH)_2$ 沉淀，用 EDTA 滴定 Ca^{2+} 时，Mg^{2+} 不干扰测定。络合滴定中常用的沉淀掩蔽剂见表 5-10。

表 5-10　络合滴定中常用的沉淀掩蔽剂

名称	被掩蔽的离子	待测定的离子	pH 范围	指示剂
NH_4F	Ca^{2+}，Sr^{2+}，Ba^{2+}，Mg^{2+}，Ti(Ⅳ)，Al^{3+}，稀土	Zn^{2+}，Cd^{2+}，Mn^{2+}（在还原剂存在下）	10	铬黑 T
NH_4F	Ca^{2+}，Sr^{2+}，Ba^{2+}，Mg^{2+}，Ti(Ⅳ)，Al^{3+}，稀土	Cu^{2+}，Co^{2+}，Ni^{2+}	10	紫脲酸铵
K_2CrO_4	Ba^{2+}	Sr^{2+}	10	Mg-EDTA，铬黑 T
Na_2S 或铜试剂	Bi^{3+}，Cd^{2+}，Cu^{2+}，Hg^{2+}，Pb^{2+} 等	Ca^{2+}，Mg^{2+}	10	铬黑 T
H_2SO_4	Pb^{2+}	Bi^{3+}	1	二甲酚橙
$K_4[Fe(CN)_6]$	微量 Zn^{2+}	Pb^{2+}	5～6	二甲酚橙

必须指出，沉淀掩蔽剂不是一种理想的掩蔽方法，存在下列缺点：

（1）如果沉淀反应不完全会影响掩蔽效果；

（2）有时发生共沉淀现象会影响滴定的准确度；

（3）如果沉淀有色或体积庞大会妨碍终点观察。

三、化学分离

化学分离通常采用沉淀法和气化法。通过分离除去干扰离子或将待测离子分离出来提高络合滴定的选择性。

1. 沉淀法分离

例如，在 Mn^{2+}、Ca^{2+}共存时（$\lg K_{MnY}$=14.04，$\lg K_{CaY}$= 10.69），Mn^{2+} 对 Ca^{2+} 的测定有干扰，通入 H_2S 使 Mn^{2+} 沉淀。分离沉淀后可用 EDTA 滴定溶液中的 Ca^{2+}。

$$\begin{matrix} Mn^{2+} \\ Ca^{2+} \end{matrix} + H_2S = \begin{matrix} MnS\downarrow \\ Ca^{2+} \end{matrix}$$

在进行沉淀分离时，为了避免待测离子的损失，应该沉淀分离量少的干扰离子，决不允许先沉淀分离量大的干扰离子后再测定量少的待测离子。如果存在多种干扰离子，应尽量选用能同时沉淀多种干扰离子的试剂来进行分离，以简化分离步骤。

2. 气化法分离

例如，在磷矿石中除去 F^-。因为磷矿石一般含 Fe^{3+}、Al^{3+}、Ca^{2+}、Mg^{2+}、PO_4^{3-} 及 F^- 等，F^- 能与 Al^{3+} 生成很稳定的络合物，在碱性下又能与 Ca^{2+} 生成 CaF_2 沉淀。一般采取加酸、加热的方法使 F^- 生成 HF 后挥发除去。

四、选用其他络合剂滴定

除 EDTA 外还有其他氨羧络合剂，可以利用它们与金属离子形成的络合物的稳定性差别选择性地滴定某些离子。

1. EGTA（乙二醇二乙丁烷二胺四乙酸）

EGTA 和 EDTA 与 Mg^{2+}、Ca^{2+}、Sr^{2+}、Ba^{2+} 所形成的络合物的 lg$K$ 比较见表 5-11。可见 $\lg K_{Mg\text{-}EGTA} \ll \lg K_{Ca\text{-}EGTA}$，因此选用 EGTA 作滴定剂可以在 Mg^{2+} 存在下直接滴定 Ca^{2+}。

表 5-11　EGTA 和 EDTA 与金属离子络合物的稳定性比较

	Mg^{2+}	Ca^{2+}	Sr^{2+}	Ba^{2+}
$\lg K_{M\text{-}EGTA}$	5.2	11.0	8.5	8.4
$\lg K_{M\text{-}EDTA}$	8.6	10.7	8.6	7.8

2. EDTP（乙二胺四丙酸）

EDTP 与金属离子形成的络合物的稳定性普遍地比相应的 EDTA 络合物的差，金属离子络合物的稳定性比较见表 5-12。由表可见，$\lg K_{Cu\text{-}EDTP}=15.4$，稳定性仍很高。因此，可在一定的 pH 下用 EDTP 滴定 Cu^{2+}，而 Zn^{2+}、Cd^{2+}、Mn^{2+}、Mg^{2+} 等不干扰。

表 5-12　EDTP 和 EDTA 与金属离子形成的络合物的稳定性比较

	Cu^{2+}	Zn^{2+}	Cd^{2+}	Mn^{2+}	Mg^{2+}
$\lg K_{M\text{-}EDTP}$	15.4	7.8	6.0	4.7	1.8
$\lg K_{M\text{-}EDTA}$	18.8	16.5	16.5	14.0	8.6

5.7　EDTA 标准溶液的配制和标定

EDTA 标准溶液常用 EDTA 二钠盐（$Na_2H_2Y \cdot 2H_2O$）配制。EDTA 二钠盐是白色微晶粉末，易溶于水，经提纯后可作基准物。但 EDTA 标准溶液常采用间接法配制。常用浓度范围为 0.01～0.05 mol·L^{-1}。

用于标定 EDTA 标准溶液的基准试剂很多，如纯金属 Bi、Cd、Cu、Zn、Ni 和 Pb 等，它们的纯度可达到 99.99%。金属表面如有氧化膜，应先用酸洗去，再用水或乙醇洗涤，在 105℃条件下烘干。金属氧化物及其盐也可作基准物，如 Bi_2O_3、$CaCO_3$、ZnO、MgO、$MgSO_4 \cdot 7H_2O$

等。标定 EDTA 常用的基准试剂见表 5-13。

表 5-13　标定 EDTA 常用的基准试剂及其条件

基准试剂	处理方法	滴定条件		终点颜色变化
		pH	指示剂	
Cu	1:1 HNO_3 溶解，加 H_2SO_4 蒸发，除去 NO_2	4.3 （HAc-NaAc）	PAN	红→黄绿
Pb	1:1 HNO_3 溶解，加热，除去 NO_2	10 （NH_3-NH_4Cl） 5～6 （六次甲基四胺）	铬黑 T 二甲酚橙	红→蓝 红→黄
Zn	1:1 HCl 溶解			
ZnO				
$CaCO_3$		12～13 （KOH）	钙指示剂	酒红→蓝
MgO		10 （NH_3-NH_4Cl）	铬黑 T	红→蓝

在标定 EDTA 标准溶液时应尽量选择与样品测定条件一致的基准物，即尽量使标定条件与测定条件相同，否则会带来较大误差。这是因为：① 不同金属离子与 EDTA 反应的完全程度不同；② 不同指示剂的变色点不同；③ 不同条件下溶液中存在的杂质离子的干扰情况不同。

如果标定条件与测定条件相同，上述影响大致相同，可以抵消一部分。因此为了提高测定的准确度，标定条件和测定条件应尽可能接近。例如，选用待测元素的纯金属或其化合物作基准物可以提高测定结果的准确性。

EDTA 溶液应贮存在聚乙烯塑料瓶或硬质玻璃瓶中，若贮存于软质玻璃瓶中，EDTA 会不断溶解玻璃中的 Ca^{2+} 形成 CaY，使 EDTA 溶液浓度降低。

5.8　络合滴定法的应用

络合滴定法可以通过直接滴定、返滴定、置换滴定和间接滴定等滴定方式测定元素周期表中的大多数元素。

一、直接滴定法

如果金属离子与 EDTA 的络合反应能满足络合滴定分析的要求，就可以直接滴定。例如，水的硬度的测定。水的硬度是水质分析中一个重要的、基本的指标。无论是生活用水还是生产用水，对硬度指标都有一定的要求。锅炉用水要求更为严格。如果锅炉用水硬度高，加热时会在锅炉的内壁形成水垢。水垢不仅降低了锅炉的热效率，增加了能源的消耗，更为严重的是会使锅炉壁面局部过热、软化、破裂，甚至引起锅炉爆炸。

在一般的天然水中，主要含有 Ca^{2+}、Mg^{2+}，其他离子的含量较少。因此，常将水中所含 Ca^{2+}、Mg^{2+} 的总量称为总硬度。根据水中阴离子的组成，又可把总硬度分为暂时硬度和永久硬度。水中所含的Ca^{2+}、Mg^{2+}的碳酸盐与酸式碳酸盐，加热时易被沉淀析出而除去，故这种盐类所形成的硬度称为暂时硬度。Ca^{2+}、Mg^{2+}的其他盐类如硫酸盐、氯化物等，经加热不能析出沉淀，这种盐类所形成的硬度称为永久硬度。

$$Ca^{2+} + 2HCO_3^- \xlongequal{\triangle} CaCO_3\downarrow + CO_2\uparrow + H_2O$$

$$Mg^{2+} + 2HCO_3^- \xlongequal{\triangle} MgCO_3\downarrow + CO_2\uparrow + H_2O$$

$$MgCO_3 + H_2O \xlongequal{\triangle} Mg(OH)_2\downarrow + CO_2\uparrow$$

水的总硬度的测定是取一定体积的水样，加入氨性缓冲溶液，保持 pH=10.0，再加入少量铬黑 T 指示剂，用 EDTA 标准溶液滴定至溶液由酒红色转变为蓝色即为滴定终点。根据 EDTA 标准溶液的浓度和用量可以计算水的总硬度。

直接滴定法简便、迅速、误差较小。只要条件允许，应尽可能地采用直接滴定法。但下列情况不宜直接滴定，应采用其他滴定方式：

（1）待测离子（如SO_4^{2-}、PO_4^{3-}等）不与 EDTA 形成络合物，或待测离子（如Na^+等）与 EDTA 形成的络合物不稳定。

（2）待测离子（如Ba^{2+}、Sr^{2+}等）虽然与 EDTA 形成稳定的络合物，但缺少变色敏锐的指示剂。

（3）待测离子（如Al^{3+}、Cr^{3+}等）与 EDTA 的络合速度很慢，本身又易水解或封闭指示剂。

二、返滴定法

返滴定法是在适当的酸度条件下，在被测溶液中加入已知量且过量的 EDTA，必要时加热，使待测离子与 EDTA 络合完全，然后调节溶液的 pH，加入指示剂，以适当的金属离子标准溶液作返滴定剂，滴定过量的 EDTA。常用的返滴定剂和滴定条件见表 5-14。

表 5-14　常用的返滴定剂和滴定条件

待测金属离子	pH	返滴定剂	指示剂	终点颜色变化
Al^{3+}，Ni^{2+}	5～6	Zn^{2+}	二甲酚橙	黄→紫红
Al^{3+}	5～6	Cu^{2+}	PAN	黄→蓝紫（或紫红）
Fe^{2+}	9	Zn^{2+}	铬黑 T	蓝→红
Hg^{2+}	10	Mg^{2+}，Zn^{2+}	铬黑 T	蓝→红
Sn^{4+}	2	Th^{4+}	二甲酚橙	黄→红

例如，Al^{3+}对指示剂二甲酚橙有封闭作用，在酸度不高时Al^{3+}水解形成多核羟基络合物，如$[Al_2(H_2O)_6(OH)_3]^{3+}$、$[Al_3(H_2O)_6(OH)_6]^{3-}$等，因为络合比不恒定，因而不能采用直接滴定法测定$Al^{3+}$，须采用返滴定法。用返滴定法测定$Al^{3+}$时，先在被测溶液中加入一定量并过量的 EDTA 标准溶液，调节 pH＝3.5（防止Al^{3+}水解），煮沸（加速Al^{3+}与 EDTA 的反应使络合完全）。此时，由于溶液酸度较高，又有过量的 EDTA 存在，因而Al^{3+}不会形成羟基络合物。冷却后，调节 pH＝5.0～6.0（此时 AlY 稳定，也不会重新水解析出羟基络合物），然后用二甲

酚橙作指示剂（此时 Al^{3+} 已形成 AlY，不再封闭指示剂），用 Zn^{2+} 标准溶液滴定过量的 EDTA 以测定铝的质量分数。

用作返滴定剂的金属离子 N 与 EDTA 的络合物 NY 应有足够的稳定性，以保证测定的准确度，但又不能比待测离子 M 与 EDTA 的络合物 MY 更稳定，否则将发生下式反应而使测定结果偏低：

$$N + MY = NY + M$$

上例中 ZnY 虽然比 AlY 稍稳定（$\lg K_{ZnY} = 16.50$，$\lg K_{AlY} = 16.13$），但因 Al^{3+} 与 EDTA 络合缓慢，一旦形成了 AlY 后，离解也慢，因此，在滴定条件下 Zn^{2+} 不会把 AlY 中的 Al^{3+} 置换出来。

例 5-4　称取某含铝试样 0.250 0 g，溶解后加入 25.00 mL 0.050 00 $mol \cdot L^{-1}$ EDTA 标准溶液，在 pH = 3.5 条件下加热煮沸，使 Al^{3+} 与 EDTA 反应完全后调节溶液的 pH 为 5.0～6.0，加入二甲酚橙，用 0.020 00 $mol \cdot L^{-1}$ $Zn(Ac)_2$ 标准溶液滴定至红色，消耗了 21.50 mL。试计算试样中铝的质量分数。

解：反应 1　$Al^{3+} + Y^{4-}$（已知量、过量）$\rightleftharpoons AlY^{-}$

反应 2　$Zn^{2+} + Y^{4-}$（过量）$\rightleftharpoons ZnY^{2-}$

$$n_{Al} = (n_{EDTA})_{总} - (n_{EDTA})_{过量}，\ (n_{EDTA})_{过量} = n_{Zn} = (cV)_{Zn}$$

$$(m/M)_{Al} = (cV)_{EDTA 总} - (cV)_{Zn}$$

故

$$w_{Al} = \frac{(c_{EDTA}V_{EDTA} - c_{Zn}V_{Zn}) \times M_{Al} \times 10^{-3}}{m_s} \times 100\%$$

$$= \frac{(0.050\,00 \times 25.00 - 0.020\,00 \times 21.50) \times 26.98}{0.250\,0 \times 1\,000} \times 100\% = 8.85\%$$

三、置换滴定法

络合滴定中常用的置换滴定有下列两类。

1. 置换出金属离子

例如，Ag^{+}与 EDTA 的络合物不稳定（$\lg K_{AgY} = 7.3$），不能直接滴定，但可采用置换滴定法进行测定。在 Ag^{+}试液中加入过量 $Ni(CN)_4^{2-}$，发生下面置换反应：

$$Ag^{+} + Ni(CN)_4^{2-} = Ag(CN)_2^{-} + Ni^{2+}$$

然后在 pH = 10 的氨性溶液中以紫脲酸胺为指示剂，用 EDTA 滴定置换出的 Ni^{2+}，即可求得 Ag^{+}的质量分数。

对于银币中的 Ag 和 Cu 的测定，将试样溶解于 HNO_3，加氨调节 pH=8，以紫脲酸铵作指示剂，用 EDTA 先滴定 Cu^{2+}，再用置换法测定 Ag^{+}。

2. 置换出 EDTA

例如，测定某复杂试样中的 Al^{3+} 质量分数，试样中可能含有 Pb^{2+}、Zn^{2+}、Fe^{3+} 等杂质离子，用返滴定法测定 Al^{3+} 时，实际上得到的是这些离子的总量。为了测得准确的 Al^{3+} 的质量分数，可采用在返滴定至终点后加入 NH_4F 的方法，发生反应为

$$AlY + 6F^- + 2H^+ = AlF_6^{3-} + H_2Y^{2-}$$

置换出与 Al^{3+} 等物质的量的 EDTA，再用 Zn^{2+} 标准溶液滴定 EDTA，测得 Al^{3+} 的准确含量。

也可采用类似的方法测定锡。例如，对锡青铜（含有 Sn^{4+}、Cu^{2+}、Zn^{2+}、Pb^{2+}）中 Sn^{4+} 的测定，具体作法如下。

（1）先称取一定量的锡青铜合金制成溶液，加入过量的 EDTA 溶液，其反应为

$$Sn^{4+} + Y^{4-} = SnY$$

$$Cu^{2+} + Y^{4-} = CuY^{2-}$$

$$Pb^{2+} + Y^{4-} = PbY^{2-}$$

$$Zn^{2+} + Y^{4-} = ZnY^{2-}$$

（2）在 pH = 5～6 的条件下，以二甲酚橙作指示剂用 $Zn(Ac)_2$ 标准溶液滴定过量的 EDTA。反应式为

$$Y^{4-}(\text{过量}) + Zn^{2+} = SnY^{2-}$$

（3）加入适量的 NH_4F，此时溶液中只有 SnY 络合物中的 Sn^{4+} 与 F^- 作用生成更稳定的 SnF_6^{2-} 络合物，同时释放出与 Sn^{4+} 等物质的量的 EDTA，反应为

$$SnY + 6F^- = SnF_6^{2-} + Y^{4-}$$

（4）用 Zn^{2+} 标准溶液滴定被 F^- 置换出来的 EDTA，根据所消耗的 Zn^{2+} 标准溶液的量，即可计算出锡青铜合金中 Sn 的质量分数。

如果 $Zn(Ac)_2$ 标准溶液的浓度为 0.010 00 mol · L^{-1}，用量为 22.30 mL，锡青铜试样的质量为 0.200 0 g，则锡青铜合金中 Sn 的质量分数计算如下：

因为 $c_{Zn}V_{Zn} = c_{EDTA}V_{EDTA} = n_{Sn}$，故

$$w_{Sn} = \frac{0.010\,00 \times 22.30 \times 118.69}{0.200\,0 \times 1\,000} \times 100\% = 13.24\%$$

置换滴定法不仅扩大了络合滴定法的应用范围，而且提高了络合滴定的选择性。另外，利用置换的原理还可以改善指示剂在滴定终点变色的敏锐性。例如，铬黑 T（EBT）与 Mg^{2+} 显色很灵敏，但与 Ca^{2+} 显色的灵敏度较差。为此，在 pH = 10 的溶液中用 EDTA 测定 Ca^{2+} 时，以 EBT 作指示剂并向溶液中加入少量的 MgY。此时发生置换反应：

$$Ca^{2+} + MgY = CaY + Mg^{2+}$$

置换出来的 Mg^{2+} 与 EBT 络合，生成深红色 Mg-EBT。滴定时，EDTA 先与 Ca^{2+} 络合，到化学计量点附近时，EDTA 夺取 Mg-EBT 络合物中的 Mg^{2+} 生成 MgY，游离出的 EBT 指示剂显蓝色，颜色变化很明显。由于滴定前加入 MgY 和最后生成的 MgY 的量相等，故加入的 MgY 不影响测定结果。

四、间接滴定法

有些金属离子和 EDTA 形成的络合物不稳定，例如 Na^+、K^+ 等；有些离子和 EDTA 不络合，例如 SO_4^{2-}、PO_4^{3-}、CN^-、Cl^- 等阴离子。对这些离子可采用间接滴定法测定。常用的间接滴定法见表 5-15。间接滴定法扩大了络合滴定法的测定范围，但间接滴定法因过程烦琐，易引入误差，并不是理想的方法。

表 5-15　常用的间接滴定法

待测离子	主　要　步　骤
K^+	沉淀为 $K_2Na[Co(NO_2)_6]\cdot 6H_2O$，沉淀经过滤、洗涤、溶解后，测定其中的 Co^{2+} 的质量分数
Na^+	沉淀为 $NaZn(UO_2)_3Ac_9\cdot 9H_2O$，沉淀经过滤、洗涤、溶解后，测定其中的 Zn^{2+} 的质量分数
PO_4^{3-}	沉淀为 $MgNH_4PO_4\cdot 6H_2O$，沉淀经过滤、洗涤、溶解后，测定其中的 Mg^{2+} 的质量分数；或测定滤液中过量的 Mg^{2+} 的质量分数
S^{2-}	沉淀为 CuS，测定滤液中的过量的 Cu^{2+} 的质量分数
SO_4^{2-}	沉淀为 $BaSO_4$，测定滤液中过量的 Ba^{2+} 的质量分数，用 MgY-铬黑 T 作指示剂
CN^-	加一定量并过量的 Ni^{2+}，使形成的 $Ni(CN)_4^{2-}$ 置换，测定置换出的 Ni^{2+} 的质量分数
Cl^-、Br^-、I^-	沉淀为卤化银，过滤，滤液中过量的 Ag^+ 与 $Ni(CN)_4^{2-}$ 置换，测定置换出的 Ni^{2+} 的质量分数

例 5-5　称取含磷的试样 0.100 0 g，处理成溶液并把磷沉淀为 $MgNH_4PO_4$。将沉淀过滤洗涤，用 HCl 溶解并调节溶液的 pH = 10.0，以铬黑 T 作指示剂，用 0.010 00 mol · L^{-1} 的 EDTA 标准溶液滴定 Mg^{2+}，用去 20.00 mL。求试样中的 P 和 P_2O_5 的质量分数。

（反应式为 $PO_4^{3-}+Mg^{2+}+NH_4^+ \rightleftharpoons MgNH_4PO_4\downarrow$；$MgNH_4PO_4+3H^+ \rightleftharpoons H_3PO_4+NH_4^++Mg^{2+}$）

解：因为 $n_{EDTA}=n_{Mg^{2+}}=n_P=2n_{P_2O_5}$

故

$$w_P=\frac{(cV)_{EDTA}M_P}{m_s\times 1\,000}\times 100\%=\frac{0.010\,00\times 20.00\times 30.97}{0.100\,0\times 1\,000}\times 100\%=6.19\%$$

$$w_{P_2O_5}=\frac{\frac{1}{2}(cV)_{EDTA}M_{P_2O_5}}{m_s\times 1\,000}\times 100\%=\frac{0.010\,00\times 20.00\times 141.94}{0.100\,0\times 2\times 1\,000}\times 100\%=14.19\%$$

思　考　题

1. EDTA 与金属离子的络合物有哪些特点？
2. 络合物的稳定常数与条件稳定常数有何不同？为什么要引入条件稳定常数？
3. 在络合滴定中控制适当的酸度有什么重要意义？实际应用时应如何选择滴定时的 pH？
4. 影响络合滴定曲线的突跃范围的主要因素有哪些？
5. 金属指示剂应该具备哪些条件？其作用原理是什么？
6. 什么是金属指示剂的封闭和僵化？如何避免？
7. 提高络合滴定选择性的方法有哪些？
8. 在有共存金属离子时，如何控制合适的酸度范围以提高络合滴定的选择性？若控制酸度仍不能达到目的，还能采取什么措施？
9. 络合滴定中常用的掩蔽方法有哪些？各适用于哪些情况？
10. 用返滴定法测 Al^{3+} 质量分数时，首先在 pH = 3 左右加入过量 EDTA，加热使 Al^{3+} 络合完全。试说明选择此 pH 的理由。

11. 能否在 pH = 5 和 pH = 10 时用 EDTA 测定 Mg^{2+}？说明原因。

习 题

1. 计算 1 mL 0.010 00 $mol \cdot L^{-1}$ EDTA 溶液相当于（1）Zn；（2）MgO；（3）Al_2O_3 各多少克？

（6.539×10^{-4} g；4.030×10^{-4} g；5.098×10^{-4} g）

2. 称取纯 $CaCO_3$ 0.251 0 g，溶解后定量转移至 250 mL 容量瓶中并稀释至刻度。准确移取 25.00 mL，在 pH > 12 时，以钙指示剂为指示剂，用 EDTA 溶液滴定至终点，用去 26.84 mL。试计算 EDTA 溶液的浓度。

（9.343×10^{-3} $mol \cdot L^{-1}$）

3. 在 pH = 5 时，求 $\lg K'_{ZnY}$。如果 $c_{Zn} = c_{EDTA} = 0.010\,00$ $mol \cdot L^{-1}$，不考虑水解等副反应，试问能否在此 pH 下用 EDTA 滴定 Zn^{2+}？

（10.05；可以）

4. 计算 pH = 4 时，（1）EDTA 的酸效应系数 $\alpha_{Y(H)}$；（2）$\lg\alpha_{Y(H)}$。

（$10^{8.44}$；8.44）

5. 假设 Mg^{2+} 和 EDTA 的浓度皆为 0.01 $mol \cdot L^{-1}$，在 pH = 6 时，镁与 EDTA 络合物的条件稳定常数是多少（不考虑羟基络合等副反应）？并说明在此 pH 下能否用 EDTA 标准溶液滴定 Mg^{2+}。如果不能滴定，求其允许的最小 pH。

（$\lg K'_{MgY} = 4.04$；不能；9.7）

6. 用络合滴定法测定氯化锌（$ZnCl_2$）的质量分数。称取 0.250 0 g 试样，溶解后定量转移至 250 mL 容量瓶中并稀释至刻度。量取 25.00 mL，在 pH = 5～6 时，用二甲酚橙作指示剂，用 0.010 24 $mol \cdot L^{-1}$ EDTA 标准溶液滴定，用去 17.61 mL。试计算试样中 $ZnCl_2$ 的质量分数。

（98.31%）

7. 称取含锌、铝的试样 0.120 0 g，溶解后调溶液 pH = 3.5，加入 50.00 mL 0.025 00 $mol \cdot L^{-1}$ EDTA 溶液，加热煮沸，冷却后加醋酸缓冲溶液，此时 pH = 5.5，以二甲酚橙为指示剂，用 0.020 00 $mol \cdot L^{-1}$ 锌标准溶液滴定至红色，用去 5.80 mL。加足量的 NH_4F，煮沸，再用上述锌标准溶液滴定，用去 20.70 mL。试计算试样中锌、铝的质量分数。

（39.23%；9.31%）

8. 称取 0.100 5 g 纯 $CaCO_3$，溶解后，用容量瓶配成 100 mL 溶液。量取 25.00 mL，在 pH > 12 时，用钙指示剂指示终点，用 EDTA 标准溶液滴定，用去 24.90 mL。试计算 EDTA 标准溶液的浓度。

（0.010 08 $mol \cdot L^{-1}$）

9. 称取 1.032 g 氧化铝试样，溶解后定量转移至 250 mL 容量瓶中并稀释至刻度。量取 25.00 mL，加入 $T_{Al_2O_3/EDTA}$=1.505 $mg \cdot mL^{-1}$ 的 EDTA 标准溶液 30.00 mL，以二甲酚橙为指示剂，用锌标准溶液回滴，消耗 12.20 mL。已知 1 mL 锌标准溶液相当于 0.681 2 mL EDTA 标准溶液。试计算试样中 Al_2O_3 的质量分数。

（31.63%）

10. 取 100 mL 水样，用氨性缓冲液调节至 pH = 10，以 EBT 为指示剂，用 EDTA 标准液（0.008 826 mol · L^{-1}）滴定至终点，共消耗 12.58 mL，计算水的总硬度（1 L 水中含 $CaCO_3$ 的质量，mg/L）。如果将上述水样再取 100 mL，用 NaOH 调节 pH = 12.5，加入钙指示剂，用上述 EDTA 标准液滴定至终点，消耗 10.11 mL。试计算 1 L 水样中含 Ca^{2+} 和 Mg^{2+} 的质量。

（111.1 mg · L^{-1}；35.77 mg；5.30 mg）

11. 称取含 Pb^{2+} 和 Cu^{2+} 等干扰离子的铝试样 0.216 0 g，溶解后加入 0.02 mol · L^{-1} EDTA 溶液约 30 mL 并调节 pH = 3.5，煮沸使所有的金属离子完全络合，冷却后以 Zn^{2+} 标准溶液滴定过量的 EDTA，继之加入 NaF 并加热煮沸、冷却。以 0.024 00 mol · L^{-1} 的 Zn^{2+} 标准溶液滴定置换出来的 EDTA，终点时用去 Zn^{2+} 标准溶液 20.85 mL。试计算样品中 Al_2O_3 的质量分数。

（11.81%）

12. 含有 Bi、Pb、Cd 的合金试样重 2.420 g，用 HNO_3 溶解后稀释成 250.0 mL，取其中 50.00 mL 在 pH = 2 条件下测定 Bi^{3+}，用去 25.67 mL 0.0247 9 mol · L^{-1} EDTA 溶液。加入六次甲基四胺使 pH = 5～6，继续用 EDTA 滴定 Pb^{2+} 和 Cd^{2+}，用去 EDTA 24.76 mL。然后加入邻菲罗啉，使 Cd-EDTA 释放出 EDTA，用 0.021 74 mol · L^{-1} $Pb(NO_3)_2$ 溶液滴定释放出的 EDTA，用去 6.67 mL。试计算试样中 Bi、Pb、Cd 的质量分数。

（27.48%；20.07%；3.37%）

13. 称取葡萄糖酸钙试样 0.550 0 g，溶解后，在 pH = 10 的氨性缓冲液中用 EDTA 滴定（EBT 为指示剂），滴定消耗浓度为 0.049 85 mol · L^{-1} 的 EDTA 标准溶液 24.50 mL，试计算葡萄糖酸钙（$C_{12}H_{22}O_{14}Ca \cdot H_2O$）的质量分数。

（99.6%）

第6章　氧化还原滴定法

第 6 章　氧化还原滴定法

6.1　氧化还原滴定法的特点和分类

氧化还原滴定法（oxidation-reduction titration）是以氧化还原反应为基础的滴定分析法。在氧化还原滴定中，通常以适当的氧化剂或还原剂作标准溶液，来直接测定具有还原性或氧化性的物质的含量。有些物质虽然没有氧化还原性，例如 Ca^{2+} 等，但可以用间接滴定法来测定。Ca^{2+} 可以与 $C_2O_4^{2-}$ 形成 CaC_2O_4 沉淀，用氧化还原滴定法可以测定 CaC_2O_4 中的 $C_2O_4^{2-}$ 的量，即可间接测得 Ca^{2+} 的量。氧化还原滴定法是应用最广泛的滴定分析法之一。

氧化还原反应基于电子的转移，反应机理比较复杂。在氧化还原反应中，除了主反应外，还常伴有各种副反应，而且反应速度一般较慢。有些氧化还原反应虽然从理论上看是可以进行的，但由于反应速度太慢而认为反应实际上没有发生。因此，在处理氧化还原滴定问题时，不仅要从热力学的氧化还原平衡的角度来考虑反应的可能性，还要从动力学的反应速度的角度来考虑反应的现实性。

氧化还原滴定法可以按滴定剂的种类进行分类，见表 6-1。

表 6-1　氧化还原滴定法的分类

名　称		标准溶液	半电池反应	$\varphi^{\ominus}$/V
高锰酸钾法		$KMnO_4$	$MnO_4^- + 8H^+ + 5e^- \rightleftharpoons Mn^{2+} + 4H_2O$	1.51
重铬酸钾法		$K_2Cr_2O_7$	$Cr_2O_7^{2-} + 14H^+ + 6e^- \rightleftharpoons 2Cr^{3+} + 7H_2O$	1.33
碘量法	直接碘法	I_2	$I_2 + 2e^- \rightleftharpoons 2I^-$	0.54
	间接碘法	$Na_2S_2O_3$	$2S_2O_3^{2-} - 2e^- \rightleftharpoons S_4O_6^{2-}$	0.08
溴酸钾法		$KBrO_3 + KBr$	$BrO_3^- + 6H^+ + 6e^- \rightleftharpoons Br^- + 3H_2O$	1.44
铈量法		$Ce(SO_4)_2$	$Ce^{4+} + e^- \rightleftharpoons Ce^{3+}$	1.61

6.2　条件电极电位

一、Nernst 方程式

氧化剂和还原剂的强弱，可以用有关电对的电极电位（简称电位）来衡量。电对的电极电位越大，其氧化态的氧化能力越强；电对的电极电位越小，其还原态的还原能力越强。例如，Fe^{3+}/Fe^{2+}电对的标准电极电位（$\varphi^{\ominus}_{Fe^{3+}/Fe^{2+}} = 0.77\ V$）比 Sn^{4+}/Sn^{2+}电对的标准电极电位（$\varphi^{\ominus}_{Sn^{4+}/Sn^{2+}} = 0.15\ V$）大，对氧化态 Fe^{3+} 和 Sn^{4+} 来说，Fe^{3+} 是更强的氧化剂；对还原态 Fe^{2+} 和

Sn^{2+} 来说，Sn^{2+} 是更强的还原剂，因此可以发生下式反应

$$2Fe^{3+} + Sn^{2+} \rightleftharpoons 2Fe^{2+} + Sn^{4+}$$

由此可见，根据有关电对的电极电位，可以判断氧化还原反应进行的方向。

氧化还原电对的电极电位可根据 Nernst 方程求得。设 Ox 为氧化态，Red 为还原态，其半反应为

$$\mathrm{Ox} + ne^- \rightleftharpoons \mathrm{Red}$$

它的 Nernst 方程式为

$$\varphi = \varphi^{\ominus} + \frac{RT}{nF}\ln\frac{a_{\mathrm{Ox}}}{a_{\mathrm{Red}}}$$

式中，φ 是电对的电极电位；$\varphi^{\ominus}$ 是电对的标准电极电位；a_{Ox} 和 a_{Red} 分别表示氧化态和还原态的活度；R 是气体常数（R = 8.314 J·K^{-1}·mol^{-1}）；T 是绝对温度（K）；F 是法拉第常数（F = 96 487 C·mol^{-1}）；n 是半反应中电子转移数。将以上各常数代入上式并取常用对数，在 25℃时，得到

$$\varphi = \varphi^{\ominus} + \frac{0.059}{n}\lg\frac{a_{\mathrm{Ox}}}{a_{\mathrm{Red}}}$$

常将氧化还原电对分为可逆电对与不可逆电对两大类。在氧化还原反应的任一瞬间，可逆电对都能迅速地建立起氧化还原平衡，而其所显示的实际电极电位与按 Nernst 方程计算所得的理论电极电位相符或相差甚小。不可逆电对则相反，它在氧化还原反应的任一瞬间并不能真正建立起按氧化还原半反应所表示的平衡，而其实际电极电位与理论电极电位相差较大(相差 100 mV 以上)。就是说，Nernst 方程式只适用于可逆的氧化还原电对，如 Fe^{3+}/Fe^{2+}、I_2/I^-、$Fe(CN)_6^{3-}/Fe(CN)_6^{4-}$ 等。对于不可逆氧化还原电对，如 MnO_4^-/Mn^{2+}、$Cr_2O_7^{2-}/Cr^{3+}$、$S_4O_6^{2-}/S_2O_3^{2-}$、$CO_2/C_2O_4^{2-}$ 等，实际电极电位与理论电极电位相差较大。然而，对于这些不可逆氧化还原电对，用 Nernst 方程式的计算结果作为初步判断仍然具有一定的实际意义。

在处理氧化还原平衡时，还应注意到电对有对称的和不对称的区别。对称电对的氧化态和还原态的系数相同，例如：

$$Fe^{3+} + e^- \rightleftharpoons Fe^{2+}$$

$$MnO_4^- + 8H^+ + 5e^- \rightleftharpoons Mn^{2+} + 4H_2O$$

不对称电对的氧化态与还原态的系数不同，例如：

$$I_2 + 2e^- \rightleftharpoons 2I^-$$

$$CrO_7^{2-} + 14H^+ + 6e^- \rightleftharpoons 2Cr^{3+} + 7H_2O$$

不对称电对的有关计算会稍复杂一些，计算时应加以注意。

二、条件电极电位

应用 Nernst 方程式时还应考虑下述两个因素，即离子强度和氧化态或还原态的存在形式。我们通常知道的是溶液中的浓度而不是活度，为简化起见，通常忽略溶液中离子强度的影响，以浓度代替活度进行计算。但在实际工作中，因溶液的离子强度常常较大，这种影响往往不能忽略。此外，当溶液组成改变时，电对的氧化态和还原态的存在形式也往往随之改变，从而引起电极电位的变化。因此，用 Nernst 方程式计算有关电对的电极电位时，如果不考虑这

两个因素而采用该电对的标准电极电位，则计算结果与实际情况就会相差较大。

例如，计算 HCl 溶液中 Fe^{3+}/Fe^{2+} 体系的电极电位时，由 Nernst 方程式得到

$$\varphi = \varphi^{\ominus} + 0.059\lg\frac{a_{Fe^{3+}}}{a_{Fe^{2+}}}$$

$$= \varphi^{\ominus} + 0.059\lg\frac{\gamma_{Fe^{3+}}[Fe^{3+}]}{\gamma_{Fe^{2+}}[Fe^{2+}]} \quad (6\text{-}1)$$

但是实际上铁离子在 HCl 溶液中能与溶剂及易于络合的阴离子 Cl^- 等发生如下反应：

$$Fe^{3+} + H_2O \rightleftharpoons FeOH^{2+} + H^+$$

$$Fe^{3+} + Cl^- \rightleftharpoons FeCl^{2+}$$

……………………

因此除 Fe^{3+}、Fe^{2+} 外，还存在 $FeOH^{2+}$、$FeCl^{2+}$、$FeCl_2^+$、$FeCl^+$、…，若用 $c_{Fe^{3+}}$、$c_{Fe^{2+}}$ 分别表示溶液中三价态铁和二价态铁的总浓度，则

$$c_{Fe^{3+}} = [Fe^{3+}] + [FeOH^{2+}] + [FeCl^{2+}] + \cdots$$

此时

$$\frac{c_{Fe^{3+}}}{[Fe^{3+}]} = \alpha_{Fe^{2+}}，\quad [Fe^{3+}] = \frac{c_{Fe^{3+}}}{\alpha_{Fe^{3+}}} \quad (6\text{-}2)$$

式中，$\alpha_{Fe^{3+}}$ 为 Fe^{3+} 的副反应系数（与络合平衡中酸效应系数 $\alpha_{Y(H)}$ 的关系相似）。同样

$$\frac{c_{Fe^{2+}}}{[Fe^{2+}]} = \alpha_{Fe^{2+}}，\quad [Fe^{2+}] = \frac{c_{Fe^{2+}}}{\alpha_{Fe^{2+}}} \quad (6\text{-}3)$$

将式（6-2）和式（6-3）代入式（6-1）得

$$\varphi = \varphi^{\ominus} + 0.059\lg\frac{\gamma_{Fe^{3+}}\cdot\alpha_{Fe^{2+}}\cdot c_{Fe^{3+}}}{\gamma_{Fe^{2+}}\cdot\alpha_{Fe^{3+}}\cdot c_{Fe^{2+}}}$$

上式是考虑了上述两个因素后的 Nernst 方程式。但当溶液的离子强度较大时 γ 值不易求得，或当副反应很多时 α 值计算也很麻烦。为了简化计算，将上式改写为

$$\varphi = \varphi^{\ominus} + 0.059\lg\frac{\gamma_{Fe^{3+}}\cdot\alpha_{Fe^{2+}}}{\gamma_{Fe^{2+}}\cdot\alpha_{Fe^{3+}}} + 0.059\lg\frac{c_{Fe^{3+}}}{c_{Fe^{2+}}} \quad (6\text{-}4)$$

当 $c_{Fe^{3+}} = c_{Fe^{2+}} = 1\ \text{mol}\cdot\text{L}^{-1}$ 或 $c_{Fe^{3+}}/c_{Fe^{2+}} = 1$ 时，式（6-4）变为

$$\varphi^{\ominus} + 0.059\lg\frac{\gamma_{Fe^{3+}}\cdot\alpha_{Fe^{2+}}}{\gamma_{Fe^{2+}}\cdot\alpha_{Fe^{3+}}} = \varphi^{\ominus'} \quad (6\text{-}5)$$

式（6-5）中 γ 及 α 在一定条件下是定值，因而式（6-5）应为一常数，用 $\varphi^{\ominus'}$ 表示。$\varphi^{\ominus'}$ 称为条件电极电位（简称条件电位），它是在特定条件下，氧化态和还原态的总浓度为 1 $\text{mol}\cdot\text{L}^{-1}$ 或它们的浓度比为 1 时的实际电极电位，为一常数，此时式（6-5）可写成

$$\varphi = \varphi^{\ominus'} + 0.059\lg\frac{c_{Fe^{3+}}}{c_{Fe^{2+}}} \quad (25℃)$$

一般通式为

$$\varphi_{Ox/Red} = \varphi^{\ominus'}_{Ox/Red} + \frac{0.059}{n}\lg\frac{c_{Ox}}{c_{Red}} \quad (25℃)$$

其中，

$$\varphi^{\ominus\prime}_{Ox/Red}=\varphi^{\ominus}_{Ox/Red}+\frac{0.059}{n}\lg\frac{\gamma_{Ox}\cdot\alpha_{Red}}{\gamma_{Red}\cdot\alpha_{Ox}}$$

标准电极电位和条件电极电位的关系与络合反应中的稳定常数 K_{MY} 和条件稳定常数 K'_{MY} 的关系相似。显然，采用条件电极电位更符合实际情况。

条件电极电位的大小表明在外界因素影响下氧化还原电对的实际氧化还原能力。采用条件电极电位比用标准电极电位能更准确地判断氧化还原反应的方向、次序和反应完成的程度。附录九及附录十列出了氧化还原半反应的标准电极电位及条件电极电位。对有关的氧化还原反应，可采用条件相近的条件电极电位。例如，从表中未查到在 1 mol·L^{-1} H_2SO_4 溶液中 Fe^{3+}/Fe^{2+} 电对的条件电极电位，这种情况下可用 0.5 mol·L^{-1} H_2SO_4 溶液中 Fe^{3+}/Fe^{2+} 电对的条件电极电位（0.679 V）代替。如果没有指定的条件电极电位数据，只能采用标准电极电位，但误差可能较大。

三、外界条件对条件电极电位的影响

1. 离子强度的影响

当离子强度较大时，活度系数远小于 1，活度与浓度的差别较大。此时若用浓度代替活度，用 Nernst 方程计算的结果会与实际情况有差异。但由于各种副反应对电极电位的影响远比离子强度的影响大。因此，一般都忽略离子强度的影响。

2. 副反应的影响

在氧化还原反应中，常利用沉淀反应和络合反应使电对的氧化态或还原态的浓度发生变化，从而改变电对的电极电位。

当加入一种可与电对的氧化态或还原态生成沉淀的沉淀剂时，电对的电极电位就会发生改变。氧化态生成沉淀时使电对的电极电位降低，而还原态生成沉淀时则使电对的电极电位升高。例如，在间接碘量法中，利用生成难溶沉淀对条件电极电位的影响来测定 Cu^{2+} 的质量分数，有关反应电对为

$$Cu^{2+}+e^{-}\rightleftharpoons Cu^{+}\qquad \varphi^{\ominus}_{Cu^{2+}/Cu^{+}}=0.16\ V$$

$$I_2+2e^{-}\rightleftharpoons 2I^{-}\qquad \varphi^{\ominus}_{I_2/I^{-}}=0.54\ V$$

反应式为

$$2Cu^{2+}+4I^{-}=2CuI\downarrow+I_2$$

从标准电极电位看，应当是 I_2 氧化 Cu^{+}，但事实上是 Cu^{2+} 氧化 I^{-} 的反应进行得很完全，原因在于 I^{-} 与 Cu^{+} 生成了难溶解的 CuI 的沉淀。

例 6-1 计算当 KI 浓度为 1 mol·L^{-1} 时，Cu^{2+}/Cu^{+} 电对的条件电极电位（忽略离子强度的影响）。

解： 已知 $\varphi^{\ominus}_{Cu^{2+}/Cu^{+}}=0.16\ V$，$K_{sp(CuI)}=1.1\times10^{-12}$，根据 Nernst 方程有

$$\varphi_{Cu^{2+}/Cu^{+}}=\varphi^{\ominus}_{Cu^{2+}/Cu^{+}}+0.059\lg\frac{[Cu^{2+}]}{[Cu^{+}]}$$

$$=\varphi^{\ominus}_{Cu^{2+}/Cu^{+}}+0.059\lg\frac{[Cu^{2+}][I^{-}]}{K_{sp(CuI)}}$$

$$= \varphi^{\ominus}_{Cu^{2+}/Cu^{+}} + 0.059\lg\frac{[I^{-}]}{K_{sp(CuI)}} + 0.059\lg[Cu^{2+}]$$

若 Cu^{2+} 未发生副反应，则 $[Cu^{2+}] = c_{Cu^{2+}}$，令 $[Cu^{2+}] = [I^{-}] = 1\ mol \cdot L^{-1}$，则

$$\varphi^{\ominus'}_{Cu^{2+}/Cu^{+}} = \varphi^{\ominus}_{Cu^{2+}/Cu^{+}} + 0.059\lg\frac{1}{K_{sp(CuI)}}$$

$$= 0.16 - 0.059\lg1.1\times10^{-12} = 0.87\text{（V）}$$

由上可见，由于生成 CuI 难溶沉淀使 Cu^{2+}/Cu^{+} 电对的氧化性显著增强。在有过量 I^{-} 存在下，$\varphi^{\ominus'}_{I_2/I^{-}} \approx \varphi^{\ominus}_{I_2/I^{-}}$，此时 $\varphi^{\ominus'}_{Cu^{2+}/Cu^{+}} > \varphi^{\ominus}_{I_2/I^{-}}$，因此当溶液中有过量 I^{-} 存在时，Cu^{2+} 能定量氧化 I^{-} 生成 I_2 和 CuI。

另外，溶液中存在的有些阴离子会与金属离子的氧化态或还原态生成络合物而改变电对的电极电位。氧化态生成稳定的络合物会使电极电位降低。例如，用碘法测定 Cu^{2+} 时，Fe^{3+} 也能氧化 I^{-}，从而干扰 Cu^{2+} 的测定。若加入 NaF，则 Fe^{3+} 与 F^{-} 形成很稳定的络合物，Fe^{3+}/Fe^{2+} 电对的电极电位显著降低，使 Fe^{3+} 就不再氧化 I^{-}。

例 6-2　计算当 $[F^{-}] = 0.1\ mol \cdot L^{-1}$ 时，Fe^{3+}/Fe^{2+} 电对的条件电极电位（忽略离子强度的影响）。

解：已知 Fe（Ⅲ）氟络合物的 $\lg\beta_1$、$\lg\beta_2$、$\lg\beta_3$ 依次为 5.21，9.16，11.86，Fe（Ⅱ）氟络合物很不稳定（$\lg\beta = 1.5$）。

因为

$$[Fe^{3+}] = \frac{c_{Fe^{3+}}}{\alpha_{Fe^{3+}(F)}},\ [Fe^{2+}] \approx c_{Fe^{2+}}$$

$$\varphi = \varphi^{\ominus}_{Fe^{3+}/Fe^{2+}} + 0.059\lg\frac{[Fe^{3+}]}{[Fe^{2+}]}$$

$$= \varphi^{\ominus}_{Fe^{3+}/Fe^{2+}} + 0.059\lg\frac{c_{Fe^{3+}}/\alpha_{Fe^{3+}(F)}}{c_{Fe^{2+}}}$$

$$= \varphi^{\ominus}_{Fe^{3+}/Fe^{2+}} + 0.059\lg\frac{1}{\alpha_{Fe^{3+}(F)}} + 0.059\lg\frac{c_{Fe^{3+}}}{c_{Fe^{2+}}}$$

得

$$\varphi^{\ominus'}_{Fe^{3+}/Fe^{2+}} = \varphi^{\ominus}_{Fe^{3+}/Fe^{2+}} + 0.059\lg\frac{1}{\alpha_{Fe^{3+}(F)}}$$

因为

$$\alpha_{Fe^{3+}(F)} = 1 + [F]\beta_1 + [F]^2\beta_2 + [F]^3\beta_3$$

$$= 1 + 10^{-1}\times10^{5.2} + 10^{-2}\times10^{9.2} + 10^{-3}\times10^{11.9}$$

$$\approx 10^{8.9}$$

故

$$\varphi^{\ominus'}_{Fe^{3+}/Fe^{2+}} = 0.77 + 0.059\lg\frac{1}{10^{8.9}}$$

$$= 0.77 - 0.53 = 0.24\text{（V）}$$

由例 6-2 可知，因 Fe（Ⅲ）氟络合物比较稳定，当溶液中有 F^- 存在时，Fe^{3+}/Fe^{2+} 的条件电极电位下降，F^- 浓度越大，电极电位降低越多，此时 Fe^{3+} 变为较弱的氧化剂，不能再氧化 I^-。溶液中如果有与 Fe（Ⅲ）形成稳定络合物的其他络合剂（如 H_3PO_4、$H_2C_2O_4$ 等），情况与此类似。

3. 酸度的影响

对有 H^+ 或 OH^- 参加的氧化还原半反应，酸度变化会直接影响电对的电极电位。

例 6-3 计算不同酸度下，MnO_4^-/Mn^{2+} 电对的条件电极电位（忽略离子强度的影响）。

解： MnO_4^- 在酸性溶液中的半反应为

$$MnO_4^- + 8H^+ + 5e^- \rightleftharpoons Mn^{2+} + 4H_2O$$

由 Nernst 方程得

$$\varphi = \varphi^{\ominus}_{MnO_4^-/Mn^{2+}} + \frac{0.059}{5}\lg\frac{[MnO_4^-][H^+]^8}{[Mn^{2+}]}$$

$$= \varphi^{\ominus}_{MnO_4^-/Mn^{2+}} + \frac{0.059}{5}\lg[H^+]^8 + \frac{0.059}{5}\lg\frac{[MnO_4^-]}{[Mn^{2+}]}$$

如果没有其他副反应存在，则

$$\varphi^{\ominus'}_{MnO_4^-/Mn^{2+}} = \varphi^{\ominus}_{MnO_4^-/Mn^{2+}} + \frac{0.059}{5}\lg[H^+]^8$$

当 $[H^+] = 1\ mol \cdot L^{-1}$ 时

$$\varphi^{\ominus'}_{MnO_4^-/Mn^{2+}} = \varphi^{\ominus}_{MnO_4^-/Mn^{2+}}$$

当 pH = 3 时

$$\varphi^{\ominus'}_{MnO_4^-/Mn^{2+}} = \varphi^{\ominus}_{MnO_4^-/Mn^{2+}} + \frac{0.059}{5}\lg 10^{-24} = \varphi^{\ominus}_{MnO_4^-/Mn^{2+}} - 0.28\text{（V）}$$

当 pH = 6 时

$$\varphi^{\ominus'}_{MnO_4^-/Mn^{2+}} = \varphi^{\ominus}_{MnO_4^-/Mn^{2+}} + \frac{0.059}{5}\lg 10^{-48} = \varphi^{\ominus}_{MnO_4^-/Mn^{2+}} - 0.57\text{（V）}$$

从例 6-3 可以看到溶液的酸度对电对的电极电位影响很大。据此可用 MnO_4^- 选择性地氧化卤素离子。当 pH = 5～6 时，仅 I^- 被 MnO_4^- 氧化为 I_2；当 pH = 3 时，I^- 和 Br^- 都可被 MnO_4^- 氧化；只有在更高酸度的溶液中，Cl^- 才被 MnO_4^- 氧化。

6.3 氧化还原反应进行的程度

氧化还原反应进行的程度可用反应的平衡常数来衡量。例如下面的氧化还原反应：

$$n_2Ox_1 + n_1Red_2 \rightleftharpoons n_2Red_1 + n_1Ox_2$$

反应平衡常数 K 为

$$K=\frac{a_{Red_1}^{n_2}a_{Ox_2}^{n_1}}{a_{Ox_1}^{n_2}a_{Red_2}^{n_1}}$$

若考虑溶液中各种副反应的影响，则相应的活度 a 可用总浓度 c 代替，所得平衡常数为条件平衡常数 K'，即

$$K'=\frac{c_{Red_1}^{n_2}c_{Ox_2}^{n_1}}{c_{Ox_1}^{n_2}c_{Red_2}^{n_1}}$$

氧化还原反应的平衡常数可以用有关电对的标准电极电位或条件电极电位求得。上式氧化还原反应的有关电对的半反应为

$$Ox_1+n_1e^- \rightleftharpoons Red_1$$

$$Ox_2+n_2e^- \rightleftharpoons Red_2$$

氧化剂和还原剂两个电对的电极电位由 Nernst 方程式分别表示为

$$\varphi_1=\varphi_1^{\ominus'}+\frac{0.059}{n_1}\lg\frac{c_{Ox_1}}{c_{Red_1}}$$

$$\varphi_2=\varphi_2^{\ominus'}+\frac{0.059}{n_2}\lg\frac{c_{Ox_2}}{c_{Red_2}}$$

反应到达平衡时，$\varphi_1=\varphi_2$，则有

$$\varphi_1^{\ominus'}+\frac{0.059}{n_1}\lg\frac{c_{Ox_1}}{c_{Red_1}}=\varphi_2^{\ominus'}+\frac{0.059}{n_2}\lg\frac{c_{Ox_2}}{c_{Red_2}}$$

整理后得

$$\frac{n_1n_2(\varphi_1^{\ominus'}-\varphi_2^{\ominus'})}{0.059}=\lg\frac{c_{Red_1}^{n_2}c_{Ox_2}^{n_1}}{c_{Ox_1}^{n_2}c_{Red_2}^{n_1}}=\lg K' \tag{6-6}$$

由式（6-6）可见，条件平衡常数 K' 的大小取决于氧化剂和还原剂两个电对的条件电极电位之差及转移的电子数。φ_1 和 φ_2 相差越大，则 K' 越大，反应进行得越完全。

那么，$\varphi_1^{\ominus'}$ 和 $\varphi_2^{\ominus'}$ 要相差多大时反应才能定量完成，满足定量分析的要求呢？对滴定反应一般要求反应完成程度达 99.9%以上，在化学计量点时则有下述关系：

$$\left(\frac{c_{Ox_2}}{c_{Red_2}}\right)^{n_1}\geqslant 10^{3n_1}$$

$$\left(\frac{c_{Red_1}}{c_{Ox_1}}\right)^{n_2}\geqslant 10^{3n_2}$$

则

$$\lg K'=\lg\left(\frac{c_{Red_1}}{c_{Ox_1}}\right)^{n_2}\left(\frac{c_{Ox_2}}{c_{Red_2}}\right)^{n_1}\geqslant \lg(10^{3n_2}\times 10^{3n_1})$$

得

$$\lg K'\geqslant 3(n_1+n_2) \tag{6-7}$$

$$\varphi_1^{\ominus'} - \varphi_2^{\ominus'} \geqslant 3(n_1+n_2)\frac{0.059}{n_1 n_2} \tag{6-8}$$

对 $n_1 = n_2 = 1$ 型的反应，则有 $\lg K' \geqslant 6$，则

$$\varphi_1^{\ominus'} - \varphi_2^{\ominus'} = \frac{0.059}{n_1 n_2}\lg K' \geqslant 0.059 \times 6 = 0.35\ (\text{V})$$

只有满足式（6-7）和式（6-8）的氧化还原反应才能用于滴定分析。因此，一般认为两电对的条件电极电位之差大于 0.4 V 时反应能定量完全，氧化还原滴定常采用强氧化剂（如 $Ce(SO_4)_2$、$KMnO_4$、$K_2Cr_2O_7$ 等）和较强的还原剂（如$(NH_4)_2Fe(SO_4)_2$、$Na_2S_2O_3$ 等）作滴定剂，$\Delta\varphi^{\ominus'} > 0.4$ V 的要求不难达到。当此条件不能满足时，有时还可以通过控制介质条件改变电对的电极电位来达到这个要求。

例 6-4 计算在 1 mol・L^{-1} H_2SO_4 溶液中下面反应的条件平衡常数：

$$Ce^{4+} + Fe^{2+} = Ce^{3+} + Fe^{3+}$$

解：已知 $\varphi^{\ominus'}_{Fe^{3+}/Fe^{2+}} = 0.68$ V，$\varphi^{\ominus'}_{Ce^{4+}/Ce^{3+}} = 1.44$ V，则

$$\lg K' = \frac{n_1 n_2(\varphi^{\ominus'}_{Ce^{4+}/Ce^{3+}} - \varphi^{\ominus'}_{Fe^{3+}/Fe^{2+}})}{0.059} = \frac{1\times1\times(1.44-0.68)}{0.059} = 12.9$$

结果表明，在此条件下该反应条件平衡常数值满足式（6-7）的要求，因此反应可以定量进行。

例 6-5 计算 0.5 mol・L^{-1} H_2SO_4 溶液中下面反应的条件平衡常数：

$$2Fe^{3+} + 2I^- = 2Fe^{2+} + I_2$$

解：已知 $\varphi^{\ominus'}_{Fe^{3+}/Fe^{2+}} = 0.68$ V，$\varphi^{\ominus'}_{I_2/I^-} = 0.54$ V，则

$$\lg K' = \frac{n_1 n_2(\varphi^{\ominus'}_{Fe^{3+}/Fe^{2+}} - \varphi^{\ominus'}_{I_2/I^-})}{0.059} = \frac{1\times2\times(0.68-0.54)}{0.059} = 4.7$$

结果表明，在此条件下该反应的条件平衡常数不满足式（6-7）的要求，反应不能定量进行。

在某些氧化还原反应中，虽然两个电对的条件电极电位相差足够大，符合上述要求，但由于副反应的发生，氧化还原反应不能定量地进行，即氧化剂和还原剂之间没有一定的化学计量关系，这样的反应仍不能用于滴定分析。例如，$K_2Cr_2O_7$ 与 $Na_2S_2O_3$ 的反应，从它们的电极电位差来看，反应能够进行完全，此时 $K_2Cr_2O_7$ 可将 $Na_2S_2O_3$ 氧化为 SO_4^{2-}，但除了这一反应外，还可能有部分被氧化为单质 S，而使它们的化学计量关系不能确定。因此，在碘法中以 $K_2Cr_2O_7$ 作基准物来标定 $Na_2S_2O_3$ 溶液的浓度时，不能应用它们之间的直接反应作为滴定反应。除此之外还应考虑反应速度的问题。

6.4 氧化还原反应的速度及其影响因素

在氧化还原反应中，根据氧化还原电对的标准电极电位或条件电极电位，可以判断反应进行的方向和程度。但这只能指出反应进行的可能性，并不能指出反应进行的速度。实际上不同的氧化还原反应，其反应速度的差别很大。有的反应虽然从理论上看是可以进行的，但实际上由于反应速度太慢而可以认为它们之间并没有反应发生。

氧化还原反应进行较慢的主要原因是其反应机理比较复杂。氧化剂和还原剂之间的电子转移会遇到各种阻力。例如，溶液中的溶剂分子和各种络合体，都可能阻碍电子的转移。物质之间的静电排斥力也是阻碍电子转移的因素之一。而且，通过氧化还原反应之后，由于价态的变化，不仅原子或离子的电子层结构发生了变化，甚至还会引起有关化学键性质和物质组成的变化，从而阻碍电子的转移。例如，在分析化学中常用的化学反应 $Cr_2O_7^{2-}$ 被还原为 Cr^{3+}，以及 MnO_4^- 被还原为 Mn^{2+} 等的反应速度较慢，需要一定的反应时间。这是因为原来带负电荷的含氧酸根离子反应后转化为带正电荷的水合离子，结构发生了很大的改变，导致反应速度缓慢。所以，对于氧化还原反应，一般不能单从平衡观点来考虑反应的可能性，还应该从它们的反应速度来考虑反应的现实性。

对于任何氧化还原反应，都可以根据反应物和生成物写出有关化学反应式，例如，H_2O_2 氧化 I^- 的反应

$$H_2O_2 + 2I^- + 2H^+ = I_2 + 2H_2O$$

但反应式只能表示反应的最初状态和最终状态，不能表示反应进行的真实情况。实际上这个反应并不是按上述反应式一步完成的，而是分步进行的。在氧化还原反应的分步反应中，往往有一步反应是限速反应，即此步反应不容易进行，或者说进行该反应时需要较大的能量（活化能）。因此，通常只有那些能量大的分子或离子（称为活化分子或活化离子）才能参加反应，这样就使整个反应速度变慢。例如，上述 H_2O_2 与 I^- 的反应，根据大量实验数据推测，这个反应分以下三步进行

$$I^- + H_2O_2 = IO^- + H_2O \qquad (慢)$$

$$IO^- + H^+ = HIO \qquad (快)$$

$$HIO + I^- + H^+ = I_2 + H_2O \qquad (快)$$

将上面三个反应相加，即得到总反应式

$$H_2O_2 + 2I^- + 2H^+ = I_2 + 2H_2O$$

在这三步反应中，反应速度最慢的是第一步，它决定了总反应的速度。显然，反应速度的大小主要是由反应本身的性质即内因所决定的。

但是，反应的外部因素也在一定程度上影响着氧化还原反应的速度。因此有必要考察那些影响氧化还原反应速度的外部因素（如反应物的浓度、反应温度、催化剂、诱导反应等），以便尽可能增加反应速度，满足滴定分析的要求。

一、反应物浓度

由于氧化还原反应的反应机理比较复杂，所以不能从总的氧化还原反应方程式来判断反应的浓度对反应速度的影响程度。但一般来说，增加反应物的浓度能够增加反应速度。例如，在酸性溶液中，$K_2Cr_2O_7$ 和 KI 的反应为

$$Cr_2O_7^{2-} + 6I^- + 14H^+ = 2Cr^{3+} + 3I_2 + 7H_2O$$

该反应的速度较慢，通过增加反应物 I^- 和 H^+ 的浓度可以大大加快该反应的速度。由此可见，浓度对反应速度的影响有两方面的含义：增加反应物的浓度可以提高反应速度；当反应中有 H^+ 参加时，酸度对反应速度也有很大影响。在上面的反应中，提高酸度可加快反应速度，一般将 H^+ 浓度控制在 0.8～1 $mol \cdot L^{-1}$。但酸度不可太高，否则空气中的氧氧化 I^- 的速度也将加速，给测定带来误差。

二、反应温度

对于大多数反应来说，升高反应的温度可提高反应速度。反应温度的升高不仅增加了反应物粒子之间的碰撞几率，更重要的是增加了活化分子或活化离子的数目，所以提高了反应速度。通常，反应温度每增加 10℃，反应速度增大 2～3 倍。例如，在酸性溶液中，MnO_4^-和$C_2O_4^{2-}$的反应为

$$2MnO_4^- + 5C_2O_4^{2-} + 16H^+ = 2Mn^{2+} + 10CO_2 + 8H_2O$$

室温下该反应速度缓慢，提高反应温度则可以大大提高该反应的速度。所以用 $KMnO_4$ 滴定 $H_2C_2O_4$ 时，通常将溶液加热至 75～85℃。

应该注意，并不是在所有的情况下都允许用加热的办法来加快反应速度。有些物质（如 I_2）具有较大的挥发性，加热时会引起挥发损失；有些物质（如 Sn^{2+}、Fe^{2+} 等）很容易被空气中的氧所氧化，加热会加速它们的氧化。在上述情况下，要采用其他方法提高反应的速度。

三、催化剂

催化剂对反应的速度影响很大。催化剂以循环方式参加化学反应。由于催化剂的存在，可能产生一些新的不稳定的中间价态离子、游离基或活泼的中间络合物，从而改变了原来的反应历程或降低了原有反应的活化能，使反应速度发生变化，但最终并不改变催化剂本身的状态和数量。使反应速度加快的催化剂称为正催化剂，使反应速度减慢的催化剂称为负催化剂。

例如，MnO_4^- 与 $C_2O_4^{2-}$ 的反应速度较慢，需加热至 75～85℃，即使这样，开始阶段的反应速度仍较慢。但如果溶液中存在少量的 Mn^{2+}，便能使反应迅速地进行。其反应机理可能是：在 $C_2O_4^{2-}$ 存在下 Mn^{2+} 被 MnO_4^- 氧化生成 Mn^{3+}，Mn^{3+} 与 $C_2O_4^{2-}$ 生成一系列络合物，如 $MnC_2O_4^+$、$Mn(C_2O_4)_2^-$、$Mn(C_2O_4)_3^{3-}$ 等，它们慢慢分解为 Mn^{2+} 和 CO_2。

在 MnO_4^- 与 $C_2O_4^{2-}$ 的反应中，Mn^{2+} 参加了反应的中间步骤，加速了反应。Mn^{2+} 的量在参加反应前后没有变，起到了催化作用。本反应中可以不外加 Mn^{2+}，而利用反应生成的微量 Mn^{2+} 作催化剂。这种反应产物本身具有催化作用的反应称为自动催化反应。自动催化反应有一个特点，就是开始时的反应速度比较慢（此阶段称为诱导期），随着产物逐渐增多，反应速度逐渐加快；经过一最高点后，反应速度又逐渐降低（这是反应物的浓度愈来愈低的缘故）。

四、诱导反应

有的反应在一般情况下并不进行或进行得很慢，但当有另外一个反应进行时会促使该反应的进行。这种由于一个反应的发生而促进另一个反应进行的现象，称为诱导作用。例如，在 HCl 溶液中用 MnO_4^- 滴定 As^{3+}、H_2O_2、Sn^{2+} 时，因 MnO_4^- 与 Cl^- 反应极慢，对滴定结果几乎没有影响。但如果在 HCl 溶液中用 MnO_4^- 滴定 Fe^{2+}，由于 MnO_4^- 与 Fe^{2+} 的反应会诱导 MnO_4^- 与 Cl^- 的反应，因而使滴定结果偏高。即

$$MnO_4^- + 5Fe^{2+} + 8H^+ = Mn^{2+} + 5Fe^{3+} + 4H_2O \text{（诱导反应）}$$

$$2MnO_4^- + 10Cl^- + 16H^+ = 2Mn^{2+} + 5Cl_2 + 8H_2O \text{（受诱反应）}$$

其中 MnO_4^- 为作用体，Fe^{2+} 为诱导体，Cl^- 为受诱体。

诱导作用的发生可能与氧化还原反应过程中产生的具有更强氧化能力的不稳定的中间价态有关。例如，上例中可能由于 MnO_4^- 被 Fe^{2+} 还原产生不稳定的中间价态离子（如 Mn^{6+}～Mn^{3+} 等）能与 Cl^- 反应，因而出现了受诱反应。如果在溶液中预先加入 Mn^{2+}，一方面 Mn^{2+} 使 MnO_4^- 迅速地还原为 Mn^{3+}；另一方面，因溶液中有大量 Mn^{2+} 存在，当有 H_3PO_4 时，H_3PO_4 会与 Mn^{3+} 络合而降低 Mn^{3+}/Mn^{2+} 电对的电极电位，使 Mn^{3+} 只能与 Fe^{2+} 反应而不与 Cl^- 反应。这样就可以抑制 MnO_4^- 与 Cl^- 的反应。因此，在 HCl 介质中用 $KMnO_4$ 滴定 Fe^{2+} 时，常先加入 $MnSO_4$-H_3PO_4-H_2SO_4 混合溶液。此混合溶液称为保护混合液或防御溶液。

诱导反应与催化反应不同。催化反应中的催化剂参加反应后又变回原来的形式；而诱导反应中的诱导体参加反应后变为其他物质。诱导反应增加了作用体的消耗量，从而引进了误差。诱导反应也不同于副反应，副反应的反应速度一般不受主反应的影响。

6.5　氧化还原滴定法的基本原理

一、氧化还原滴定曲线

在氧化还原滴定过程中，随着滴定剂的加入，溶液中氧化剂和还原剂的浓度逐渐变化，相关电对的电极电位随之改变。这种电极电位改变的情况可用滴定曲线表示。滴定曲线一般通过实验方法测得，对可逆的氧化还原体系也可以根据 Nernst 方程式计算各滴定体系下对应的电极电位。

现以 0.100 0 mol · L^{-1} $Ce(SO_4)_2$ 标准溶液滴定 20.00 mL 0.100 0 mol · L^{-1} Fe^{2+} 溶液为例。滴定时溶液的酸度保持为 1 mol · L^{-1} H_2SO_4，此时

$$\varphi^{\ominus'}_{Fe^{3+}/Fe^{2+}} = 0.68\ V，\varphi^{\ominus'}_{Ce^{4+}/Ce^{3+}} = 1.44\ V$$

滴定反应为

$$Ce^{4+} + Fe^{2+} = Ce^{3+} + Fe^{3+}$$

从例 6-4 可知，上述反应可以进行得很完全（$\lg K' = 12.9$），滴定一旦开始，体系中将存在两个电对，在滴定中的任一个平衡点，两电对的电极电位必然相等，即

$$\varphi^{\ominus'}_{Fe^{3+}/Fe^{2+}} + 0.059\lg\frac{c_{Fe^{3+}}}{c_{Fe^{2+}}} = \varphi^{\ominus'}_{Ce^{4+}/Ce^{3+}} + 0.059\lg\frac{c_{Ce^{4+}}}{c_{Ce^{3+}}}$$

滴定过程中随着滴定剂的加入，其电极电位的变化可通过如下方式计算。

1. 滴定前

溶液中只含 Fe^{2+}，虽然由于空气中氧的氧化作用，会生成极少量 Fe^{3+}，组成 Fe^{3+}/Fe^{2+} 电对；但由于 Fe^{3+} 浓度未知，故此时的电极电位无法计算。

2. 滴定开始至化学计量点前

在这个阶段，溶液中存在 Fe^{3+}/Fe^{2+}、Ce^{4+}/Ce^{3+} 两个电对，此时，

$$\varphi = \varphi^{\ominus'}_{Fe^{3+}/Fe^{2+}} + 0.059\lg\frac{c_{Fe^{3+}}}{c_{Fe^{2+}}} = \varphi^{\ominus'}_{Ce^{4+}/Ce^{3+}} + 0.059\lg\frac{c_{Ce^{4+}}}{c_{Ce^{3+}}}$$

达到平衡时，$c_{Ce^{4+}}$ 很小，其浓度计算比较麻烦，故此时可利用 Fe^{3+}/Fe^{2+} 电对计算 φ 值。另外，为简便计算，以 Fe^{3+} 与 Fe^{2+} 的物质的量之比代替 $c_{Fe^{3+}}/c_{Fe^{2+}}$。

例如，加入 Ce^{4+} 溶液 19.98 mL 时，

生成 Fe^{3+} 的物质的量 $=0.100\,0\times 19.98=1.998$（mmol）

剩余 Fe^{2+} 的物质的量 $=0.100\,0\times 0.02=0.002$（mmol）

$$\varphi=0.68+0.059\lg\frac{1.998}{0.002}=0.86\text{（V）}$$

也可以根据加入 Ce^{4+} 滴定剂的百分数（滴定百分数），利用 Fe^{3+}/Fe^{2+} 电对计算电极电位。

例如，当加入 99.9%的滴定剂，即加入 Ce^{4+} 标准溶液 19.98 mL，有 99.9%的 Fe^{2+} 被氧化成 Fe^{3+} 时，即

$$\varphi=0.68+0.059\lg\frac{99.9}{0.1}=0.86\text{（V）}$$

在此阶段中，当加入其他量的 Ce^{4+} 标准溶液时，其溶液的电极电位可按同样的方法计算。

3. 化学计量点时

滴定至化学计量点时，因 $c_{Ce^{4+}}$、$c_{Fe^{2+}}$ 都很小，不易直接测出，因而不能用一个电对计算化学计量点时的 φ_{sp}，必须由两个电对的 Nernst 方程联合求得。

设化学计量点时的电极电位为 φ_{sp}，由于反应达到平衡时两电对的电极电位相等，故有

$$\varphi_{sp}=\varphi^{\ominus\prime}_{Ce^{4+}/Ce^{3+}}+0.059\lg\frac{c_{Ce^{4+}}}{c_{Ce^{3+}}}$$

$$\varphi_{sp}=\varphi^{\ominus\prime}_{Fe^{3+}/Fe^{2+}}+0.059\lg\frac{c_{Fe^{3+}}}{c_{Fe^{2+}}}$$

将上两式相加，得

$$2\varphi_{sp}=\varphi^{\ominus\prime}_{Ce^{4+}/Ce^{3+}}+\varphi^{\ominus\prime}_{Fe^{3+}/Fe^{2+}}+0.059\lg\frac{c_{Ce^{4+}}c_{Fe^{3+}}}{c_{Ce^{3+}}c_{Fe^{2+}}}$$

根据前述滴定反应式，当加入 Ce^{4+} 的物质的量与 Fe^{2+} 的物质的量相等时，$c_{Ce^{4+}}=c_{Fe^{2+}}$，$c_{Ce^{3+}}=c_{Fe^{3+}}$，此时

$$\lg\frac{c_{Ce^{4+}}c_{Fe^{3+}}}{c_{Ce^{3+}}c_{Fe^{2+}}}=0$$

故

$$\varphi_{sp}=\frac{\varphi^{\ominus\prime}_{Ce^{4+}/Ce^{3+}}+\varphi^{\ominus\prime}_{Fe^{3+}/Fe^{2+}}}{2}=\frac{1.44+0.68}{2}=1.06\text{（V）}$$

对于一般的可逆对称氧化还原反应：

$$n_2Ox_1+n_1Red_2=n_2Red_1+n_1Ox_2$$

化学计量点时，两电对的电极电位分别为

$$\varphi_{sp} = \varphi^{\ominus'}_{Ox_1/Red_1} + \frac{0.059}{n_1}\lg\frac{c_{Ox_1}}{c_{Red_1}} \tag{6-9}$$

$$\varphi_{sp} = \varphi^{\ominus'}_{Ox_2/Red_2} + \frac{0.059}{n_2}\lg\frac{c_{Ox_2}}{c_{Red_2}} \tag{6-10}$$

将式（6-9）乘 n_1，式（6-10）乘 n_2 后两式相加，得

$$(n_1+n_2)\varphi_{sp} = n_1\varphi^{\ominus'}_{Ox_1/Red_1} + n_2\varphi^{\ominus'}_{Ox_2/Red_2} + 0.059\lg\frac{c_{Ox_1}c_{Ox_2}}{c_{Red_1}c_{Red_2}}$$

从反应式可知，$\frac{c_{Ox_1}}{c_{Red_2}} = \frac{n_2}{n_1}$，$\frac{c_{Ox_2}}{c_{Red_1}} = \frac{n_1}{n_2}$。

故

$$\lg\frac{c_{Ox_1}c_{Ox_2}}{c_{Red_1}c_{Red_2}} = 0$$

$$\varphi_{sp} = \frac{n_1\varphi^{\ominus'}_{Ox_1/Red_1} + n_2\varphi^{\ominus'}_{Ox_2/Red_2}}{n_1+n_2} \tag{6-11}$$

式（6-11）为可逆对称氧化还原反应化学计量点时溶液电极电位的计算公式。

如果电对的氧化态和还原态的系数不等，即不对称，例如

$$Cr_2O_7^{2-} + 6Fe^{2+} + 14H^+ = 2Cr^{3+} + 6Fe^{3+} + 7H_2O$$

式中，φ_{sp} 除与 $\varphi^{\ominus'}$ 和 n 有关外，还与离子的浓度有关。化学计量点时溶液电极电位为

$$\varphi_{sp} = \frac{1}{7}(\varphi^{\ominus'}_{Fe^{3+}/Fe^{2+}} + 6\varphi^{\ominus'}_{Cr_2O_7^{2-}/Cr^{3+}}) + \frac{0.059}{7}\lg\frac{[H^+]^{14}}{2[Cr^{3+}]}$$

可见，对称型反应的化学计量点电极电位与体系的浓度无关，而有不对称电对参加的氧化还原反应的化学计量点的电极电位则与该电对的浓度有关。

4. 化学计量点后

化学计量点后，加入了过量的 Ce^{4+}，因此按 Ce^{4+}/Ce^{3+} 电对计算比较方便。例如，加入 Ce^{4+} 标准溶液 20.02 mL 时，

过量 Ce^{4+} 的物质的量 $= 0.100\,0 \times 0.02 = 0.002$（mmol）

Ce^{3+} 的物质的量 $= 0.100\,0 \times 20.00 = 2.000$（mmol）

$$\varphi = 1.44 + 0.059\lg\frac{0.002}{2.000} = 1.26 \text{（V）}$$

也可以根据加入过量 Ce^{4+} 的百分数进行计算。例如，当加入过量 0.1%滴定剂时，

$$\varphi = 1.44 + 0.059\lg\frac{0.1}{100} = 1.26 \text{（V）}$$

按同样的方法可计算加入 Ce^{4+} 标准溶液 22.00 mL、30.00 mL、40.00 mL 时溶液的电极电位。将计算结果列于表 6-2 中，并绘成滴定曲线，如图 6-1 所示。

表 6-2　在 1 mol・L^{-1} H_2SO_4 溶液中用 0.100 0 mol・L^{-1} Ce^{4+} 标准溶液滴定 20.00 mL 0.100 0 mol・L^{-1} Fe^{2+} 溶液的电极电位变化

滴入 Ce^{4+} 溶液体积/mL	滴定百分数/%	电极电位/V	
1.00	5.00	0.60	
2.00	10.0	0.62	
4.00	20.0	0.64	
8.00	40.0	0.67	
10.00	50.0	0.68	
12.00	60.0	0.69	
18.00	90.0	0.74	
19.80	99.0	0.80	
19.98	99.9	0.86	突跃范围（0.86～1.26）
20.00	100.0	1.06	
20.02	100.1	1.26	
22.00	110.0	1.38	
30.00	150.0	1.42	
40.00	200.0	1.44	

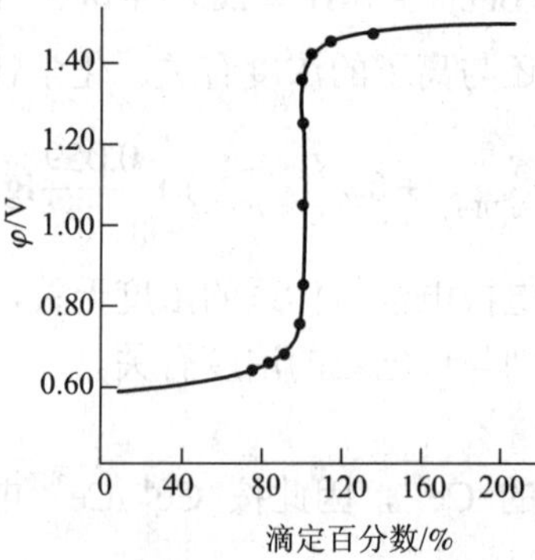

图 6-1　在 1 mol・L^{-1} H_2SO_4 溶液中用 0.100 0 mmol・L^{-1} Ce^{4+} 溶液滴定 0.100 0 mol・L^{-1} Fe^{2+} 溶液的滴定曲线

由图 6-1 可见，由于两电对的电子转移数相等（$n_1=n_2=1$），φ_{sp} 正好位于突跃范围的中点，滴定曲线在化学计量点前后是对称的。突跃范围为 0.86～1.26 V。由图 6-1 还可看出，用氧化剂滴定还原剂时，如果两电对均为可逆的，则滴定百分数为 50%时溶液的电极电位就是被测物电对的条件电极电位。滴定百分数为 200%时，溶液的电极电位就是滴定剂电对的条件电极电位。这两个条件电极电位相差越大，滴定突跃也越大。若两电对转移的电子数 n_1 与 n_2 不相等，则 φ_{sp} 不处在突跃范围的中点，而是偏向 n 值较大电对的一方。这在选择氧化还原指示剂时，应该予以考虑。

氧化还原滴定曲线还常因滴定时介质的不同而改变其位置和突跃的长短，例如，图 6-2 是用 $KMnO_4$ 溶液在不同介质中滴定 Fe^{2+} 的滴定曲线。

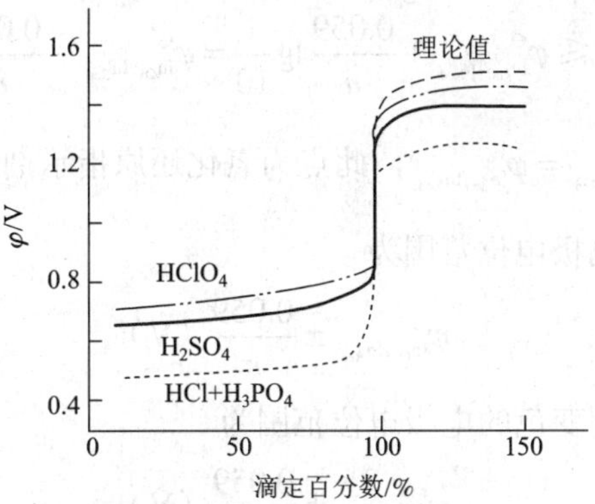

图 6-2　在不同介质中用 $KMnO_4$ 溶液确定 Fe^{2+} 的滴定曲线

由图 6-2 滴定曲线可见：

（1）化学计量点前，曲线的位置取决于 $\varphi^{\ominus'}_{Fe^{3+}/Fe^{2+}}$，而 $\varphi^{\ominus'}_{Fe^{3+}/Fe^{2+}}$ 的大小与 Fe^{3+} 和介质阴离子的络合作用有关。由于 PO_4^{3-} 易与 Fe^{3+} 形成稳定的无色［$Fe(PO_4)_2$］$^{3-}$ 而使 Fe^{3+}/Fe^{2+} 电对的条件电极电位降低，ClO_4^- 则不与 Fe^{3+} 生成络合物，故 $\varphi^{\ominus'}_{Fe^{3+}/Fe^{2+}}$ 较高。所以在 H_3PO_4-HCl 溶液中，用 $KMnO_4$ 溶液滴定 Fe^{2+} 的滴定曲线位置最低，滴定突跃最大。因此，无论用 $Ce(SO_4)_2$、$KMnO_4$ 或 $K_2Cr_2O_7$ 标准溶液滴定 Fe^{2+}，在 H_3PO_4-HCl 溶液中，终点颜色变化都明显。

（2）化学计量点后，溶液中存在过量的 $KMnO_4$，但实际上决定电极电位的是 Mn^{3+}/Mn^{2+} 电对，因而滴定曲线的位置取决于 $\varphi^{\ominus'}_{Mn^{3+}/Mn^{2+}}$。由于 Mn^{3+} 易与 PO_4^{3-}、SO_4^{2-} 等阴离子络合而降低其条件电极电位，而与 ClO_4^- 不络合，所以在 $HClO_4$ 介质中用 $KMnO_4$ 滴定 Fe^{2+} 时其化学计量点后曲线的位置最高。

二、氧化还原滴定中的指示剂

氧化还原滴定中常用的指示剂有以下三类。

1. 氧化还原指示剂

氧化还原指示剂本身是弱氧化剂或弱还原剂。其氧化态[In_{Ox}]和还原态[In_{Red}]具有不同的颜色，在滴定终点时指示剂被氧化或还原，同时伴随颜色的变化而指示终点。例如，用 $K_2Cr_2O_7$ 溶液滴定 Fe^{2+}，常用二苯胺磺酸钠为指示剂。二苯胺磺酸钠的还原态为无色，氧化态为紫红色，滴定至化学计量点时稍过量的 $K_2Cr_2O_7$ 能使二苯胺磺酸钠由无色的还原态转变为紫红色的氧化态，从而指示滴定终点。

氧化还原指示剂的半反应及 Nernst 方程可表示为

$$In_{Ox} + ne^- \rightleftharpoons In_{Red}$$

$$\varphi_{In_{Ox}/In_{Red}} = \varphi^{\ominus}_{In_{Ox}/In_{Red}} + \frac{0.059}{n}\lg\frac{[In_{Ox}]}{[In_{Red}]}$$

与酸碱指示剂的变色情况相似，当[In_{Ox}]/[In_{Red}]≥10 时，溶液呈现氧化态的颜色，此时

$$\varphi \geqslant \varphi^{\ominus}_{In_{Ox}/In_{Red}} + \frac{0.059}{n}\lg 10 = \varphi^{\ominus}_{In_{Ox}/In_{Red}} + \frac{0.059}{n}$$

当[In_{Ox}]/[In_{Red}]$\leqslant \frac{1}{10}$ 时，溶液呈现还原态的颜色，此时

$$\varphi \leqslant \varphi^{\ominus}_{\mathrm{In_{Ox}/In_{Red}}}+\frac{0.059}{n}\lg\frac{1}{10}=\varphi^{\ominus'}_{\mathrm{In_{Ox}/In_{Red}}}-\frac{0.059}{n}$$

当$[\mathrm{In_{Ox}}]/[\mathrm{In_{Red}}]=1$时，$\varphi_{\mathrm{In_{Ox}/In_{Red}}}=\varphi^{\ominus}_{\mathrm{In_{Ox}/In_{Red}}}$，此点为氧化还原指示剂的理论变色点。

故氧化还原指示剂变色的电极电位范围为

$$\varphi^{\ominus}_{\mathrm{In_{Ox}/In_{Red}}}\pm\frac{0.059}{n}\ (\mathrm{V}) \tag{6-12}$$

采用条件电极电位时指示剂变色的电极电位范围为

$$\varphi^{\ominus'}_{\mathrm{In_{Ox}/In_{Red}}}\pm\frac{0.059}{n}\ (\mathrm{V}) \tag{6-13}$$

当$n=1$时，指示剂变色的电极电位范围为（$\varphi^{\ominus'}\pm0.059$）V；$n=2$时，为（$\varphi^{\ominus'}\pm0.030$）V。由于此范围甚小，一般可以直接用指示剂的条件电极电位来估计指示剂变色的电极电位。

表6-3列出了一些常用的氧化还原指示剂的条件电极电位及其颜色变化。选择指示剂时应使指示剂的条件电极电位尽量与化学计量点时的电极电位接近，以减小终点误差。例如，在1 mol·L^{-1} H_2SO_4溶液中，用Ce^{4+}滴定Fe^{2+}时化学计量点的电极电位为1.06 V，滴定突跃为0.86～1.26 V，选用邻二氮菲亚铁（$\varphi^{\ominus'}$=1.06 V）是最合适的指示剂。如果选用二苯胺磺酸钠（$\varphi^{\ominus'}=0.84$ V），误差将大于0.1%。但若在反应溶液中加入H_3PO_4，由于Fe^{3+}可以与PO_4^{3-}形成稳定络离子使Fe^{3+}/Fe^{2+}电对的条件电极电位降低（见图6-2），这时便可采用二苯胺磺酸钠作指示剂。

表6-3　常用氧化还原指示剂的条件电极电位及颜色变化

指　示　剂	$\varphi^{\ominus'}_{\mathrm{In_{Ox}/In_{Red}}}$/V $[H^+]=1$ mol·L^{-1}	颜　色　变　化	
		氧化态	还原态
亚甲基蓝	0.52	蓝	无色
二苯胺	0.76	紫	无色
二苯胺磺酸钠	0.84	紫红	无色
邻苯氨基苯甲酸	0.89	紫红	无色
邻二氮菲-亚铁	1.06	浅蓝	红
硝基邻二氮菲-亚铁	1.25	浅蓝	紫红

氧化还原滴定可以通过加入络合剂的方法来增大滴定突跃范围，使指示剂变色点的电极电位处于滴定突跃范围之内。此外，滴定过程中指示剂本身要消耗少量的滴定剂。如果滴定剂的浓度较大（约0.1 mol·L^{-1}），指示剂所消耗的滴定剂的量很少，对分析结果影响不大；但如果滴定剂的浓度较小（约0.01 mol·L^{-1}），则应做指示剂空白校正。

2. 自身指示剂

在氧化还原滴定中，有些标准溶液或被滴定物质本身有很深的颜色，而滴定产物为无色或颜色很浅，此情况下滴定时不需另加指示剂，它们本身颜色的变化就起着指示剂的作用，称之为自身指示剂。例如，用$KMnO_4$作滴定剂时，因MnO_4^-本身呈深紫色，在酸性溶液中被还原为几乎是无色的Mn^{2+}，滴定到化学计量点时，稍过量的MnO_4^-就可使溶液呈粉红色（此

时 MnO_4^- 的浓度约为 2×10^{-6} mol · L^{-1}）而指示终点的到达。

3. 专用指示剂

专用指示剂是指能与特定组分发生专属反应生成有色物质的指示剂。例如，可溶性淀粉溶液遇 I_2 反应呈深蓝色，当 I_2 被还原为 I^- 时，深蓝色立即消失。该反应极为灵敏，当 I_2 浓度为 1×10^{-5} mol · L^{-1} 时就能看到蓝色，因此可根据蓝色的出现或消失指示终点。又如，SCN^- 和 Fe^{3+} 生成深红色络合物，用 $TiCl_3$ 滴定 Fe^{3+} 时，SCN^- 是适宜的指示剂。当 Fe^{3+} 全部被还原时，SCN^- 与 Fe^{3+} 络合物的红色消失，指示终点的到达。

6.6　氧化还原滴定结果的计算

氧化还原滴定结果的计算可采用本书第 3 章中介绍的换算因数法或等物质的量规则法。

例 6-6　计算在 1 mol · L^{-1} HCl 溶液中用 Fe^{3+} 溶液滴定 Sn^{2+} 溶液的化学计量点电极电位及电极电位突跃范围，在此滴定中应选用何种氧化还原指示剂？（$\varphi^{\ominus'}_{Fe^{3+}/Fe^{2+}}=0.70$ V，$\varphi^{\ominus'}_{Sn^{4+}/Sn^{2+}}=0.14$ V）

解：半电池反应为

$$Fe^{3+}+e^- \rightleftharpoons Fe^{2+}$$

$$Sn^{2+}-2e^- \rightleftharpoons Sn^{4+}$$

$$\varphi_{sp}=\frac{n_1\varphi^{\ominus'}_{Fe^{3+}/Fe^{2+}}+n_2\varphi^{\ominus'}_{Sn^{4+}/Sn^{2+}}}{n_1+n_2}=\frac{1\times0.70+2\times0.14}{1+2}=0.33\text{（V）}$$

$$\varphi_{-0.1\%}=\varphi^{\ominus'}_{Sn^{4+}/Sn^{2+}}+\frac{0.059\times3}{n_2}=0.14+\frac{0.059\times3}{2}=0.23\text{（V）}$$

$$\varphi_{+0.1\%}=\varphi^{\ominus'}_{Fe^{3+}/Fe^{2+}}-\frac{0.059\times3}{n_1}=0.70-\frac{0.059\times3}{1}=0.52\text{（V）}$$

亚甲基蓝指示剂的 $\varphi^{\ominus'}_{In}=0.53$ V，因而选亚甲蓝作指示剂为宜。

例 6-7　称取红丹试样（含 Pb_3O_4）0.250 0 g，用盐酸溶解后定量转移到 100 mL 容量瓶中并稀释至刻度。移取此溶液 20.00 mL，加入 0.500 0 mol · L^{-1} $K_2Cr_2O_7$ 25.00 mL，使析出 $PbCrO_4$，定量滤过沉淀、洗涤、酸溶后，加入 KI 和淀粉溶液，以 0.100 0 mol · L^{-1} $Na_2S_2O_3$ 溶液滴定至终点，用去 $Na_2S_2O_3$ 溶液 6.00 mL。试计算试样中 Pb_3O_4 的质量分数。

解：反应过程如下

$$2Pb^{2+}+Cr_2O_7^{2-}+H_2O=2PbCrO_4\downarrow+2H^+$$

$$2PbCrO_4+2H^+=Cr_2O_7^{2-}+2Pb^{2+}+H_2O$$

$$Cr_2O_7^{2-}+6I^-+14H^+=2Cr^{3+}+3I_2+7H_2O$$

$$I_2+2S_2O_3^{2-}=2I^-+S_4O_6^{2-}$$

其关系为

$$Pb^{2+}\sim CrO_4^{2-}\sim 1/2\,Cr_2O_7^{2-}\sim 3/2\,I_2\sim 3S_2O_3^{2-}$$

$$Pb_3O_4\sim 3Pb^{2+}\sim 9S_2O_3^{2-}$$

故

$$n_{Pb_3O_4}=\frac{1}{9}n_{Na_2S_2O_3}$$

$$w_{Pb_3O_4}=\frac{\frac{1}{9}(cV)_{Na_2S_2O_3}\times M_{Pb_3O_4}}{m_s\times\frac{20.00}{100.0}\times 1\,000}\times 100\%$$

$$=\frac{0.100\,0\times 6.00\times 685.6}{9\times 0.250\,0\times 20.00\times 10}\times 100\%=91.41\%$$

例 6-8 取工业废水 100.0 mL，经 H_2SO_4 酸化后，加入浓度为 0.019 58 mol · L^{-1} $K_2Cr_2O_7$ 溶液 20.00 mL，加催化剂并煮沸使水样中还原性物质氧化，用 0.204 0 mol · L^{-1} $FeSO_4$ 溶液滴定剩余的 $Cr_2O_7^{2-}$，用去了 7.50 mL。试计算工业废水中化学耗氧量 COD（每升水中还原性有机物及无机物，在一定条件下被强氧化剂氧化时消耗的氧的质量，mg · L^{-1}）。

解：相关反应

$$Cr_2O_7^{2-}+14H^++6e^-\rightleftharpoons 3Cr^{3+}+7H_2O$$

$$O_2+4H^++4e^-\rightleftharpoons 2H_2O$$

其关系为

$$3O_2\sim 2K_2Cr_2O_7$$

即

$$\frac{3}{2}n_{Cr_2O_7^{2-}}=n_{O_2}$$

滴定反应

$$6Fe^{2+}+Cr_2O_7^{2-}+14H^+\rightleftharpoons 6Fe^{3+}+3Cr^{3+}+7H_2O$$

$$n_{Cr_2O_7^{2-}}=\frac{1}{6}n_{Fe^{2+}}$$

$$COD=\frac{\frac{3}{2}\left[(cV)_{K_2Cr_2O_7}-\frac{1}{6}(cV)_{FeSO_4}\right]\times M_{O_2}\times 10^3}{V_{水样}}$$

$$=\frac{\frac{3}{2}\times\left(0.019\,58\times 20.00-\frac{1}{6}\times 0.204\,0\times 7.50\right)\times 32.00\times 10^3}{100.0}$$

$$=65.57\ (mg\cdot L^{-1})$$

例 6-9 称取含 $BaCl_2$ 的试样 0.500 0 g，溶于水后加 25.00 mL 0.050 00 mol · L^{-1} KIO_3 使 Ba^{2+} 沉淀为 $Ba(IO_3)_2$，滤去沉淀，洗涤，加入过量 KI 于滤液中并酸化，滴定析出的 I_2 用去 0.100 0 mol · L^{-1} $Na_2S_2O_3$ 标准溶液 21.18 mL。试计算试样中 $BaCl_2$ 的质量分数。

解：有关反应式为

$$Ba^{2+}+2IO_3^-(过量)=Ba(IO_3)_2\downarrow$$

$$IO_3^-(剩余)+5I^-(过量)+6H^+=3I_2+3H_2O$$

$$I_2+2S_2O_3^{2-}=2S_4O_6^{2-}+2I^-$$

其关系为

$$Ba^{2+}\sim 2IO_3^-,\quad IO_3^-\sim 3I_2\sim 6S_2O_3^{2-}$$

$$n_{Ba^{2+}}=\frac{1}{2}n_{IO_3^-},\quad n_{IO_3^-}=\frac{1}{6}n_{S_2O_3^{2-}}$$

$$w_{BaCl_2}=\frac{\frac{1}{2}\left[(cV)_{KIO_3}-\frac{1}{6}(cV)_{Na_2S_2O_3}\right]\times M_{BaCl_2}}{m_s\times 1\,000}\times 100\%$$

$$=\frac{\frac{1}{2}\times\left(0.050\,00\times 25.00-\frac{1}{6}\times 0.100\,0\times 21.18\right)\times 208.3}{0.500\,0\times 1\,000}\times 100\%$$

$$=18.68\%$$

例 6-10　称取含铝试样 1.000 g，溶解后定容为 250 mL。移取此试液 25.00 mL，调节 pH = 9，加入 8-羟基喹啉（HOC_9H_6N），使 Al^{3+} 沉淀为 $Al(OC_9H_6N)_3$。沉淀过滤洗涤后，溶于 HCl 中，加入 35.00 mL 0.040 00 mol · L^{-1} $KBrO_3$（含过量的 KBr），发生如下反应

$$C_9H_7NO + 2Br_2 = C_9H_5NOBr_2 + 2HBr$$

反应完全后，加入过量 KI，析出的 I_2 用去 0.100 0 mol · L^{-1} $Na_2S_2O_3$ 标准溶液 20.00 mL。试计算样品中铝的质量分数。

解：测定中的其他反应为

$$Al^{3+} + 3HOC_9H_6N = Al(OC_9H_6N)_3\downarrow + 3H^+$$

$$BrO_3^- + 5Br^- + 6H^+ = 3Br_2 + 3H_2O$$

$$Br_2 + 2I^- = I_2 + 2Br^-$$

$$I_2 + 2S_2O_3^{2-} = S_4O_6^{2-} + 2I^-$$

所以

$$Al^{3+}\sim 3HOC_9H_6N\sim 6Br_2\sim 2KBrO_3\sim 6I_2\sim 12Na_2S_2O_3$$

故

$$n_{KBrO_3}=2n_{Al},\quad n_{KBrO_3}=\frac{1}{6}n_{Na_2S_2O_3}$$

$$w_{Al}=\frac{\frac{1}{2}\left[(cV)_{KBrO_3}-\frac{1}{6}(cV)_{Na_2S_2O_3}\right]\times M_{Al}}{m_s\times\frac{25.00}{250.0}\times 1\,000}\times 100\%$$

$$=\frac{\frac{1}{2}\times(0.040\,00\times 35.00-\frac{1}{6}\times 0.100\,0\times 20.00)\times 26.98}{1.000\times 0.1\times 1\,000}\times 100\%$$

$$=14.39\%$$

例 6-11　称取苯酚试样 0.500 5 g。用氢氧化钠溶液溶解后，定量转移并用水稀释至 250.0 mL。移取此溶液 25.00 mL 于碘瓶中，加入 $KBrO_3$-KBr 标准溶液 25.00 mL 及 HCl，使苯酚溴化为三溴苯酚。加入 KI 溶液，使过量的 Br_2 还原并析出定量的 I_2，然后用 0.100 8 mol · L^{-1} $Na_2S_2O_3$ 标准溶液滴定生成的 I_2，用去 15.05 mL。另移取 25.00 mL $KBrO_3$-KBr 标准溶液，加入 HCl 及 KI 溶液，析出的 I_2 用 0.100 8 mol · L^{-1} $Na_2S_2O_3$ 标准溶液滴定，用去 40.20 mL。试计算试样中的苯酚的质量分数。

解：有关反应如下

$$KBrO_3 + 5KBr + 6HCl = 6KCl + 3Br_2 + 3H_2O$$

$$C_6H_5OH + 3Br_2 = C_6H_2Br_3OH + 3HBr$$

$$Br_2 + 2KI = I_2 + 2KBr$$
$$I_2 + 2Na_2S_2O_3 = 2NaI + Na_2S_4O_6$$

因此 $$C_6H_5OH \sim 3Br_2 \sim 3I_2 \sim 6Na_2S_2O_3$$

$$\frac{1}{6}n_{Na_2S_2O_3} = n_{C_6H_5OH}$$

$$w_{苯酚} = \frac{\frac{1}{6} \times c_{Na_2S_2O_3} \times \left(V_{1(Na_2S_2O_3)} - V_{2(Na_2S_2O_3)}\right) \times M_{C_6H_5OH}}{m_s \times \frac{25.00}{250.0}} \times 100\%$$

$$= \frac{\frac{1}{6} \times 0.100\,8 \times (40.20 - 15.05) \times 10^{-3} \times 94.11}{0.500\,5 \times \frac{25.00}{250.0}} \times 100\% = 79.45\%$$

6.7 氧化还原滴定前的预处理

在氧化还原滴定中，有时需将待测组分氧化为高价态后用还原剂滴定，或者还原为低价态后用氧化剂滴定。滴定前通过氧化还原反应使待测组分价态发生改变的过程称为预氧化或预还原，统称预处理。预处理时所用的氧化剂或还原剂应符合下列要求：

（1）反应速度快；

（2）定量地氧化或还原待测组分；

（3）反应具有一定的选择性。例如测定铁矿石中铁的含量时，若采用 Zn 作预还原剂，Zn 不仅还原 Fe^{3+}，同时还可以还原 Ti^{4+}，用 $K_2Cr_2O_7$ 滴定 Fe^{2+} 时，Ti^{3+} 也被滴定。若选用 $SnCl_2$ 作预还原剂，则仅还原 Fe^{3+}，反应的选择性较高。

（4）加入的过量氧化剂或还原剂须易于除去。除去的方法如下。

① 加热分解：例如，$(NH_4)_2S_2O_8$、H_2O_2、Cl_2 等可借加热煮沸分解而除去。

② 过滤：例如，$NaBiO_3$、Zn 等难溶于水，可过滤除去。

③ 利用化学反应：例如，用 $HgCl_2$ 可除去过量的 $SnCl_2$，其反应为

$$SnCl_2 + 2HgCl_2 = SnCl_4 + Hg_2Cl_2\downarrow$$

生成的 Hg_2Cl_2 沉淀一般不被滴定剂氧化，不必分离。

预处理时常用的氧化剂和还原剂分别列于表 6-4 和表 6-5 中。

表 6-4 常用的预氧化剂

氧化剂	反应条件	主要应用	除去方法
Cl_2 $Cl_2 + 2e^- \rightleftharpoons 2Cl^-$ $\varphi^\ominus = 1.36$ V	酸性或中性	$I^- \rightarrow IO_3^-$	煮沸或通空气流
$(NH_4)_2S_2O_8$ $S_2O_8^{2-} + 2e^- \rightleftharpoons 2SO_4^{2-}$ $\varphi^\ominus = 2.01$ V	酸性 Ag^+ 作催化剂	Ce（Ⅲ）→Ce（Ⅳ） $Mn^{2+} \rightarrow MnO_4^-$ $Cr^{3+} \rightarrow Cr_2O_7^{2-}$ $VO^{2+} \rightarrow VO_3^-$	煮沸分解

续表

氧化剂	反应条件	主要应用	除去方法
H_2O_2 $H_2O_2+2e^- \rightleftharpoons 2OH^-$ $\varphi^\ominus=0.88\ V$	NaOH 介质 HCO_3^- 介质 碱性介质	$Cr^{3+} \rightarrow CrO_4^{2-}$ Co（Ⅱ）→Co（Ⅲ） Mn（Ⅱ）→Mn（Ⅳ）	煮沸分解，加少量 Ni^{2+} 或 I^- 作催化剂，加速 H_2O_2 的分解
$NaBiO_3$ $NaBiO_3(s)+6H^++2e^- \rightleftharpoons Bi^{3+}+Na^++3H_2O$ $\varphi^\ominus=1.80\ V$	室温、HNO_3 介质 H_2SO_4 介质	$Mn^{2+} \rightarrow MnO_4^-$ Ce（Ⅲ）→Ce（Ⅳ）	过滤
Na_2O_2	熔融	$Fe(CrO_2)_2 \rightarrow CrO_4^{2-}$	在酸性溶液中煮沸

表 6-5　常用的预还原剂

还原剂	反应条件	主要应用	除去方法
SO_2 $SO_4^{2-}+4H^++2e^- \rightleftharpoons SO_2+2H_2O$ $\varphi^\ominus=0.20\ V$	$1\ mol \cdot L^{-1}\ H_2SO_4$ （有 SCN^- 共存，加速反应）	Fe（Ⅲ）→Fe（Ⅱ） As（Ⅴ）→As（Ⅲ） Sb（Ⅴ）→Sb（Ⅲ） Cu（Ⅱ）→Cu（Ⅰ）	煮沸，通 CO_2
$SnCl_2$ $Sn^{4+}+2e^- \rightleftharpoons Sn^{2+}$ $\varphi^\ominus=0.15\ V$	酸性，加热	Fe（Ⅲ）→Fe（Ⅱ） Mo（Ⅵ）→Mo（Ⅴ） As（Ⅴ）→As（Ⅲ）	快速加入过量的 $HgCl_2$ $Sn^{2+}+2HgCl_2=Sn^{4+}+Hg_2Cl_2+2Cl^-$
$TiCl_3$ $Ti(OH)^{3+}+H^++e^- \rightleftharpoons Ti^{3+}+H_2O$ $\varphi^\ominus=0.06\ V$	酸性	Fe（Ⅲ）→Fe（Ⅱ）	少量 Ti^{3+}，被水中 O_2 氧化
金属锌、铝等或金属的汞齐	酸性	Fe（Ⅲ）→Fe（Ⅱ） Ti（Ⅳ）→Ti（Ⅲ） Cr（Ⅲ）→Cr（Ⅱ） V（Ⅴ）→V(Ⅱ)	过滤或加酸溶解

6.8　氧化还原滴定法及其应用

氧化还原滴定剂的种类繁多，一般以滴定剂的名称来命名氧化还原滴定法。在氧化还原滴定法中以氧化剂作为滴定剂的方法居多，如高锰酸钾法、重铬酸钾法、溴酸钾法、硫酸铈法、碘量法等。以还原剂作为滴定剂的方法较少，常用滴定剂有硫代硫酸钠、硫酸亚铁等。主要是由于多数还原剂易受空气中氧气的影响而不稳定。下面介绍常用的几种氧化还原滴定方法。

一、高锰酸钾法

高锰酸钾是一种强氧化剂，其氧化作用与溶液的酸度有关。在强酸性溶液中，$KMnO_4$与还原剂作用，MnO_4^-被还原为Mn^{2+}：

$$MnO_4^- + 8H^+ + 5e^- \rightleftharpoons Mn^{2+} + 4H_2O \qquad \varphi^\ominus = 1.491\ V$$

在微酸性、中性或弱碱性溶液中，MnO_4^-则被还原为MnO_2（实际上是MnO_2的水合物）：

$$MnO_4^- + 2H_2O + 3e^- \rightleftharpoons MnO_2 + 4OH^- \qquad \varphi^\ominus = 0.588\ V$$

在 NaOH 浓度大于 2 mol·L^{-1} 的碱性溶液中，MnO_4^-被还原为MnO_4^{2-}：

$$MnO_4^- + e^- \rightleftharpoons MnO_4^{2-} \qquad \varphi^\ominus = 0.564\ V$$

高锰酸钾法的优点是氧化能力强，应用广泛。MnO_4^-本身有颜色，当 $KMnO_4$ 浓度达 2×10^{-6} mol·L^{-1} 时即可显现粉红色。所以用 $KMnO_4$ 溶液滴定无色或浅色试样溶液时，一般不需另加指示剂。高锰酸钾法的主要缺点是试剂中含有的少量杂质会影响溶液稳定性。另外，$KMnO_4$的氧化能力强，可以和很多还原性物质发生作用，干扰比较大。

1. $KMnO_4$标准溶液的配制和标定

市售的 $KMnO_4$试剂常含有少量 MnO_2和其他杂质，同时由于 $KMnO_4$的氧化能力强，在生产、贮存和配制溶液的过程中易与还原性物质（如蒸馏水中含有的少量有机物等）作用。$KMnO_4$与有机物质缓慢作用生成 $MnO(OH)_2$，因此，$KMnO_4$标准溶液不能直接配制。

为了配制浓度稳定的 $KMnO_4$溶液，可称取稍多于计算用量的 $KMnO_4$，溶于一定体积蒸馏水中。在暗处放置 7～10 天，或将溶液加热至沸并保持微沸 1 h，使水中还原性物质与 $KMnO_4$充分作用。用微孔玻璃漏斗过滤除去 $MnO(OH)_2$沉淀，溶液贮存于棕色瓶中，标定后使用。

标定 $KMnO_4$的基准物质有 $H_2C_2O_4\cdot2H_2O$、$Na_2C_2O_4$、$(NH_4)_2Fe(SO_4)_2\cdot6H_2O$、$As_2O_3$、纯铁丝等。其中最常用的是 $Na_2C_2O_4$，它易于提纯，性质稳定，不含结晶水，在 105～110℃干燥 2 h 即可使用。在 H_2SO_4溶液中，MnO_4^-和$C_2O_4^{2-}$发生下式反应：

$$2MnO_4^- + 5C_2O_4^{2-} + 16H^+ = 2Mn^{2+} + 10CO_2\uparrow + 8H_2O$$

为保证反应定量进行，应注意以下滴定条件。

152 （1）酸度。酸度过低时，MnO_4^- 部分还原为 MnO_2；酸度过高会促使 $H_2C_2O_4$分解。一般控制滴定开始时溶液的酸度为 1 mol·L^{-1}。

（2）温度。本反应在室温下速度缓慢，因此，常将溶液加热至 75～85℃时进行滴定。滴定完毕时溶液的温度不应低于 60℃。但温度高于 90℃时会使部分 $H_2C_2O_4$ 分解：

$$H_2C_2O_4 = CO_2\uparrow + CO\uparrow + H_2O$$

（3）滴定速度。由于反应速度缓慢，开始滴定时，应在加入一滴 MnO_4^-溶液褪色后再加入第二滴。如果滴定速度过快，则 $KMnO_4$不能立即与$C_2O_4^{2-}$反应，会在热的酸性溶液中发生分解，导致标定结果偏低：

$$4MnO_4^- + 12H^+ = 4Mn^{2+} + 5O_2\uparrow + 6H_2O$$

随着滴定的进行，由于生成物 Mn^{2+}具有催化作用，反应速度加快。

2. 高锰酸钾法应用实例

（1）H_2O_2的测定。在酸性溶液中，H_2O_2能还原 MnO_4^-并释放出 O_2，其反应为

$$5H_2O_2 + 2MnO_4^- + 6H^+ = 5O_2\uparrow + 2Mn^{2+} + 8H_2O$$

因此，H_2O_2 可用 $KMnO_4$ 标准溶液直接滴定。滴定时，开始加入的几滴 $KMnO_4$ 溶液褪色较慢，若于滴定前加入少量 Mn^{2+} 作催化剂，则可加快反应速度。

碱金属及碱土金属的过氧化物，可采用同样的方法进行测定。

（2）铁的测定。用 $KMnO_4$ 溶液滴定 Fe^{2+}，可以测定矿石（如褐铁矿等）、合金、金属盐类及硅酸盐等试样的含铁量，具有很大的实用价值。

试样溶解后（通常使用盐酸作溶剂），将生成的 Fe^{3+}（实际上是 $FeCl_4^-$、$FeCl_6^{3-}$ 等离子）先用还原剂还原为 Fe^{2+}，然后用 $KMnO_4$ 标准溶液滴定。常用的还原剂是 $SnCl_2$，过量的 $SnCl_2$ 可以借加入 $HgCl_2$ 而除去，即

$$SnCl_2 + 2HgCl_2 = SnCl_4 + Hg_2Cl_2 \downarrow$$

注意 $HgCl_2$ 有剧毒！为了避免其对环境的污染，近年来采用了各种不用汞盐的测定铁的方法。

在用 $KMnO_4$ 溶液滴定前还应加入硫酸锰、硫酸及磷酸的混合液，其作用是：① 避免 Cl^- 存在下所发生的诱导反应；② 由于滴定中生成黄色的 Fe^{3+}，使得终点时微过量的 $KMnO_4$ 所呈现的粉红色不易分辨，会影响终点的正确判断。在溶液中加入磷酸后，PO_4^{3-} 可以与 Fe^{3+} 生成无色的 $Fe(HPO_4)_2^-$，使终点易于观察。

（3）Ca^{2+} 的测定。高锰酸钾法测定 Ca^{2+} 采用的是间接滴定。先用 $C_2O_4^{2-}$ 将 Ca^{2+} 沉淀为 CaC_2O_4，沉淀经过滤、洗涤后，溶于热的稀 H_2SO_4 溶液中，再用 $KMnO_4$ 标准溶液滴定试液中的 $C_2O_4^{2-}$，根据所消耗的 $KMnO_4$ 的量求得 Ca^{2+} 的量。凡能与 $C_2O_4^{2-}$ 定量生成沉淀的金属离子，都可用上述间接法测定，如 Th^{4+} 和稀土元素的测定。

二、重铬酸钾法

1. 重铬酸钾标准溶液

重铬酸钾是一种常用的氧化剂，在酸性溶液中被还原为 Cr^{3+}：

$$Cr_2O_7^{2-} + 14H^+ + 6e^- \rightleftharpoons 2Cr^{3+} + 7H_2O \qquad \varphi^{\ominus} = 1.33\ V$$

$K_2Cr_2O_7$ 用作滴定剂有以下优点：

（1）$K_2Cr_2O_7$ 易提纯（纯度可达 99.99%），在 140～150℃干燥后，可以直接配制标准溶液。

（2）$K_2Cr_2O_7$ 标准溶液非常稳定，长期密闭储存，浓度不变。

（3）$K_2Cr_2O_7$ 的氧化能力没有 $KMnO_4$ 强，在 1 mol·L^{-1} HCl 溶液中，$\varphi^{\ominus'}$=1.00 V，室温下不与 Cl^- 作用（$\varphi^{\ominus}_{Cl_2/Cl^-}$ =1.36 V），故可在 HCl 溶液中滴定 Fe^{2+}。

在重铬酸钾法中，虽然橙色的 $Cr_2O_7^{2-}$ 还原后转化为绿色的 Cr^{3+}，但 $K_2Cr_2O_7$ 的颜色不是很深，所以不能根据它本身的颜色变化来指示滴定终点，而需采用氧化还原指示剂如二苯胺磺酸钠等指示终点。

2. 重铬酸钾法应用实例

（1）铁的测定。$K_2Cr_2O_7$ 法是测定铁矿、合金中铁含量的常用方法。试样一般用 HCl 加热分解，在热的浓 HCl 中，用 $SnCl_2$ 将 Fe^{3+} 还原为 Fe^{2+}。过量的 $SnCl_2$ 用 $HgCl_2$ 氧化，生成 Hg_2Cl_2 白色沉淀。然后在 1～2 mol·L^{-1} H_2SO_4-H_3PO_4 混合酸介质中，以二苯胺磺酸钠作指示剂，用 $K_2Cr_2O_7$ 标准溶液滴定 Fe^{2+}。加入 H_3PO_4 是为了减小终点误差。H_3PO_4 与 Fe^{3+} 生成无色、稳定的 $Fe(HPO_4)_2^-$，可以降低 Fe^{3+}/Fe^{2+} 电对的电极电位，使滴定突跃范围增大，$Cr_2O_7^{2-}$ 与 Fe^{2+}

的反应更完全。此外，由于生成了无色的$Fe(HPO_4)_2^-$，消除了 Fe^{3+} 的黄色，有利于观察终点颜色的变化。

（2）化学需氧量（COD）的测定。在酸性介质中以重铬酸钾为氧化剂测定 COD 是目前应用最为广泛的方法。分析过程如下：于水样中加入$HgSO_4$消除Cl^- 的干扰，加入过量$K_2Cr_2O_7$标准溶液，在强酸性介质中，以Ag_2SO_4作催化剂，回流加热，待氧化作用完全后，以邻二氮菲亚铁为指示剂，用 Fe^{2+} 标准溶液滴定过量的 $K_2Cr_2O_7$。该法适用范围广泛，可用于污水中 COD 的测定。缺点是测定过程中带来 Cr^{3+}、Hg^{2+} 等有害物质的污染。

三、碘量法

碘量法是利用I_2的氧化性和I^- 的还原性来进行滴定的方法。固体I_2在水中的溶解度很小（0.001 33 mol·L^{-1}），故通常将I_2溶解在 KI 溶液中，以增加I_2的溶解度，此时I_2在溶液中以I_3^-形式存在，即

$$I_2 + I^- = I_3^-$$

为方便起见，I_3^-一般简写为I_2。

用I_3^-滴定时的半反应为

$$I_3^- + 2e^- \rightleftharpoons 3I^- \qquad \varphi^{\ominus} = 0.545\ V$$

I_2是较弱的氧化剂，能与较强的还原剂作用，而I^-是中等强度的还原剂，能与许多氧化剂作用。因此，碘量法分为直接碘量法和间接碘量法。

1. 直接碘量法

电极电位比φ_{I_2/I^-}低的还原性物质，可直接用I_2标准溶液滴定，这种方法叫做直接碘量法。例如，钢铁中硫的测定，试样在近 1 300℃的燃烧管中通O_2燃烧，使钢铁中的硫转化为SO_2，再用I_2滴定，其反应为

$$I_2 + SO_2 + 2H_2O = 2I^- + SO_4^{2-} + 4H^+$$

滴定时采用淀粉作指示剂，终点非常明显，用直接碘量法还可以测定As_2O_3、Sb^{3+}、Sn^{2+}等还原性物质。

应该指出，直接碘量法不能在碱性溶液中进行，否则会发生歧化反应：

$$3I_2 + 6OH^- = IO_3^- + 5I^- + 3H_2O$$

2. 间接碘量法

电极电位比φ_{I_2/I^-}高的氧化性物质，可以在一定条件下用I^-还原，然后用$Na_2S_2O_3$标准溶液滴定定量生成的 I_2，这种方法叫做间接碘量法。例如，$KMnO_4$在酸性溶液中与过量的 KI 作用定量生成I_2，其反应为

$$2MnO_4^- + 10I^- + 16H^+ = 2Mn^{2+} + 5I_2 + 8H_2O$$

定量生成的I_2用$Na_2S_2O_3$溶液滴定：

$$I_2 + 2S_2O_3^{2-} = 2I^- + S_4O_6^{2-}$$

间接碘量法可用于测定 Cu^{2+}、CrO_4^{2-}、$Cr_2O_7^{2-}$、IO_3^-、BrO_3^-、AsO_4^{3-}、SbO_4^{3-}、ClO^-、H_2O_2等氧化性物质。

在间接碘量法中，为了获得准确的结果，必须注意以下两点：

（1）控制溶液的酸度。在中性或弱酸性溶液中，$S_2O_3^{2-}$ 与 I_2 之间的反应很迅速、完全。但在碱性溶液中，I_2 与 $S_2O_3^{2-}$ 将发生下列反应：

$$S_2O_3^{2-} + 4I_2 + 10OH^- = 2SO_4^{2-} + 8I^- + 5H_2O$$

而且 I_2 在碱性溶液中会发生歧化反应。在强酸性溶液中，$Na_2S_2O_3$ 溶液会发生分解：

$$S_2O_3^{2-} + 2H^+ = SO_2 + S\downarrow + H_2O$$

而这些副反应均会引入误差。

（2）防止 I_2 的挥发和空气中的 O_2 氧化 I^-。配制碘溶液时一般加入过量的 KI，使 I_2 形成 I_3^- 减少其挥发。滴定时使用碘瓶，不要剧烈振动，以减少 I_2 的挥发。I^- 被空气氧化的反应随光照和酸度增高而加快。因此，在反应时，应置于暗处放置，滴定前调节好酸性，析出 I_2 后应立即进行滴定。此外，Cu^{2+}、NO_2^-、NO 等将催化氧化反应，应注意消除它们的影响。

3. 标准溶液的配制和标定

碘量法中经常使用的有 $Na_2S_2O_3$ 和 I_2 两种标准溶液，下面分别介绍这两种溶液的配制和标定方法。

（1）$Na_2S_2O_3$ 标准溶液的配制和标定。结晶 $Na_2S_2O_3 \cdot 5H_2O$ 含有杂质且易风化，不能用直接法配制标准溶液。配好的 $Na_2S_2O_3$ 溶液不稳定，受溶液中存在的微生物、CO_2 和空气中 O_2 的影响容易分解。此外，水中微量的 Cu^{2+} 或 Fe^{3+} 等也能促进 $Na_2S_2O_3$ 溶液的分解。

$$Na_2S_2O_3 \xrightarrow{\text{微生物}} Na_2SO_3 + S\downarrow$$

$$S_2O_3^{2-} + CO_2 + H_2O \longrightarrow HSO_3^- + HCO_3^- + S\downarrow$$

$$S_2O_3^{2-} + \frac{1}{2}O_2 \longrightarrow SO_4^{2-} + S\downarrow$$

因此，配制 $Na_2S_2O_3$ 溶液时，应用新煮沸并冷却了的蒸馏水，其目的在于杀灭细菌并除去水中的 CO_2 和 O_2。有时加入少量 Na_2CO_3（浓度约为 0.02%）使溶液呈弱碱性以抑制细菌的生长。溶液保存在棕色瓶中，以避免光线使 $Na_2S_2O_3$ 分解，使用一段时间后应重新标定。如果发现溶液变浑浊，应弃去重配。

$K_2Cr_2O_7$、KIO_3 等基准物质常用来标定 $Na_2S_2O_3$ 溶液的浓度。称取一定量的基准物，在酸性溶液中与过量 KI 作用定量析出 I_2，以淀粉为指示剂，用 $Na_2S_2O_3$ 溶液滴定定量生成的 I_2。反应如下：

$$Cr_2O_7^{2-} + 6I^- + 14H^+ = 2Cr^{3+} + 3I_2 + 7H_2O$$

或

$$IO_3^- + 5I^- + 6H^+ = 3I_2 + 3H_2O$$

$$I_2 + 2S_2O_3^{2-} = 2I^- + S_4O_6^{2-}$$

滴定至终点后，如果经过 5 min 以上溶液又出现蓝色，这是空气中的 O_2 氧化 I^- 所引起的，不影响分析结果。若滴至终点后很快又转变为蓝色，表示反应未完全（指 KI 与 $K_2Cr_2O_7$ 的反应），应另取溶液重新标定。

（2）I_2 标准溶液的配制和标定。用升华法制得的纯碘可以直接配制标准溶液。但由于碘的挥发性及对天平的腐蚀性，准确称量比较困难，故常用间接法配制。配制时将 I_2 溶于 KI 溶液，贮于棕色瓶中。

标定 I_2 溶液浓度时，可用已标定好的 $Na_2S_2O_3$ 标准溶液来标定，也可用 As_2O_3 来标定。

As_2O_3难溶于水，但可溶于碱溶液中，即

$$As_2O_3 + 6OH^- = 2AsO_3^{3-} + 3H_2O$$

AsO_3^{3-}与I_2的反应式为

$$AsO_3^{3-} + I_2 + H_2O \rightleftharpoons AsO_4^{3-} + 2I^- + 2H^+$$

这个反应是可逆的。在中性或微碱性溶液中（加入$NaHCO_3$，使溶液的pH = 8），反应能定量地向右进行。在酸性溶液中，则AsO_4^{3-}氧化I^-而析出I_2。注意As_2O_3为剧毒品，测定中应尽量避免使用。

4. 碘量法应用实例

（1）硫酸铜中铜的测定。Cu^{2+}和过量KI反应定量地生成I_2。反应如下：

$$2Cu^{2+} + 4I^- = 2CuI\downarrow + I_2$$

在本测定中，KI既是还原剂（将Cu^{2+}还原为Cu^+）、沉淀剂（将Cu^+沉淀为CuI），又是络合剂（将I_2络合为I_3^-）。生成的I_2以淀粉为指示剂，用$Na_2S_2O_3$标准溶液滴定。

CuI沉淀表面吸附I_2会使分析结果偏低。为了减少CuI对I_2的吸附，可在大部分I_2被$Na_2S_2O_3$溶液滴定后，加入NH_4SCN使CuI转化为溶解度更小的CuSCN，即

$$CuI + SCN^- = CuSCN\downarrow + I^-$$

CuSCN沉淀吸附I_2的倾向小，故可以减小误差。

测定铜矿中的铜时，试样常用HNO_3溶解，试样中某些杂质也可能会形成高价态化合物而进入溶液中，如Fe^{3+}、H_3AsO_4、H_3SbO_4及过量的HNO_3均可氧化I^-而干扰测定。因此应加浓H_2SO_4并加热至冒白烟以除去HNO_3及氮氧化物。加入NH_4F使Fe^{3+}生成稳定络合物消除其干扰。当pH >3.5时，H_3AsO_4和H_3SbO_4均不氧化I^-。用碘量法测定Cu^{2+}时一般控制溶液的pH = 3.5～4.0。

碘量法测定Cu^{2+}的方法简便、准确，常用于测定铜矿、铜合金、矿渣、电镀液中的铜质量分数。

（2）卡尔费休法测定微量水分。卡尔费休（Karl Fischer）法是碘量法在非水滴定中的一种应用。本法的滴定剂称为费休试剂，是由碘、二氧化硫和吡啶按一定比例溶于无水甲醇的混合溶液。Karl Fischer法的基本原理是利用I_2氧化SO_2时，需要定量的H_2O。反应式为

$$I_2 + SO_2 + 2H_2O \rightleftharpoons 2HI + H_2SO_4$$

利用此反应，可以测定很多有机物或无机物中的H_2O。但上述反应是可逆的，要使反应向右进行，需要加入适当的碱性物质以中和反应后生成的酸，采用吡啶可满足此要求。其反应为

$$C_5H_5N\cdot I_2 + C_5H_5N\cdot SO_2 + C_5H_5N + H_2O \longrightarrow 2C_5H_5N\cdot HI + C_5H_5N\cdot SO_3$$

生成的$C_5H_5N\cdot SO_3$不稳定，能与水发生副反应，消耗一部分水，因而干扰测定。其反应为

$$C_5H_5N\cdot SO_3 + H_2O \longrightarrow C_5H_5N\cdot H_2SO_4$$

当有甲醇存在时，可以防止上述副反应。其反应为

$$C_5H_5N\cdot SO_3 + CH_3OH \longrightarrow C_5H_5N\cdot HOSO_2OCH_3$$

滴定剂与水的总反应可表示为

$$I_2 + SO_2 + 3C_5H_5N + CH_3OH + H_2O \longrightarrow 2C_5H_5N\cdot HI + C_5H_5N\cdot HOSO_2OCH_3$$

费休试剂具有I_2的棕色，与H_2O反应时，棕色立即褪去。当溶液中出现棕色，即到达滴定终点。费休法属于非水滴定法，所以容器都须干燥。应注意，样品中若含有能与费休试剂

组分发生反应的物质如氧化剂、还原剂、碱性氧化物、氢氧化钠等均会干扰测定。

（3）维生素 C（抗坏血酸）的测定，是用碘直接滴定，即

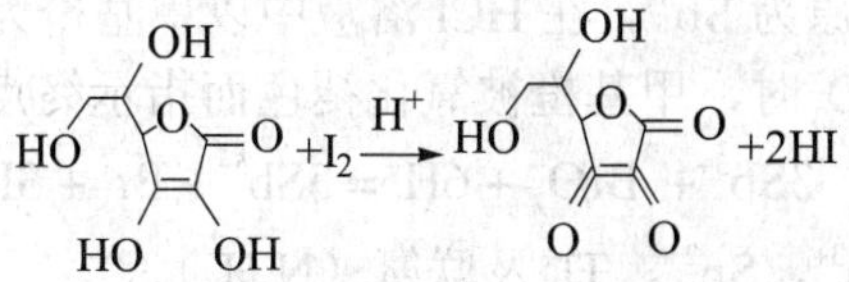

维生素 C 分子中的烯二醇基具有还原性，能被 I_2 定量地氧化成二酮基。用淀粉溶液作指示剂，临近终点时加入，微量过剩的 I_2 与淀粉生成深蓝色络合物。

四、其他氧化还原滴定法

1. 硫酸铈法（铈量法）

$Ce(SO_4)_2$ 是强氧化剂，其氧化性与 $KMnO_4$ 相近。在酸性溶液中，Ce^{4+} 与还原剂作用时，Ce^{4+} 被还原为 Ce^{3+}，半反应式为

$$Ce^{4+} + e^- = Ce^{3+} \qquad \varphi^\ominus = 1.61\ V$$

与高锰酸钾相比，$Ce(SO_4)_2$ 溶液具有以下特点：

（1）稳定，放置较长时间或加热煮沸也不易分解。

（2）可由提纯的硫酸铈铵［$Ce(SO_4)_2 \cdot (NH_4)_2SO_4 \cdot 2H_2O$］直接配制，也可由纯度较差的铈（Ⅳ）盐配成近似浓度后用 $Na_2C_2O_4$ 标定。

（3）可在较浓的 HCl 溶液中直接用 Ce^{4+} 滴定 Fe^{2+}，即

$$Ce^{4+} + Fe^{2+} = Ce^{3+} + Fe^{3+}$$

虽然 Cl^- 能还原 Ce^{4+}，但滴定时 Ce^{4+} 首先与 Fe^{2+} 反应，达到计量点后，才慢慢地与 Cl^- 起反应，故不影响滴定。

（4）Ce^{4+} 还原为 Ce^{3+} 时，只有一个电子的转移，不生成中间价态的产物，反应简单，副反应少。有机物（如乙醇、甘油、糖等）存在时，用 Ce^{4+} 滴定 Fe^{2+} 仍可得到良好的结果。

（5）用 Ce^{4+} 作滴定剂时，因 Ce^{4+} 呈黄色而 Ce^{3+} 无色，故 Ce^{4+} 本身可作为指示终点的指示剂，但灵敏度不高，一般采用邻二氮菲亚铁作指示剂。

（6）Ce^{4+} 极易水解生成碱式盐沉淀。配制 Ce^{4+} 溶液必须加酸，滴定也须在强酸溶液中进行。Ce^{4+} 不适用于在碱性或中性溶液中滴定。

2. 溴酸钾法

溴酸钾法是用 $KBrO_3$ 作氧化剂的滴定分析法。$KBrO_3$ 在酸性溶液中是一种强氧化剂，其半反应为

$$BrO_3^- + 6H^+ + 6e^- \rightleftharpoons Br^- + 3H_2O$$

$$\varphi^\ominus_{BrO_3^-/Br^-} = 1.44\ V$$

溴酸钾很容易从水溶液中结晶提纯，在 180℃烘干后可以直接配制标准溶液。$KBrO_3$ 溶液的浓度也可以用碘量法进行标定。在酸性溶液中，$KBrO_3$ 与过量 KI 作用生成定量的 I_2，其反应为

$$BrO_3^- + 6I^- + 6H^+ = Br^- + 3I_2 + 3H_2O$$

生成的 I_2 用 $Na_2S_2O_3$ 标准溶液滴定。

溴酸钾法可以用来直接测定能与 $KBrO_3$ 迅速反应的物质。例如，测定矿石中锑的含量，可将矿样溶解，将 Sb^{5+} 还原为 Sb^{3+}，在 HCl 溶液中以甲基橙为指示剂，用 $KBrO_3$ 标准溶液滴定至溶液有微过量的 $KBrO_3$ 时，甲基橙被氧化褪色而指示终点。反应为

$$3Sb^{3+} + BrO_3^- + 6H^+ = 3Sb^{5+} + Br^- + 3H_2O$$

此法还可用来直接测定 As^{3+}、Sn^{2+}、Tl^+ 及联氨（N_2H_4）等。

溴酸钾法常与碘量法配合使用，即一定量过量的 $KBrO_3$ 标准溶液与待测物反应，过量的 $KBrO_3$ 在酸性溶液中与 KI 作用，生成的 I_2 用 $Na_2S_2O_3$ 标准溶液滴定。这种间接溴酸钾法在有机物分析中应用较多。特别是利用 Br_2 的取代反应可测定许多芳香族化合物。例如，苯酚的测定就是利用苯酚与溴的反应：

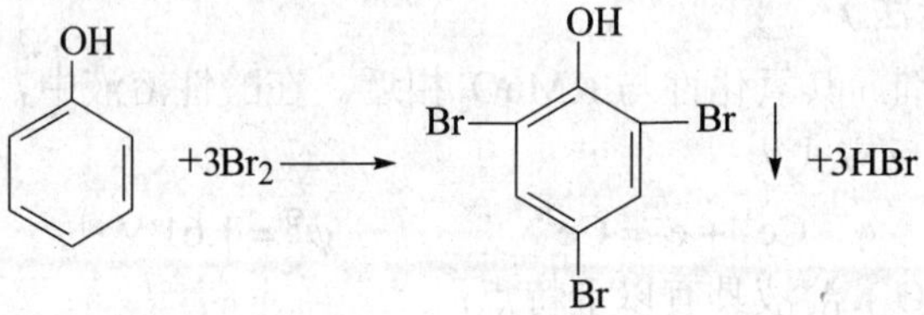

测定时，在苯酚试液中加入一定量过量的 $KBrO_3$-KBr 标准溶液，以 HCl 溶液酸化后，$KBrO_3$ 与 KBr 反应产生一定量的游离 Br_2，此 Br_2 与苯酚进行上述反应。待反应完成后，使过量的 Br_2 与 KI 作用生成定量的 I_2，再用 $Na_2S_2O_3$ 标准溶液滴定。从加入的 $KBrO_3$ 量中减去剩余量，即可计算出试样中苯酚的质量分数。

应用相同方法还可测定甲酚、间苯二酚及苯胺等。

思 考 题

1. 氧化还原反应的实质是什么？有什么特点？条件电极电位的含义及在氧化还原滴定中的意义如何？

2. 氧化还原滴定的主要依据是什么？它与酸碱滴定法、络合滴定方法有什么异同点？应用氧化还原滴定法可以测定哪些物质？

3. 如何判断一个氧化还原反应能否进行完全？

4. 是否平衡常数大的氧化还原反应就能应用于氧化还原滴定中？为什么？

5. 能用于氧化还原滴定法的反应应具备哪些主要条件？

6. 影响氧化还原反应速度的主要因素有哪些？如何加速反应的完成？在分析中是否都能利用加热的办法来加速反应的进行？为什么？

7. 氧化还原滴定常用的指示剂有哪些？各用于哪种氧化还原滴定法中？如何判断滴定终点？

8. 氧化还原指示剂的变色原理及其选择原则与酸碱指示剂有何异同？

9. 常用的氧化还原滴定法有哪些？各种方法的原理及特点是什么？

10. 解释下列现象。

（1）$\varphi^{\ominus}_{I_2/I^-}$ (0.53 V) > $\varphi^{\ominus}_{Cu^{2+}/Cu^+}$ (0.159 V)，但是 Cu^{2+} 却能将 I^- 氧化为 I_2。

（2）Fe^{2+} 的存在加速 $KMnO_4$ 氧化 Cl^- 的反应。

（3）以 $KMnO_4$ 滴定 $C_2O_4^{2-}$ 时，$KMnO_4$ 的红色消失速度由慢到快。

（4）于 $K_2Cr_2O_7$ 标准溶液中，加入过量 KI，以淀粉为指示剂，用 $Na_2S_2O_3$ 溶液滴定至终点时，溶液由蓝色变为绿色。

11. 配平下列各反应式，并指出反应中氧化剂和还原剂的基本单元。

（1）$I_2 + Na_2S_2O_3 \longrightarrow NaI + Na_2S_4O_6$

（2）$FeSO_4 + K_2Cr_2O_7 + H_2SO_4 \longrightarrow Fe_2(SO_4)_3 + Cr_2(SO_4)_3 + K_2SO_4 + H_2O$

（3）$Na_2C_2O_4 + KMnO_4 + H_2SO_4 \longrightarrow Na_2SO_4 + MnSO_4 + CO_2 + K_2SO_4 + H_2O$

12. 指出下列反应中有机物的基本单元。

（1）乙醛与 $NaHSO_3$ 定量反应，过量的 $NaHSO_3$ 用 I_2 溶液滴定。

$$CH_3CHO + NaHSO_3 = CH_3CH_2(OH)SO_3Na$$

$$NaHSO_3 + I_2 + H_2O = NaHSO_4 + 2HI$$

（2）苯酚与 Br_2 发生溴代反应，过量的 Br_2 用碘量法测定。

习　题

1. 用 KIO_3 作基准物标定 $Na_2S_2O_3$ 溶液。称取 0.150 0 g KIO_3 与过量的 KI 作用，生成的碘用 $Na_2S_2O_3$ 溶液滴定，用去 24.00 mL。试计算 $Na_2S_2O_3$ 溶液的浓度。

（0.175 2 mol · L^{-1}）

2. 将 0.160 2 g 石灰石试样溶解在 HCl 溶液中，加入沉淀剂将钙沉淀为 CaC_2O_4，沉淀过滤洗涤后溶于稀 H_2SO_4 中，用 0.024 06 mol · L^{-1} 的 $KMnO_4$ 溶液滴定，用去 20.70 mL。试计算石灰石中 $CaCO_3$ 的质量分数。

（77.80%）

3. 称取铜矿试样 0.600 0 g，经处理后用 $Na_2S_2O_3$ 标准溶液滴定，用去 20.00 mL。已知 1 mL $Na_2S_2O_3$ 相当于 0.004 175 g $KBrO_3$。试计算试样中 Cu 和 Cu_2O 的质量分数。

（31.71%；35.77%）

4. 将 0.500 0 g 铬铁矿样品经 Na_2O_2 熔融后使其中的 Cr^{3+} 氧化为 $Cr_2O_7^{2-}$，然后加入 10 mL 3 mol · L^{-1} H_2SO_4 及 50.00 mL 0.120 0 mol · L^{-1} 硫酸亚铁铵溶液处理，过量的 Fe^{2+} 需要 15.05 mL $K_2Cr_2O_7$（1 mL $K_2Cr_2O_7$ 相当于 0.006 000 g Fe）溶液氧化。试计算试样中 Cr 和 Cr_2O_3 的质量分数。

（15.19%；22.21%）

5. 称取含 KI 的试样 1.000 g，溶于水，加 10.00 mL 0.050 00 mol · L^{-1} KIO_3 溶液反应后，煮沸除去生成的 I_2。冷却后加入过量 KI 溶液使之与剩余的 KIO_3 反应，生成的 I_2 用 0.100 8 mol · L^{-1} $Na_2S_2O_3$ 溶液滴定，用去 21.14 mL。试计算试样中 KI 的质量分数。

（12.02%）

6. 某硅酸盐试样 1.000 g，用重量法测得（$Fe_2O_3 + Al_2O_3$）的总量为 0.500 0 g，将沉淀溶解在酸性溶液中，并将 Fe^{3+} 还原为 Fe^{2+}，然后用 0.030 00 mol · L^{-1} $K_2Cr_2O_7$ 溶液滴定，用去 25.00 mL。试计算试样中 FeO 和 Al_2O_3 的质量分数。

（32.33%；17.67%）

7. 测定血液中的钙时，常将钙以 CaC_2O_4 的形式完全沉淀，过滤洗涤后溶于硫酸中，然后用 $KMnO_4$ 溶液滴。现移取 2.00 mL 血液并稀释至 50.00 mL，移取此稀释溶液 20.00 mL，按上述方法处理后，用 0.002 000 $mol \cdot L^{-1}$ $KMnO_4$ 溶液滴定至终点，用去 2.45 mL，试计算血液中钙的浓度。

（0.015 3 $mol \cdot L^{-1}$）

8. 称取苯酚试样 0.418 4 g，用 NaOH 溶液溶解后，定量转移至 250 mL 量瓶中并用水稀释至刻度。移取此溶液 25.00 mL 于碘瓶中，加溴液（$KBrO_3$ + KBr）25.00 mL、盐酸和 KI。定量生成的 I_2 用 0.110 0 $mol \cdot L^{-1}$ $Na_2S_2O_3$ 标准溶液滴定，用去 20.02 mL。另移取溴液 25.00 mL 做空白试验，用去 $Na_2S_2O_3$ 标准溶液 40.20 mL。试计算试样中苯酚的质量分数。

（83.22%）

第7章　沉淀滴定法

第 7 章　沉淀滴定法

沉淀滴定法（precipitation titration）是以沉淀反应为基础的一种滴定分析方法。并不是所有的沉淀反应都能用于滴定分析，有些沉淀反应由于沉淀组成不恒定、溶解度较大易形成饱和溶液、共沉淀等原因，不能用于沉淀滴定。

能够用于滴定的沉淀反应必须满足以下条件：

（1）沉淀反应必须迅速、定量地进行；

（2）生成的沉淀应具有恒定的组成，而且溶解度很小，不易形成过饱和溶液；

（3）能够用适当的方法确定滴定的终点；

（4）沉淀的吸附现象不妨碍终点的确定。

由于上述条件的限制，能用于沉淀滴定法的反应并不多。目前在生产实践中有实际意义的沉淀反应是生成微溶性银盐 AgX 的反应。以生成难溶性银盐反应为基础的沉淀滴定法叫银量法（aregentometric method）。银量法可以用于测定 Cl^-、Br^-、I^-、Ag^+、CN^-、SCN^-等离子。

银量法分为直接法和间接法。直接法是用 $AgNO_3$ 标准溶液直接滴定被沉淀的物质。间接法是先在待测定试液中加入定量、过量的 $AgNO_3$ 标准溶液，再用 NH_4SCN 标准溶液来滴定剩余的 $AgNO_3$ 溶液。

7.1　银量法的基本原理

1. 滴定曲线

沉淀滴定法在滴定过程中的溶液离子浓度（或其负对数）的变化情况也可以用滴定曲线表示。以 0.100 0 mol·L^{-1} $AgNO_3$ 溶液滴定 20.00 mL 0.100 0 mol·L^{-1} NaCl 溶液为例。

（1）滴定开始前：

$$[Cl^-]=0.100\,0\ \text{mol}\cdot\text{L}^{-1},\ \text{pCl}=-\lg 0.100\,0=1.00$$

（2）滴定开始至化学计量点前：溶液中的氯离子浓度取决于剩余的氯化钠的浓度。例如，加入 $AgNO_3$ 溶液 19.98 mL 时，

$$[Cl^-]=\frac{0.100\,0\times 0.02}{20.00+19.98}=5.0\times 10^{-5}\ (\text{mol}\cdot\text{L}^{-1}),\ \text{pCl}=4.30$$

$[Ag^+]$可采用溶度积计算：

$$[Ag^+]=\frac{K_{sp}}{[Cl^-]}=\frac{1.8\times 10^{-10}}{5.0\times 10^{-5}}=3.6\times 10^{-6}\ (\text{mol}\cdot\text{L}^{-1}),\ \text{pAg}=5.44$$

（3）化学计量点时：$[Ag^+]=[Cl^-]$，可采用溶度积计算两者的浓度为

$$K_{sp}=[Ag^+][Cl^-]=1.8\times 10^{-10}$$

$$[Ag^+]=[Cl^-]=1.3\times 10^{-5}\ \text{mol}\cdot\text{L}^{-1}$$

$$\text{pAg}=\text{pCl}=4.89$$

（4）化学计量点后：溶液的 Ag^+ 浓度由过量的 $AgNO_3$ 浓度决定，当加入 $AgNO_3$ 溶液 20.02 mL

时（过量 0.02 mL），则$[Ag^+]=5.0\times10^{-5}\ mol\cdot L^{-1}$，因此，pAg＝4.30，pCl＝9.74－4.30＝5.54。

按照上述计算方法可以计算出滴定中任意一点 pCl 和 pAg。将计算数据列于表 7-1 并绘制滴定曲线如图 7-1 所示。

表 7-1　以 0.100 0 $mol\cdot L^{-1}$ $AgNO_3$ 溶液滴定 20.00 mL 0.100 0 $mol\cdot L^{-1}$ NaCl 溶液或 0.100 0 $mol\cdot L^{-1}$ KBr 溶液时 pAg 和 pCl 或 pBr 的变化

加入 0.1 $mol\cdot L^{-1}$ $AgNO_3$ 溶液量		滴定 Cl^-		滴定 Br^-	
mL	%	pCl	pAg	pBr	pAg
0	0	1.0		1.0	
18.00	90.0	2.3	7.5	2.3	10.0
19.80	99.0	3.3	6.5	3.3	9.0
19.98	99.9	4.3	5.5	4.3	8.0
20.00	100.0	4.9	4.9	6.2	6.2
20.02	100.1	5.5	4.3	8.0	4.3
20.20	101.0	6.5	3.3	9.0	3.3
22.00	110.0	7.5	2.3	10.0	2.3

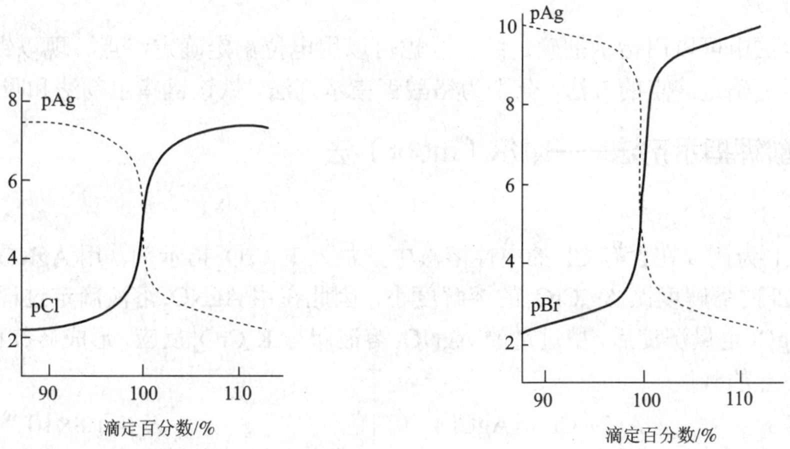

图 7-1　$AgNO_3$ 溶液（0.100 0 $mol\cdot L^{-1}$）滴定 NaCl 溶液（0.100 0 $mol\cdot L^{-1}$）（左）或 KBr 溶液（0.100 0 $mol\cdot L^{-1}$）（右）的滴定曲线

滴定曲线有以下特点：

（1）pX 与 pAg 两条曲线以化学计量点对称。这表示随着滴定的进行，溶液中 Ag^+ 浓度增加时，X^- 浓度以相同的比例减小；而化学计量点时，两种离子浓度相等，即两条曲线在化学计量点相交。

（2）与酸碱滴定曲线相似，滴定开始时溶液中 X^- 浓度较大，滴入 Ag^+ 所引起的 X^- 浓度改变不大，曲线比较平坦；近化学计量点时，溶液中 X^- 浓度已很小，再滴入少量 Ag^+ 即引起 X^- 浓度发生很大变化而形成突跃。

（3）突跃范围的大小取决于沉淀的溶度积常数 K_{sp} 和溶液的浓度。K_{sp} 越小，突跃范围越大。如 $K_{sp}(AgI) < K_{sp}(AgBr) < K_{sp}(AgCl)$，所以相同浓度的 Cl^-、Br^- 和 I^- 与 Ag^+的滴定曲线上，突跃范围是 I^- 的最大，Cl^- 的最小，若溶液的浓度较低，则突跃范围变小，这与酸碱滴定法相同。

2. 分步滴定

溶液中如果同时含有 Cl^-、Br^- 和 I^- 时，由于 AgI、AgBr、AgCl 的溶度积差别较大，当浓度差别不太大时，可利用分步滴定的原理，用 $AgNO_3$ 溶液连续滴定，测出它们各自的质量分数。溶度积最小的 AgI 被最先滴定，AgCl 被最后滴定。在滴定曲线上显示出 3 个突跃，如图 7-2 所示。但是，由于卤化银沉淀的吸附和生成混晶的作用，常会引起误差。因此，实际的滴定结果往往并不理想。

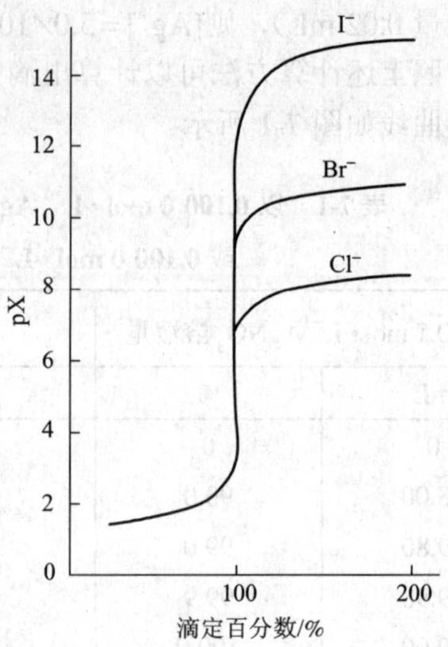

图 7-2　$AgNO_3$ 溶液滴定 Cl^-、Br^- 和 I^- 的滴定曲线

7.2　银量法滴定终点的确定

沉淀滴定法中可以用指示剂确定终点，也可以用电位滴定确定终点。现以银量法为例，介绍三种指示剂确定终点的方法，分别为铬酸钾指示剂法、铁铵钒指示剂法和吸附指示剂法。

一、铬酸钾指示剂法——摩尔（mohr）法

1. 原理

以测定 Cl^-为例，在含有 Cl^-的中性溶液中，加入 K_2CrO_4 指示剂，用 $AgNO_3$ 标准溶液滴定。由于 AgCl 的溶解度比 Ag_2CrO_4 的溶解度小，因此在用 $AgNO_3$ 溶液滴定过程中，AgCl 首先沉淀，待 AgCl 定量沉淀后，稍过量的 $AgNO_3$ 溶液即与 K_2CrO_4 反应，形成砖红色的 Ag_2CrO_4 沉淀，指示终点的到达。

滴定反应　　$Ag^+ + Cl^- = AgCl\downarrow$（白色）　　$K_{sp} = 1.8\times10^{-10}$

滴定终点反应　　$2Ag^+ + CrO_4^{2-} = Ag_2CrO_4\downarrow$（砖红色）　　$K_{sp} = 1.2\times10^{-12}$

2. 滴定注意事项

（1）滴定应在中性或弱碱性（pH＝6.5～10.5）溶液中进行。在酸性下，CrO_4^{2-} 将与 H^+作用生成 $Cr_2O_7^{2-}$，因而降低了 CrO_4^{2-} 的浓度，影响 Ag_2CrO_4 沉淀的生成。

$$2H^+ + 2CrO_4^{2-} \rightleftharpoons 2HCrO_4^- \rightleftharpoons Cr_2O_7^{2-} + H_2O$$

在强碱性溶液中，会生成 Ag_2O 沉淀。若溶液酸性强，可先用 $NaHCO_3$、$CaCO_3$、$Na_2B_4O_7$ 等试剂中和；若溶液碱性强，可先用稀 H_2SO_4 溶液中和至甲基红变橙色，再滴加稀 NaOH 至橙色变黄，然后再滴定。

（2）指示剂 K_2CrO_4 的用量对于指示终点有较大影响。CrO_4^{2-} 浓度过高或过低，Ag_2CrO_4 沉淀的析出就会过早或过迟，会产生一定的终点误差，因此要求 Ag_2CrO_4 沉淀应该恰好在滴

定反应的化学计量点时产生，从理论上可以计算出化学计量点时所需要的 CrO_4^{2-} 浓度。即

$$[Ag^+]=[Cl^-]=\sqrt{K_{sp,AgCl}}=\sqrt{1.8\times10^{-10}}=1.3\times10^{-5}\ (mol\cdot L^{-1})$$

$$[CrO_4^{2-}]=\frac{K_{sp,Ag_2CrO_4}}{[Ag^+]^2}=\frac{2.0\times10^{-12}}{(1.3\times10^{-5})^2}=1.2\times10^{-2}\ (mol\cdot L^{-1})$$

在滴定时，由于 K_2CrO_4 显黄色，当其浓度较高时颜色较深，不易判断砖红色沉淀的出现，因此指示剂的浓度以略低一些为好，一般滴定溶液中 CrO_4^{2-} 浓度约为 5×10^{-3} $mol\cdot L^{-1}$。K_2CrO_4 浓度降低后，要使 Ag_2CrO_4 沉淀析出，必须多加一些 $AgNO_3$ 溶液。这样滴定剂就过量了，终点将在化学计量之后出现，但由于产生的终点误差一般都小于 0.1%，可以认为不影响分析结果的准确度。但是，溶液浓度较低时就会影响分析结果的准确度。在这种情况下，通常需要以指示剂的空白值对测定结果进行校正。

（3）摩尔法能测定 Cl^- 和 Br^-，但不适用于测定 I^- 和 SCN^-。因为 AgI 或 AgSCN 沉淀强烈地吸附 I^- 或 SCN^-，使终点提前且终点变化不明显。在测定 Cl^- 或 Br^- 时因存在 AgCl 或 AgBr 沉淀吸附溶液中过量的 Cl^- 或 Br^- 的现象，故滴定时必须剧烈摇动，使被吸附的离子释出。AgBr 吸附 Br^- 比 AgCl 吸附 Cl^- 严重，滴定时更要注意剧烈摇动，否则会引入较大误差。

（4）摩尔法不能在含有氨或其他能与 Ag^+ 生成络合物的物质存在下滴定，否则会增大 AgCl 和 Ag_2CrO_4 的溶解度，影响测定结果。

（5）摩尔法选择性差，溶液中凡能与 Ag^+ 产生沉淀的阴离子如 PO_4^{3-}、AsO_3^{3-}、CO_3^{2-}、S^{2-}、$C_2O_4^{2-}$ 等，能与 CrO_4^{2-} 生成沉淀的阳离子如 Ba^{2+}、Pb^{2+} 等，以及在中性或弱碱性溶液中发生水解的离子如 Fe^{3+}、Al^{3+}、Sn^{4+} 等，对测定都有干扰，应预先将其分离。

3. 应用范围

摩尔法主要用于 Cl^-、Br^- 和 CN^- 的测定，不适于测定 I^- 和 SCN^-，也不适于用 NaCl 标准溶液直接滴定 Ag^+。这是因为在 Ag^+ 试液中加入 K_2CrO_4 指示剂，将立即生成大量的 Ag_2CrO_4 沉淀，在用 NaCl 标准溶液滴定时，Ag_2CrO_4 沉淀转变为 AgCl 沉淀的速度极慢，使终点推迟。因此，如用铬酸钾指示剂法测定 Ag^+ 必须采用返滴定法，即先加入一定量且过量的 NaCl 标准溶液，然后加入指示剂，用 $AgNO_3$ 标准溶液返滴定剩余的 Cl^-。

二、铁铵矾指示剂法——佛尔哈德（volhard）法

以铁铵矾 $[NH_4Fe(SO_4)_2\cdot12H_2O]$ 为指示剂的银量法称为佛尔哈德法。本法分为直接滴定法和返滴定法。

1. 原理

（1）直接滴定法。在 HNO_3 介质中，以铁铵矾为指示剂，用 NH_4SCN 标准溶液滴定溶液中的 Ag^+。滴定中生成 AgSCN 白色沉淀。当 AgSCN 定量沉淀后，稍过量的 SCN^- 与铁铵矾中的 Fe^{3+} 反应生成红色 $FeSCN^{2+}$ 络合物指示终点的到达。滴定反应和滴定终点反应分别为

滴定反应　　$Ag^+ + SCN^- = AgSCN\downarrow$（白色）　　$K_{sp}=1.0\times10^{-12}$

滴定终点反应　　$Fe^{3+} + SCN^- = FeSCN^{2+}$（红色）　　$K=138$

滴定时溶液的酸度一般控制在 0.1～1 $mol\cdot L^{-1}$，若酸度过低，Fe^{3+} 易于水解。终点时 Fe^{3+} 的浓度一般控制在 0.015 $mol\cdot L^{-1}$，若浓度过大时，Fe^{3+} 的黄色会干扰终点的观察。由于 AgSCN 沉淀要吸附溶液中的 Ag^+，使 Ag^+ 浓度降低，SCN^- 浓度增加，终点提前。因此滴定过程中需

剧烈摇动，使被吸附的 Ag^+释出。

（2）返滴定法。在含有卤素离子的 HNO_3 溶液中，加入定量且过量的 $AgNO_3$ 标准溶液，以铁铵矾作指示剂，用 NH_4SCN 标准溶液返滴过量的 $AgNO_3$。滴定反应和滴定终点反应分别为

滴定前反应　　$Ag^+ + X^- = AgX\downarrow$

滴定反应　　Ag^+（剩余量）$+ SCN^- = AgSCN\downarrow$

滴定终点反应　　$Fe^{3+} + SCN^- = FeSCN^{2+}$（红色）

由于滴定是在硝酸介质中进行，一些弱酸盐如 PO_4^{3-}、AsO_3^{3-}、S^{2-} 等都不干扰卤素离子的测定，因此本法选择性高。

由于 AgSCN 的溶解度小于 AgCl 的溶解度，在临近终点时，加入的 SCN^-可能会与 AgCl 作用，使 AgCl 转化为 AgSCN，即

$$AgCl + SCN^- = AgSCN\downarrow + Cl^-$$

如果剧烈摇动溶液，反应将不断向右进行，直至达到平衡。显然，到达终点时，已多消耗一部分 NH_4SCN 标准溶液，引起较大的滴定误差。

为了避免上述误差，通常可采取以下措施：

（1）试液中加入一定量的 $AgNO_3$ 标准溶液之后，将溶液煮沸，使 AgCl 凝聚以减少 AgCl 沉淀对 Ag^+的吸附。滤去沉淀，并用稀 HNO_3 充分洗涤沉淀，洗涤液并入滤液中，然后用 NH_4SCN 标准溶液返滴滤液中过量的 Ag^+。

（2）试液中加入一定量的 $AgNO_3$ 标准溶液之后，再加入硝基苯 1～2 mL。在剧烈振摇后，AgCl 沉淀进入硝基苯层中，不再与滴定溶液接触，可以避免 SCN^-与 AgCl 沉淀发生转化反应。硝基苯具有毒性，使用时要注意。

（3）提高 Fe^{3+}的浓度（如浓度为 0.2 $mol\cdot L^{-1}$），可以减小终点时 SCN^-的浓度，从而减小上述误差。

2. 滴定条件

滴定应在 HNO_3 溶液中进行，一般控制酸度为 0.3～1 $mol\cdot L^{-1}$。若酸度较低，则因 Fe^{3+}水解生成颜色较深的$[Fe(H_2O)_5OH]^{2+}$络合物而影响终点的观察，甚至产生沉淀而失去指示剂的作用。

3. 应用范围

采用直接法可以测定 Ag^+等，采用返滴定法可以测定 Cl^-、Br^-、I^-、SCN^-等离子。

三、吸附指示剂法——法扬司（Fajans）法

用吸附指示剂指示终点的银量法称为法扬司法。吸附指示剂的种类很多，常用吸附指示剂见表 7-2。

荧光黄、二氯荧光黄、曙红结构式如下

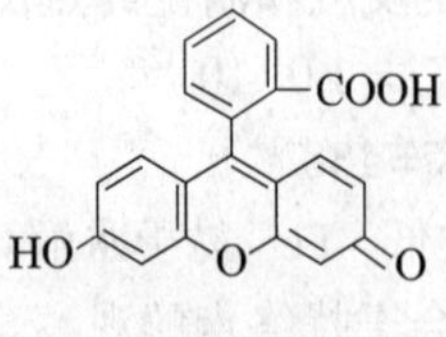

荧光黄

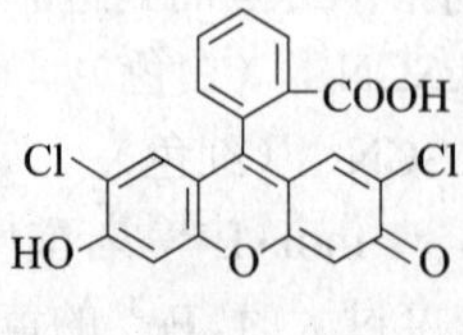

二氯荧光黄

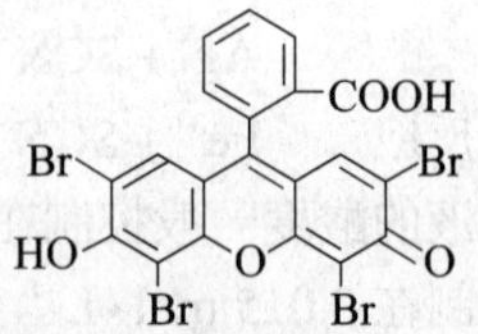

四溴荧光红（曙红）

表 7-2　常用的吸附指示剂

指示剂名称	待测离子	滴定剂	适用的 pH 范围
荧光黄	Cl^-	Ag^+	7～10（一般为 7～8）
二氯荧光黄	Cl^-	Ag^+	4～6（一般为 5～8）
曙红	Br^-，I^-，SCN^-	Ag^+	2～10（一般为 3～8）
甲基紫	SO_4^{2-}，Ag^+	Ba^{2+}，Cl^-	1.5～3.5
溴酚蓝	Hg_2^{2+}	Cl^-，Br^-	酸性溶液
罗丹明 6G	Ag^+	Br^-	酸性溶液

1. 原理

吸附指示剂是一些有机染料，其阴离子在溶液中容易被带正电荷的胶状沉淀所吸附，吸附后因结构的改变引起颜色的变化而指示滴定终点。

例如，以荧光黄作指示剂，用 $AgNO_3$ 滴定 Cl^-。荧光黄是一种有机弱酸（以 HFIn 表示），在溶液中它可离解为荧光黄阴离子 FIn^-（呈黄绿色）。在化学计量点之前，溶液中 Cl^- 过量，这时 AgCl 沉淀胶粒吸附 Cl^- 而带负电荷，FIn^- 因受排斥而不被吸附，溶液呈黄绿色。在化学计量点后，稍过量的 $AgNO_3$ 使得 AgCl 沉淀胶粒吸附 Ag^+ 而带正电荷。这时溶液中的 FIn^- 被吸附，溶液由黄绿色变成粉红色，指示终点的到达。可以用下述简式表示此过程：

$$\underset{(\text{黄绿色})}{AgCl \cdot Ag^+ + FIn^-} \xrightarrow{\text{吸附}} \underset{(\text{粉红色})}{AgCl \cdot Ag^+ | FIn^-}$$

2. 滴定注意事项

（1）由于颜色变化发生在沉淀微粒表面，为使终点变色明显，应尽可能增大沉淀的比表面。为此，常加入糊精、淀粉等高分子化合物作为保护胶体，阻止 AgCl 沉淀凝聚，使其保持胶体状态，具有较大的表面积。

（2）溶液的酸度要适度。常用的吸附指示剂大多是有机弱酸，为使指示剂呈阴离子状态，须控制适宜的酸度。常用吸附指示剂的适宜 pH 范围见表 7-2。例如荧光黄 ($pK_a = 7$)，以荧光黄作用指示剂时，溶液的 pH 应为 7～10。

（3）滴定中应避免强光照射。卤化银沉淀对光敏感，遇光易分解析出金属银，使沉淀很快转变为灰黑色，影响终点观察。

（4）胶体微粒对指示剂离子的吸附能力应略小于对待测定离子的吸附能力，否则指示剂将在化学计量点前变色，但如果吸附能力太差，终点会推迟。卤化银对卤化物和几种吸附指示剂的吸附能力次序如下：

$$I^- > SCN^- > Br^- > \text{曙红} > Cl^- > \text{荧光黄}$$

因此，滴定 Cl^- 时不能用曙红做指示剂，而应选荧光黄。

（5）溶液中被滴定的离子浓度不能太低。因为浓度太低时，沉淀很少，观察终点比较困难。例如以荧光黄作指示剂，用 $AgNO_3$ 溶液滴定 Cl^- 时，Cl^- 浓度要求在 0.005 $mol \cdot L^{-1}$ 以上，但滴定 Br^-、I^-、SCN^- 等时灵敏度稍高，浓度低至 0.001 $mol \cdot L^{-1}$ 时仍可准确滴定。

3. 应用范围

吸附指示剂法可用于 Cl^-、Br^-、I^-、SCN^-、Ag^+ 及 SO_4^{2-} 等离子的测定。

综上所述，上述三种指示剂法的测定原理、条件和应用各有异同，见表 7-3。

表 7-3　铬酸钾指示剂法、铁铵矾指示剂法和吸附指示剂法的测定原理和应用

	铬酸钾指示剂法	铁铵矾指示剂法	吸附指示剂法
指示剂	K_2CrO_4	Fe^{3+}	吸附指示剂
滴定剂	$AgNO_3$	SCN^-	Cl^- 或 $AgNO_3$
滴定反应	$Ag^+ + Cl^- = AgCl\downarrow$	$SCN^- + Ag^+ = AgSCN\downarrow$	$Cl^- + Ag^+ = AgCl\downarrow$
指示反应	$2Ag^+ + CrO_4^{2-} = Ag_2CrO_4\downarrow$（砖红色）	$SCN^- + Fe^{3+} = FeSCN^{2+}$（红色）	$AgCl \cdot Ag^+ + FIn^- =$ $AgCl \cdot Ag^+ \mid FIn^-$（粉红色）
酸度	$pH = 6.5 \sim 10.5$	$0.1 \sim 1\ mol \cdot L^{-1}\ HNO_3$ 介质	与指示剂的 K_a 有关，使其以 FIn^- 型体存在
测定对象	Cl^-，CN^-，Br^-	直接测定法测 Ag^+；返滴定法测 Cl^-，Br^-，I^-，SCN^- 等	Cl^-，Br^-，SCN^-，SO_4^{2-} 和 Ag^+ 等

7.3　标准溶液的配制与标定

1. $AgNO_3$ 标准溶液

可采用基准 $AgNO_3$ 用直接法配制标准溶液。例如，采用与测定相同的方法，用 NaCl 基准物进行标定，则可以消除方法的系统误差。

配制 $AgNO_3$ 溶液所用的蒸馏水应不含 Cl^-。$AgNO_3$ 溶液见光容易分解，应保存于棕色瓶中。

NaCl 易吸潮，使用前要在 500～600℃下干燥。也可将 NaCl 置于洁净的瓷坩埚中，加热至不再有爆破声为止。

2. NH_4SCN 标准溶液

市售的 NH_4SCN 试剂含杂质较多，不符合基准物要求，不能用直接法配制，可用 $AgNO_3$ 标准溶液按佛尔哈德法的直接滴定法进行标定。

7.4　银量法的应用

1. 可溶性氯化物中氯的测定

测定可溶性氯化物中氯的质量分数，可按照用 NaCl 标定 $AgNO_3$ 溶液的方法进行。

采用摩尔法进行测定时，必须控制溶液的 pH 在 6.0～10.5 的范围内。

如果试样中含有 PO_4^{3-}、AsO_4^{3-} 等与 Ag^+ 生成沉淀的阴离子，则必须在酸性条件下，用佛尔哈德法测定，这样可以避免干扰。

2. 有机卤化物中卤素的测定

有机化合物所含卤素多通过共价键结合，须经适当处理，使其转化为卤离子后，才能用银量法测定。

以农药“666”（六氯环己烷（$C_6H_6Cl_6$）的简称）为例。通常是将 $C_6H_6Cl_6$ 试样与 KOH 的乙醇溶液一起加热回流煮沸，使有机氯以 Cl^- 形式转入溶液，即

$$C_6H_6Cl_6 + 3OH^- = C_6H_3Cl_3 + 3Cl^- + 3H_2O$$

溶液冷却后，用 HNO_3 调至酸性，用佛尔哈德法测定释放出来的 Cl^- 的质量分数。

3. 银合金中银的测定

将试样溶于 HNO_3 制成溶液：

$$Ag + NO_3^- + 2H^+ = Ag^+ + NO_2\uparrow + H_2O$$

试样溶解之后，必须煮沸以除去氮的低价氧化物，以免与 SCN^- 作用生成红色化合物，影响终点的观察，即

$$HNO_2 + SCN^- + H^+ = \underset{(红色)}{NOSCN} + H_2O$$

在制得的试液中，加入铁铵矾指示剂，用 NH_4SCN 标准溶液滴定。

思　考　题

1. 试述银量法指示剂的作用原理，并与酸碱滴定法进行比较。

2. 用银量法测定下列试样中 Cl^- 质量分数时，选用哪种指示剂指示终点较为合适？

（1）NH_4Cl；（2）$BaCl_2$；（3）$FeCl_2$；（4）$NaCl + Na_3PO_4$；（5）$NaCl + Na_2SO_4$

3. 说明用下述方法进行测定是否会引入误差，如有误差，则指出偏高还是偏低。

（1）中性溶液中，用摩尔法测定 Br^-；

（2）在 pH = 8 时用摩尔法测定 KI 溶液中的 I^-；

（3）用摩尔法测定 Cl^-，但配制的 K_2CrO_4 指示剂溶液浓度过低；

（4）用佛尔哈德法测定 Cl^-，但没有加硝基苯。

4. 试讨论摩尔法的局限性。

5. 为什么用佛尔哈德法测定 Cl^- 时引入误差的几率比测定 Br^- 或 I^- 时要大？

6. 为了使终点颜色变化明显，使用吸附指示剂应注意哪些问题？

习　题

1. 称取 0.135 7 g NaCl，溶解后加入 30.00 mL $AgNO_3$ 溶液，过量的 $AgNO_3$ 用 NH_4SCN 溶液滴定至终点，消耗了 2.50 mL。已知滴定 20.00 mL $AgNO_3$ 溶液需要 19.85 mL NH_4SCN 溶液。试计算 $AgNO_3$ 溶液和 NH_4SCN 溶液的浓度。

（0.084 49 mol·L^{-1}；0.085 13 mol·L^{-1}）

2. 称取含氯化物的试样 0.226 6 g，溶解后加入 30.00 mL 0.112 1 mol·L^{-1} $AgNO_3$ 溶液，然后用 0.115 8 mol·L^{-1} 的 NH_4SCN 溶液滴定过量的 $AgNO_3$，消耗了 NH_4SCN 溶液 6.50 mL。试计算试样中氯的质量分数。

（40.84%）

3. 称取仅含有 NaCl 及 KCl 的试样 0.132 5 g，用 0.103 2 mol·L^{-1} 的 $AgNO_3$ 标准溶液滴

定，用去 21.84 mL。试计算试样中 NaCl 和 KCl 的质量分数。

（97.28%；2.72%）

4. 称取一定量的约含 52% NaCl 和 44% KCl 的试样，将试样溶于水后，加入 0.112 8 $mol \cdot L^{-1}$ 的 $AgNO_3$ 溶液 30.00 mL，过量的 $AgNO_3$ 消耗 NH_4SCN 标准溶液 10.00 mL。已知 1.00 mL NH_4SCN 相当于 1.15 mL $AgNO_3$ 溶液。试计算应称取试样多少克？

（0.14 g）

5. 称取含有 NaCl 和 NaBr 的试样 0.628 0 g，溶解后用 $AgNO_3$ 溶液处理，得到干燥的 AgCl 和 AgBr 沉淀为 0.506 4 g；另取同样质量的试样，用沉淀滴定法测定，消耗 0.105 0 $mol \cdot L^{-1}$ $AgNO_3$ 溶液 28.34 mL。试计算试样中 NaCl 和 NaBr 的质量分数。

（10.97%；29.49%）

第8章　重量分析法

8.1　沉淀重量法对沉淀的要求
8.2　沉淀的形成与沉淀的条件
8.3　沉淀完全的程度与影响沉淀溶解度的因素
8.4　影响沉淀纯度的因素
8.5　沉淀的后处理
8.6　重量分析法的计算和应用实例
思考题
习题

第 8 章　重量分析法

重量分析法（gravimetric analysis）是用适当方法先将试样中的被测组分与其他组分分离，然后称重，由称得的质量计算该被测组分的质量分数。重量法是根据分析天平称得的质量来计算试样中待测组分质量分数，一般不需要基准物质。对于高质量分数组分的测定，重量法测定的相对误差为 0.1%～0.2%，可以用于硅、硫、磷、镍以及一些稀有元素的精确测定。但重量法操作烦琐、费时，对低质量分数组分测定的误差较大。

根据被测组分与其他组分分离方法的不同，重量法又分为沉淀重量法、电解法和挥发法，其中以沉淀重量法最为常用。

沉淀重量法是使待测组分以难溶化合物的形式沉淀下来，然后测定沉淀的质量。根据沉淀的质量算出待测组分的质量分数。例如，测定溶液中 SO_4^{2-} 质量分数时，在试液中加入过量 $BaCl_2$ 溶液，使 SO_4^{2-} 完全生成难溶的 $BaSO_4$ 沉淀，经过滤、洗涤、干燥后，称量 $BaSO_4$ 的质量，从而计算试液中硫酸根的质量分数。沉淀重量法最重要的一步是进行沉淀反应，其中沉淀剂的选择与用量、沉淀反应的条件、沉淀中杂质等都会影响分析结果的准确度。

8.1　沉淀重量法对沉淀的要求

沉淀重量法是利用沉淀反应将被测组分转化成难溶物，以“沉淀形”从溶液中分离出来，经过滤、洗涤、干燥或灼烧以“称量形”称量，计算其含量的方法。其过程可以表示如下：

$$\text{试样溶液+沉淀剂} \longrightarrow \text{沉淀形}\downarrow \xrightarrow{\text{过滤、洗涤}} \xrightarrow{\text{干燥、灼烧}} \text{称量形}$$

重量分析中的沉淀在干燥或灼烧过程中可能会发生化学变化，因而称量形可能与沉淀形相同或不相同。例如在 SO_4^{2-} 的测定中，用 $BaCl_2$ 为沉淀剂产生 $BaSO_4$ 沉淀，因为 $BaSO_4$ 在灼烧过程中不会发生化学变化，所以沉淀形和称量形都是 $BaSO_4$。又如在 Mg^{2+} 的测定中，沉淀形是 $MgNH_4PO_4 \cdot 6H_2O$，灼烧后所得的称量形是 $Mg_2P_2O_7$。

沉淀重量法对沉淀形和称量形分别有以下要求。

1. 对沉淀形的要求

（1）沉淀要完全，沉淀的溶解度要小。

例如测定 Ca^{2+} 时，不能用 H_2SO_4 为沉淀剂，因为 $CaSO_4$ 的溶解度比较大（$K_{sp}=9.1\times10^{-6}$），沉淀不完全；常采用草酸铵作为沉淀剂，使 Ca^{2+} 生成溶解度很小的 CaC_2O_4（$K_{sp}=2.0\times10^{-9}$）沉淀。

（2）沉淀形要易于过滤和洗涤。

颗粒较粗的晶形沉淀，例如 $MgNH_4PO_4 \cdot 6H_2O$，在过滤时不会堵塞滤纸的小孔，易于过滤、洗涤。而颗粒细小的晶形沉淀，例如 CaC_2O_4、$BaSO_4$ 等，在这些方面就不及粗晶形沉淀。因此在进行沉淀反应时必须选择适当的条件，尽可能得到颗粒大些的沉淀结晶。

（3）沉淀的纯度要高，以保证测定结果的准确性。

（4）沉淀形应易于转化为具有固定组成的称量形。

2. 对称量形的要求

（1）称量形必须有确定的化学组成，否则无法计算分析结果。例如，磷钼酸铵虽然是一种溶解度很小的晶形沉淀，但由于它的组成不定，不能利用它作为测定 PO_4^{3-} 的称量形，通常采取磷钼酸喹啉作为测定 PO_4^{3-} 的称量形。

（2）称量形必须稳定，不受空气中的水分、CO_2 和 O_2 的影响，否则会影响测定结果。例如，由 $CaC_2O_4 \cdot H_2O$ 灼烧后得到的 CaO 就不宜作为称量形，因为它容易吸收空气中的水分和 CO_2。

（3）称量形的摩尔质量应尽可能大些，这样可以增大称量形的质量，减小称量误差。

8.2　沉淀的形成与沉淀的条件

沉淀大致分为晶形沉淀和无定形沉淀，介于两者之间的为凝乳状沉淀如 AgCl。沉淀形成的类型除与沉淀性质有关外，还与沉淀条件和沉淀后的处理方法有关。为了获得纯净且易于分离洗涤的沉淀，必须了解沉淀的形成过程和影响沉淀生成的条件。

一、沉淀的形成

沉淀的形成一般要经过晶核形成和晶核长大两个过程。将沉淀剂加入试液中，当形成沉淀离子浓度的乘积超过该条件下沉淀的溶度积时，离子通过相互碰撞聚集成微小的晶核，溶液中的构晶离子向晶核表面扩散，并沉积在晶核上，晶核就逐渐长大成沉淀微粒。这种由离子形成晶核，再进一步聚集成沉淀微粒的速度称为聚集速度。在聚集的同时，构晶离子在一定晶格中定向排列的速度称为定向速度。如果聚集速度大于定向速度，离子会很快地聚集生成沉淀微粒，来不及进行晶格排列，得到的是非晶形沉淀。反之，如果定向速度大于聚集速度，离子较缓慢地聚集成沉淀，有足够时间进行晶格排列，则得到晶形沉淀。

聚集速度（或称为形成沉淀的初始速度）主要由沉淀条件所决定，其中最重要的是溶液中生成沉淀物质的过饱和度。聚集速度与溶液相对过饱和度成正比，可用冯韦曼（Von Weimarn）经验公式表示为

$$v = K(Q - S)/S \tag{8-1}$$

式中，v 为形成沉淀的初始速度（聚集速度）；Q 为加入沉淀剂瞬间，生成沉淀物质的浓度；S 为沉淀的溶解度；$(Q - S)$ 为沉淀物质的过饱和度；$(Q - S)/S$ 为相对过饱和度；K 为比例常数，它与沉淀的性质、温度、溶解中存在的其他物质等因素有关。

从式（8-1）可见，相对过饱和度越大，则聚集速度越大。若要聚集速度小，必须使相对过饱和度小，就是要求沉淀的溶解度（S）大，加入沉淀剂瞬时生成沉淀物质的浓度（Q）不太大，这样就可能获得晶形沉淀；反之，若沉淀的溶解度很小，瞬间生成沉淀物质的浓度又很大，则形成非晶形沉淀，甚至形成胶体。例如，在稀溶液中沉淀 $BaSO_4$，通常能获得细晶形沉淀；若在浓溶液（如 0.75～3 $mol \cdot L^{-1}$）中，则形成胶状沉淀。

定向速度主要取决于沉淀物质的本性。一般极性强的盐类，如 $MgNH_4PO_4$、$BaSO_4$、CaC_2O_4 等，具有较大的定向速度，易形成晶形沉淀。而氢氧化物只有较小的定向速度，特别是高价金属离子的氢氧化物，如 $Fe(OH)_3$、$Al(OH)_3$ 等，结合的 OH^- 愈多，定向速度愈小，易形成非晶形或胶状沉淀。二价金属离子（如 Mg^{2+}、Zn^{2+}、Cd^{2+} 等）的氢氧化物含 OH^- 较少，如果条件适当，可能形成晶形沉淀。

二、沉淀条件的选择

为了满足重量法对沉淀形的要求，应当根据不同类型沉淀的特点，采用适宜的沉淀条件以及相应的后处理。

1. 晶形沉淀

为了获得易于过滤、洗涤的大颗粒结晶沉淀，以及减少杂质的包藏，在沉淀过程中必须控制比较小的过饱和程度，沉淀后还需陈化。为了得到纯净而易于分离和洗涤的晶形沉淀，要求有较小的聚集速度，这就应选择适当的沉淀条件。

以 $BaSO_4$ 沉淀为例：

（1）沉淀应在比较稀的热溶液中进行，并在不断地搅拌下，缓缓地滴加稀沉淀剂。目的是减小溶质的浓度以降低过饱和程度，并防止沉淀剂的局部过浓。

（2）为了增大 $BaSO_4$ 的溶解度以减小过饱和度，应在沉淀前加入 HCl 溶液。因为 H^+ 能使 SO_4^{2-} 部分质子化，增加 $BaSO_4$ 的溶解度，并能防止钡的弱酸盐的沉淀。而增加溶解度所造成的损失，可以在沉淀后期加入过量沉淀剂来补偿。

（3）沉淀完成以后，常将沉淀与母液一起放置陈化一段时间，其作用是为获得完整、粗大而纯净的晶形沉淀。当溶液中大小晶体同时存在时，由于微小晶体比大晶体溶解度大，溶液对大晶体已经达到饱和，而对微小晶体尚未达到饱和，因而微小晶体逐渐溶解。溶解到一定程度后，溶液对小晶体为饱和而对大晶体则为过饱和，于是溶液中的构晶离子就在大晶体上沉积。当溶液浓度降低到对大晶体是饱和溶液时，对小晶体已不饱和，小晶体又要继续溶解。这样继续下去，小晶体逐渐消失，大晶体不断长大，最后获得粗大的晶体。

陈化作用还能使沉淀变得更纯净。这是因为大晶体的比表面较小，吸附杂质量少；同时，由于小晶体溶解，原来吸附、吸留或包藏的杂质将重新进入溶液中，因而提高了沉淀的纯度。加热和搅拌可以增加沉淀的溶解速度和离子在溶液中的扩散速度，因此可以缩短陈化时间。

（4）洗涤 $BaSO_4$ 沉淀时，若测定的是 Ba^{2+}，可用稀硫酸为洗涤液，这样可利用同离子效应减少洗涤过程中沉淀溶解的损失，而硫酸可在灼烧时除去。若是测定 SO_4^{2-}，则只能选择水为洗涤液。

2. 无定形沉淀

无定形沉淀大都因为溶解度非常小，无法控制其过饱和度，以至生成微小胶粒沉淀。对于这种类型的沉淀，重要的是使其聚集紧密，便于过滤；同时尽量减少杂质的吸附，使沉淀纯净。

以 $Fe_2O_3 \cdot xH_2O$ 沉淀为例：

（1）沉淀一般在较浓的近沸溶液中进行，沉淀剂加入的速度不必太慢。在浓、热溶液中离子的水化程度较小，得到的沉淀结构紧密、含水量少，容易聚沉。热溶液还有利于防止胶体溶液的生成，减少杂质的吸附。但是在浓溶液中也提高了杂质的浓度。为此，在沉淀完毕后迅速加入大量热水稀释并搅拌，使吸附于沉淀上的过多的杂质解吸，达到稀溶液中的平衡，从而减少杂质的吸附。

（2）沉淀要在大量电解质存在下进行，以使带电荷的胶体粒子相互凝聚、沉降。电解质通常是灼烧时容易挥发的铵盐，如氯化铵、硝酸铵等，这还有助于减少沉淀对其他杂质的吸附。

（3）无定形沉淀聚沉后应立即趁热过滤，不必陈化。因为陈化不仅不能改善沉淀的形状，反而使沉淀更趋黏结，杂质难以洗净。趁热过滤还能大大缩短过滤洗涤的时间。

无定形沉淀吸附杂质严重，一次沉淀很难保证纯净。要使铁与其他组分分离而共存阳离子又较多时，最好将过滤后的沉淀溶解于酸中进行第二次沉淀。

3. 均匀沉淀法（homogeneous precipitation）

在进行沉淀反应时，尽管沉淀剂是在搅拌下缓慢加入的，但仍难避免沉淀剂在溶液中局部过浓现象。均匀沉淀法不是将沉淀剂直接加入到溶液中去，而是通过溶液中发生的化学反应，缓慢而均匀地在溶液中产生沉淀剂，从而使沉淀在整个溶液中均匀地、缓慢地析出。这样可获得颗粒较粗、结构紧密、纯净而易过滤的沉淀。

例如，为了使溶液中的 Ca^{2+} 与 $C_2O_4^{2-}$ 能形成较粗大的晶形沉淀，可在酸性溶液中加入草酸铵（此时其主要型体是 $HC_2O_4^-$ 和 $H_2C_2O_4$），然后加入尿素，加热煮沸，使尿素水解：

$$CO(NH_2)_2 + H_2O \xrightarrow{90\ ℃} CO_2 + 2NH_3$$

生成的 NH_3 中和溶液中的 H^+，使溶液的酸度逐渐降低，$[C_2O_4^{2-}]$不断增加，最后均匀而缓慢地析出 CaC_2O_4 沉淀。在沉淀过程中，因溶液的相对饱和度比较小，可以获得粗大颗粒的 CaC_2O_4 沉淀。

三、沉淀剂的选择

应根据上述对沉淀的要求来考虑沉淀剂的选择。此外，还要求沉淀剂具有较好的选择性，即要求沉淀剂只能和待测组分生成沉淀，而与试液中的其他组分不起作用。例如，丁二酮肟和 H_2S 都可沉淀 Ni^{2+}，但在测定 Ni^{2+} 时常选用丁二酮肟。此外，还应尽可能选用易挥发或易灼烧除去的沉淀剂。这样，沉淀中带有的沉淀剂即使未经洗净，也可以借烘干或灼烧而除去，如铵盐和有机沉淀剂等。

8.3　沉淀完全的程度与影响沉淀溶解度的因素

利用沉淀反应进行重量分析时，沉淀反应是否进行完全，可以根据反应达到平衡后，溶液中未被沉淀的待测组分的量来衡量。显然，难溶化合物的溶解度愈小，沉淀愈完全；否则，沉淀就不完全，因此，必须了解难溶化合物的溶解度及影响沉淀溶解度的因素。

一、沉淀平衡和溶度积

难溶化合物 MA 在饱和溶液中的平衡可表示为

$$MA(固) \rightleftharpoons M^+ + A^- \tag{8-2}$$

式中，MA(固)表示固态的 MA，在一定温度下它的活度积 K_{ap} 是一常数，即

$$a_{M^+} a_{A^-} = K_{ap} \tag{8-3}$$

式中，a_{M^+} 和 a_{A^-} 是 M^+ 和 A^- 两种离子的活度。根据活度与浓度的关系，得

$$[M^+]\,[A^-]\,\gamma_{M^+}\gamma_{A^-} = K_{ap} \tag{8-4}$$

式中，γ_{M^+} 和 γ_{A^-} 是两种离子的活度系数，它们与溶液中离子强度有关。

在纯水中，MA 的溶解度很小，设其为 S_0，则

$$[M^+]=[A^-]=S_0 \tag{8-5}$$

因为溶解度小，又无其他电解质存在，离子的活度系数可视为 1，故

$$[M^+][A^-]=S_0^2=K_{sp} \tag{8-6}$$

式（8-6）中，K_{sp} 是 MA 的溶度积。由式（8-5）和式（8-6）可见，S_0 是在很稀的溶液中，没有其他离子存在时 MA 的溶解度。由 S_0 所得的溶度积 K_{sp} 非常接近于活度积 K_{ap}，一般溶度积表中所列的 K_{sp} 是在很稀溶液中没有其他离子存在时的数值。实际上，溶解度是随其他离子存在时的情况不同而变化的。因此溶度积 K_{sp} 只有在一定条件下才是常数。外界条件（如酸度、络合剂等）变化，都将使金属离子浓度或沉淀剂浓度发生变化，因而影响沉淀的溶解度。

二、影响沉淀溶解度的因素

影响沉淀溶解度的因素很多，如同离子效应、盐效应、酸效应及络合效应等。此外，温度、溶剂、沉淀的颗粒大小和结构，也对溶解度有影响，下面分别讨论之。

1. 同离子效应

在沉淀重量法中常加入过量沉淀剂，利用同离子效应来降低沉淀的溶解度。例如，用 $BaCl_2$ 将 SO_4^{2-} 沉淀为 $BaSO_4$，$K_{sp,BaSO_4}=1.1\times10^{-10}$，当加入 $BaCl_2$ 的量与 SO_4^{2-} 的量符合化学计量关系时，在 200 mL 溶液中溶解的 $BaSO_4$ 质量为

$$\sqrt{1.1\times10^{-10}}\times233.4\times\frac{200}{1\,000}=0.48\text{（mg）}$$

显然，此条件下溶解损失的量已超过重量分析的要求（称量准确度 0.2 mg）。

但是，如果加入过量的 $BaCl_2$，则可利用同离子效应来降低 $BaSO_4$ 的溶解度。若沉淀达到平衡时，过量的$[Ba^{2+}]=0.01\ mol\cdot L^{-1}$，可计算出 200 mL 中溶解的 $BaSO_4$ 的质量为

$$\frac{1.1\times10^{-10}}{0.01}\times233.4\times\frac{200}{1\,000}=0.000\,51\text{（mg）}$$

显然，这已远小于允许损失的质量，可以认为沉淀已经完全。

因此，在重量分析中，常加入过量沉淀剂，利用同离子效应来降低沉淀的溶解度，以使沉淀完全。沉淀剂过量的程度，应根据沉淀剂的性质来确定。若沉淀剂不易挥发，可以过量 20%～50%；若沉淀剂易挥发除去，则可过量 50%～100%。

必须指出，沉淀剂不能过量太多，否则可能引起盐效应、络合效应等副反应，反而使沉淀的溶解度增大。

2. 盐效应

在难溶电解质的饱和溶液中，加入其他强电解质会使难溶电解质的溶解度比同温度时在纯水中的溶解度增大，这种现象称为盐效应。加入强电解质后，离子强度增大而使离子活度系数明显减小。由于在一定温度下，K_{ap} 是常数，因而$[M^+][A^-]$必然要增大，致使沉淀的溶解度增大。因此在利用同离子效应降低沉淀溶解度时，应考虑到盐效应的影响，即沉淀剂不能过量太多。

3. 酸效应

溶液的酸度对沉淀溶解度的影响称为酸效应。酸效应主要是由于溶液中 H^+浓度对弱酸、

多元酸或难溶酸离解平衡的影响。若沉淀是强酸盐如 $BaSO_4$、AgCl 等，其溶解度受酸度影响不大。若沉淀是弱酸盐或多元酸盐如 CaC_2O_4、$Ca_3(PO_4)_2$，或难溶酸如硅酸、钨酸，以及许多与有机沉淀剂形成的沉淀，则酸效应就很显著。

现以草酸钙为例来说明酸效应。在草酸钙的饱和溶液中

$$[Ca^{2+}][C_2O_4^{2-}] = K_{sp,CaC_2O_4} \tag{8-7}$$

草酸是二元酸，在溶液中具有如下的平衡：

$$H_2C_2O_4 \underset{-H^+}{\overset{-H^+}{\rightleftharpoons}} HC_2O_4^- \underset{-H^+}{\overset{-H^+}{\rightleftharpoons}} C_2O_4^{2-}$$
$$(K_{a_1}) \qquad (K_{a_2})$$

在不同酸度下，溶液中存在的沉淀剂的总浓度为

$$[C_2O_4^{2-}]_{总} = [C_2O_4^{2-}]+[HC_2O_4^-]+[H_2C_2O_4]$$

能与 Ca^{2+} 形成沉淀的是 $C_2O_4^{2-}$，而

$$\frac{[C_2O_4]_{总}}{[C_2O_4^{2-}]} = \alpha_{C_2O_4^{2-}(H)} \tag{8-8}$$

式中的 $\alpha_{C_2O_4^{2-}(H)}$ 是草酸的酸效应系数，其意义和 EDTA 的酸效应系数完全一样。将式（8-8）代入式（8-7）即得

$$[Ca^{2+}][C_2O_4^{2-}]_{总} = K_{sp,CaC_2O_4} \cdot \alpha_{C_2O_4^{2-}(H)} = K'_{sp,CaC_2O_4}$$

通过计算可知，沉淀的溶解度随溶液酸度增加而增加。在 pH＝2 时，CaC_2O_4 的溶解损失已超过重量分析要求。若要符合允许误差，则沉淀反应应在 pH＝4～6 的溶液中进行。

例 8-1　已知 $K_{sp,CaC_2O_4} = 2.0\times10^{-9}$，$H_2C_2O_4$ 的 $K_{a_1} = 5.9\times10^{-2}$，$K_{a_2} = 6.4\times10^{-5}$，计算在 pH 分别为 4.0 和 2.0 时，沉淀 CaC_2O_4 的溶解度。

解：pH＝4.0 时

$$\alpha_{C_2O_4^{2-}(H)} = 1+\frac{[H^+]}{K_{a_2}}+\frac{[H^+]^2}{K_{a_2}K_{a_1}} = 1+\frac{10^{-4}}{6.4\times10^{-5}}+\frac{10^{-8}}{6.4\times10^{-5}\times5.9\times10^{-2}} = 2.6$$

此时 CaC_2O_4 的溶解度 S 为

$$S = \sqrt{2.0\times10^{-9}\times2.6} = 7.2\times10^{-5}\ (\text{mol}\cdot\text{L}^{-1})$$

同理，pH＝2.0 时

$$\alpha_{C_2O_4^{2-}(H)} = 1+\frac{10^{-2}}{6.4\times10^{-5}}+\frac{10^{-4}}{6.4\times10^{-5}\times5.9\times10^{-2}} = 1.8\times10^2$$

$$S = \sqrt{2.0\times10^{-9}\times1.8\times10^2} = 6.1\times10^{-4}\ (\text{mol}\cdot\text{L}^{-1})$$

由上例计算可知，CaC_2O_4 在 pH = 2.0 时的溶解度已超出重量分析要求；pH = 4.0 时的溶解度比 pH＝2.0 时小 10 倍，为使测定误差在允许的范围内，沉淀反应应在 pH 为 4～12 的溶液中进行。

4. 络合效应

如果溶液中存在的络合剂能与生成沉淀的离子形成络合物，则会使沉淀溶解度增大，甚至不产生沉淀，这种现象称为络合效应，例如用 Cl^- 沉淀 Ag^+ 时，即

$$Ag^+ + Cl^- = AgCl\downarrow$$

若溶液中有氨水，则 NH_3 与 Ag^+ 络合，形成 $[Ag(NH_3)_2]^+$，因而 AgCl 在 0.01 $mol \cdot L^{-1}$ 氨水中的溶解度比在纯水中的溶解度大 40 倍。如果氨水的浓度足够大，则不能生成 AgCl 沉淀。又如在 Ag^+ 溶液中加入 Cl^-，生成 AgCl 沉淀，但若继续加入过量的 Cl^-，则 Cl^- 能与 AgCl 络合生成 $AgCl_2^-$ 和 $AgCl_3^{2-}$ 等离子而使 AgCl 沉淀逐渐溶解。AgCl 在 0.01 $mol \cdot L^{-1}$ HCl 溶液中的溶解度比其在纯水中的溶解度小，这时同离子效应是主要的。若 $[Cl^-]$ 增加到 0.5 $mol \cdot L^{-1}$，则 AgCl 的溶解度超过其纯水中的溶解度，此时络合效应的影响已超过同离子效应；若 $[Cl^-]$ 更大，则由于络合效应起主要作用，AgCl 沉淀可能不出现。因此用 Cl^- 沉淀 Ag^+ 时，必须严格控制 Cl^- 浓度，应该指出，络合效应使沉淀溶解度增大的程度与沉淀的溶度积和形成络合物的稳定常数的相对大小有关。形成的络合物越稳定，络合效应越显著，沉淀的溶解度越大。

以上讨论了共同离子效应、盐效应、酸效应和络合效应对沉淀溶解度的影响。在实际工作中应该根据具体情况来考虑哪种效应是主要的。在进行沉淀反应时，对无络合反应的强酸盐沉淀，主要考虑同离子效应和盐效应；对弱酸盐或难溶酸盐，多数情况应主要考虑酸效应；当存在络合反应，尤其在能形成较稳定的络合物，在沉淀的溶解度又不太小时，则应主要考虑络合效应。

除上述因素外，温度、其他溶剂的存在及沉淀本身颗粒的大小和结构，都对沉淀的溶解度有影响。

5. 温度的影响

溶解一般是吸热过程，绝大多数沉淀的溶解度随温度升高而增大。

6. 溶剂的影响

大部分无机物沉淀是离子型晶体，在有机溶剂中的溶解度比在纯水中的要小。例如在 $CaSO_4$ 溶液中加入适量乙醇，则 $CaSO_4$ 的溶解度就大大降低。

7. 沉淀颗粒大小和结构的影响

同一种沉淀在相同质量时，颗粒越小，其总表面越大，溶解度越大。在沉淀形成后，常将沉淀和母液一起放置一段时间（陈化），使小晶体逐渐转变为大晶体，有利于沉淀的过滤和洗涤。陈化还可使沉淀结构发生转变，由初生成时的结构转变为另一种稳定的结构，溶解度就大大减小。例如，初生成的 CoS 是 α 型，$K_{sp,CoS(\alpha)}=4\times10^{-21}$；放置后转变成 β 型，$K_{sp,CoS(\beta)}=2\times10^{-25}$。

8.4 影响沉淀纯度的因素

在重量分析中，要求获得纯净的沉淀。但当沉淀从溶液中析出时，会或多或少地夹杂溶液中的其他组分，而影响沉淀的纯度。因此，必须了解影响沉淀纯度的各种因素，找出减少杂质的方法，以获得符合重量分析要求的沉淀。

一、共沉淀

当一种难溶物质从溶液中沉淀析出时，溶液中的某些可溶性杂质会被沉淀夹带而混杂于沉淀之中，这种现象称为共沉淀。例如，用沉淀剂 $BaCl_2$ 沉淀 SO_4^{2-} 时，如果试液中有 Fe^{3+}，由于共沉淀作用，在得到的 $BaSO_4$ 沉淀中常含有 $Fe_2(SO_4)_3$，因而沉淀经过滤、洗涤、干燥、

灼烧后不呈 $BaSO_4$ 的纯白色，而略带灼烧后的 Fe_2O_3 的棕色。因共沉淀而影响沉淀纯度是重量分析中最重要的误差来源之一。产生共沉淀的原因是表面吸附、形成混晶、吸留或包藏等，其中主要是表面吸附。

1. 表面吸附

由于沉淀表面离子电荷的作用力未完全平衡，因而在沉淀表面上产生了一种自由力场，在棱边和顶角的自由力场更显著，于是溶液中带相反电荷的离子被吸引到沉淀表面上形成第一吸附层。沉淀吸附离子是有选择性的，与沉淀中的离子相同的，或大小相近、电荷相等的离子，或能与沉淀中的离子生成溶解度较小的物质的离子，优先被吸附。例如，加过量 $BaCl_2$ 到 H_2SO_4 的溶液中，生成 $BaSO_4$ 沉淀后，溶液中有 Ba^{2+}、H^+、Cl^- 存在，沉淀表面上的 SO_4^{2-} 因电场引力将强烈地吸引溶液中的 Ba^{2+}，形成第一吸附层，使晶体沉淀表面带正电荷。然后它又吸引溶液中带负电荷的离子，如 Cl^-，构成电中性的双电层，如图 8-1 所示。如果在上述溶液中，除 Cl^- 外尚有 NO_3^-，则因 $Ba(NO_3)_2$ 的溶解度比 $BaCl_2$ 的小，第二层优先吸附的将是 NO_3^-，而不是 Cl^-。此外，高价离子因静电引力强易被吸附。因此对这些离子应设法除去或掩蔽。

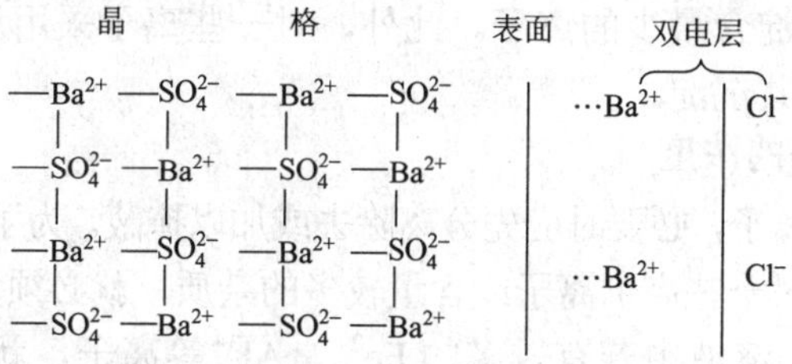

图 8-1　晶体表面吸附示意图

沉淀吸附杂质的量还与沉淀的总表面积、杂质离子的浓度和温度等有关。沉淀的总表面积越大，吸附杂质就越多。因此应创造条件使晶形沉淀的颗粒增大或使非晶形沉淀的结构适当紧密些，以减少总表面积，从而减小吸附杂质的量。溶液中杂质离子的浓度越大，吸附现象越严重。吸附是放热过程，所以增高溶液温度，沉淀吸附杂质的量就减少。

2. 混晶

如果试液中的杂质与沉淀具有相同的晶格，或杂质离子与样品离子具有相同的电荷和相近的离子半径，杂质将进入晶格排列中形成混晶，这是同形混晶。例如钡的硫酸盐、溴化物、硝酸盐等都易形成混晶。只要有符合上述条件的杂质离子存在，它们就会在沉淀过程中取代形成沉淀的构晶离子而进入到沉淀内部，这时用洗涤或陈化的方法净化沉淀，效果不显著。为减免同形混晶的生成，最好事先将这类杂质分离除去。有时杂质离子并不位于正常晶格的离子的位置上，而是位于晶格空隙中，此种混晶称为异形混晶。若在沉淀时减慢沉淀剂的加入速度，可以减少异形混晶的生成。

3. 吸留或包藏

吸留是被吸附的杂质机械地嵌入沉淀中，包藏常指母液被机械地包藏在沉淀中。这些现象的发生，是由于沉淀剂加入太快，使沉淀急速生长。沉淀表面吸附的杂质来不及离开就被随后生成的沉淀覆盖，使杂质或母液被吸留或包藏在沉淀内部。这类共沉淀不能用洗涤的方法将杂质除去，可以借改变沉淀条件、陈化或重结晶的方法来减免。

从带入杂质方面来看，共沉淀现象对分析测定是不利的，但可利用这一现象富集分离溶液中某些微量成分。

二、后沉淀

后沉淀是由于沉淀速度的差异，而在已形成沉淀上形成第二种不溶物质，这种情况大多发生在特定组分形成的稳定的过饱和溶液中。例如，在 Mg^{2+}存在下沉淀 CaC_2O_4时，镁由于形成稳定的草酸盐过饱和溶液而不立即析出。如果把草酸钙沉淀立即过滤，则发现沉淀表面上吸附有少量镁。若把含有 Mg^{2+}的母液与草酸钙沉淀一起放置一段时间，则草酸镁的后沉淀量将会增多。

后沉淀引入的杂质量比共沉淀要多，且随着沉淀放置时间的延长而增多。因此为防止后沉淀现象的发生，某些沉淀的陈化时间不宜过久。

三、获得纯净沉淀的措施

1. 采用适当的分析程序和沉淀方法

如果溶液中同时存在含量相差很大的两种离子，需要沉淀分离，为了防止含量少的离子因共沉淀而损失，应先沉淀含量少的离子。此外，对一些离子采用均匀沉淀法或选用适当的有机沉淀剂，也可以减免共沉淀。

2. 降低易被吸附离子的浓度

对于易被吸附的杂质离子，必要时应先分离除去或加以掩蔽。为了减小杂质浓度，一般都是在稀溶液中进行沉淀。但对一些高价离子或含量较多的杂质，就必须加以分离或掩蔽。例如，将 SO_4^{2-} 沉淀成 $BaSO_4$时，溶液中若有较多的 Fe^{3+}、Al^{3+}等离子，就必须加以分离或掩蔽。

3. 针对不同类型的沉淀，选用适当的沉淀条件

4. 在沉淀分离后，用适当的溶剂洗涤沉淀

5. 必要时进行再沉淀（或称二次沉淀）

即将沉淀过滤、洗涤、溶解后，再进行一次沉淀。再沉淀时由于杂质浓度大为降低，共沉淀现象也可以减免。

8.5 沉淀的后处理

如何使沉淀完全、纯净、易于分离是重量分析中的首要问题，但沉淀以后的后处理操作如过滤、洗涤、干燥或灼烧等同样影响分析结果的准确度。

一、沉淀的过滤和洗涤

沉淀常用滤纸或玻璃砂芯滤器过滤。对于需要灼烧的沉淀，应根据沉淀的形态选用密度不同的滤纸。一般非晶形沉淀，如 $Fe(OH)_3$、$Al(OH)_3$ 等，应用疏松的快速滤纸过滤；粗粒的晶形沉淀，如 $MgNH_4PO_4 \cdot 6H_2O$ 等，可用较紧密的中速滤纸；较细粒的沉淀，如 $BaSO_4$ 等，应选用最紧密的慢速滤纸，以防沉淀透过滤纸。

洗涤沉淀是为了洗去沉淀表面吸附的杂质和混杂在沉淀中的母液，洗涤时要尽量减小沉淀的溶解损失和避免形成胶体，因此须选择合适的溶剂。选择溶剂的原则是：对于溶解度很小而又不易成胶体的沉淀，可用蒸馏水洗涤；对于溶解度较大的晶形沉淀，可用沉淀剂稀溶液洗涤，但沉淀剂必须在烘干或灼烧时易挥发或易分解除去，例如，用$(NH_4)_2C_2O_4$ 稀溶液洗

涤 CaC_2O_4 沉淀；对于溶解度较小而又可能分散成胶体的沉淀，应用易挥发的电解质稀溶液洗涤，例如用 NH_4NO_3 稀溶液洗涤 $Al(OH)_3$ 沉淀。

用热溶剂洗涤，则过滤较快，且能防止形成胶体，但溶解度随温度升高而增大较快的沉淀不能用热溶剂洗涤。洗涤必须连续进行，一次完成，沉淀不能久置，尤其是一些非晶形沉淀，连续洗涤可防止沉淀凝聚后不易洗净。

洗涤沉淀时，既要将沉淀洗净，又不能增加沉淀的溶解损失，用适当少的溶剂，分多次洗涤，每次加入溶剂前，使前次洗液尽量流尽，可以提高洗涤效果。

在沉淀的过滤和洗涤操作中，为缩短分析时间和提高洗涤效率，都应采用倾泻法。

二、沉淀的干燥或灼烧

干燥是为了除去沉淀中的水分和可挥发物质，使沉淀形转化为组成固定的称量形。灼烧沉淀除有上述作用外，有时还可以使沉淀形在较高温度下分解成组成固定的称量形。干燥或灼烧的温度和时间，因沉淀不同而不同。例如，丁二酮肟镍，只需在 110～120℃干燥 40～60 min 即可冷却、称量；磷钼酸喹啉，则需在 130℃干燥 45 min。沉淀干燥时所用的玻璃砂芯滤器都需干燥至恒重，沉淀也应烘到恒重。

灼烧温度一般在 800℃以上，常用瓷坩埚盛放沉淀。若需用氢氟酸处理沉淀，则应用铂坩埚。灼烧用的瓷坩埚和盖，应预先在灼烧沉淀的高温下灼烧、冷却、称量，直至恒重。然后用滤纸包好沉淀，放入已灼烧至恒重的坩埚中，再加热烘干、焦化、灼烧至恒重。

沉淀经烘干或灼烧至恒重后，即可根据其称量质量计算测定结果。

8.6　重量分析法的计算和应用实例

一、重量分析的称量形和结果计算

重量分析是根据称量形的质量来计算待测组分的含量。在重量分析中，多数情况下称量形与被测组分的形式不同，这就需要将称得的称量形的质量换算成被测组分的质量。被测组分的摩尔质量与称量形的摩尔质量之比是常数，称为换算因数或重量分析因数，常以 F 表示：

$$F=\frac{a\times \text{被测组分的摩尔质量}}{b\times \text{称量形的摩尔质量}}$$

式中，a 和 b 是为了使分子分母中所含欲测成分的原子数或分子数相等而乘以的系数。表 8-1 为部分被测组分的称量形和换算因数。

表 8-1　部分被测组分的称量形和换算因数

被测组分	称　量　形	换算因数
Fe	Fe_2O_3	$2M_{Fe}/M_{Fe_2O_3}$
Cl	AgCl	M_{Cl}/M_{AgCl}
Na_2SO_4	$BaSO_4$	$M_{Na_2SO_4}/M_{BaSO_4}$
MgO	$Mg_2P_2O_7$	$2M_{MgO}/M_{Mg_2P_2O_7}$
P_2O_5	$Mg_2P_2O_7$	$M_{P_2O_5}/M_{Mg_2P_2O_7}$
$K_2SO_4\cdot Al_2(SO_4)\cdot 24H_2O$	$BaSO_4$	$M_{K_2SO_4\cdot Al_2(SO_4)\cdot 24H_2O}/4M_{BaSO_4}$

由称得的称量形的质量 m，试样的质量 m_s 及换算因数 F，即可求得被测组分的质量分数，即

$$w=\frac{mF}{m_s}\times100\%$$

例 8-2 测定草酸氢钾的含量，用 Ca^{2+} 为沉淀剂，最后灼烧成 CaO 称量。称取试样质量为 0.517 2 g，最后称得 CaO 质量为 0.226 5 g。试计算试样中 $KHC_2O_4 \cdot H_2C_2O_4 \cdot 2H_2O$ 的质量分数。

解：$KHC_2O_4 \cdot H_2C_2O_4 \cdot 2H_2O \sim 2CaC_2O_4 \sim 2CaO$

$$F=\frac{254.2}{2\times56.08}=2.266$$

$$w=\frac{0.226\,5\times2.266}{0.517\,2}\times100\%=99.24\%$$

例 8-3 在镁的测定中，先将 Mg^{2+} 沉淀为 $MgNH_4PO_4$，再灼烧成 $Mg_2P_2O_7$ 称量。若 $Mg_2P_2O_7$ 质量为 0.351 5 g，则镁的质量为多少？

解：每一个 $Mg_2P_2O_7$ 分子中含有两个 Mg 原子，故得

$$镁的质量=m_{Mg_2P_2O_7}\times\frac{2M_{Mg}}{M_{Mg_2P_2O_7}}$$

$$=0.351\,5\times\frac{2\times24.32}{222.6}=0.076\,81\text{（g）}$$

例 8-4 分析某铬矿（不纯的 Cr_2O_3）含量时，把 Cr 转变为 $BaCrO_4$ 沉淀。称取 0.500 0 g 试样，最后得 $BaCrO_4$ 0.253 0 g。求此矿中 Cr_2O_3 的质量分数。

解：由 $BaCrO_4$ 质量换算为 Cr_2O_3 质量的换算因数为 $\frac{M_{Cr_2O_3}}{2\times M_{BaCrO_4}}$，则

$$w_{Cr_2O_3}=\frac{m_{BaCrO_4}\times\frac{M_{Cr_2O_3}}{2\times M_{BaCrO_4}}}{m_s}\times100\%$$

$$=\frac{0.253\,0\times\frac{152.0}{2\times253.2}}{0.500\,0}\times100\%$$

$$=15.19\%$$

二、应用实例

1. 硫酸盐的测定

测定硫酸盐时一般都用 $BaCl_2$ 将 SO_4^{2-} 沉淀成 $BaSO_4$，再灼烧、称量，但较费时。由于 $BaSO_4$ 沉淀颗粒较细，浓溶液中沉淀时可能形成胶体，$BaSO_4$ 不易被一般溶剂溶解，不能进行二次

沉淀，因此沉淀作用应在稀盐酸溶液中进行。溶液中不允许有酸不溶物和易被吸附的离子（如 Fe^{3+}、NO_3^- 等）存在。对于存在的 Fe^{3+}，常采用 EDTA 络合掩蔽。也可以采用玻璃砂芯坩埚抽滤 $BaSO_4$，烘干，称量。虽然其准确度比灼烧法稍差，但可缩短分析时间。

硫酸钡重量法可以用于测定磷肥、水泥中的硫酸根和其他可溶硫酸盐等。

2. 氯化物的测定

在硝酸酸性溶液中用 $AgNO_3$ 使 Cl^- 生成 AgCl 沉淀，过滤洗涤后 110～200 ℃干燥、称重。

取含 Cl 约 0.1 g 的样品量，精密称定。置于 250 mL 烧杯中，加水 100 mL 溶解，加 1:1 HNO_3 1 mL 酸化。搅拌下缓慢加入 0.1 $mol \cdot L^{-1}$ $AgNO_3$ 溶液，并过量 5～10 mL。加热至近沸，搅拌 1～2 min，促使凝聚。放置沉淀，可加几滴 $AgNO_3$ 溶液于上清液检查沉淀是否完全。暗处放置 1～2 h，用 0.01 $mol \cdot L^{-1}$ HNO_3 倾泻法洗涤沉淀两三次后，移入已干燥至恒定质量的玻砂坩埚，再用 0.01 $mol \cdot L^{-1}$ HNO_3 少量多次洗涤。洗至洗涤液与 0.1 $mol \cdot L^{-1}$ HCl 不显 Ag^+ 反应，最后用 1～2 份少量水洗去大部分 HNO_3。110～200℃干燥至恒重。AgCl 易被还原，见光易分解，宜用玻砂坩埚或古氏坩埚过滤，全过程应注意避光。

思　考　题

1. 沉淀是怎样形成的？形成沉淀的形态主要与哪些因素有关？
2. 晶形沉淀与无定形沉淀的沉淀条件有什么不同？为什么？
3. 要获得纯净而易于过滤和洗涤的沉淀需采取哪些措施？为什么？
5. 沉淀形和称量形有何区别？试举例说明。
6. 为了使沉淀定量完全，必须加入过量沉淀剂，为什么又不能过量太多？
7. 共沉淀和后沉淀有何区别？它们是怎样发生的？对重量分析有什么不良影响？在分析化学中什么情况下需要利用共沉淀？
8. 重量分析的一般误差来源是什么？怎样减少这些误差？
9. 什么是换算因数？如何计算？
10. 试简要讨论重量分析和滴定分析两类分析方法的优缺点。

习　题

1. 计算下列各组的换算因数。

	称量形	被测组分
（1）	Al_2O_3	Al
（2）	$BaSO_4$	$(NH_4)_2Fe(SO_4)_2 \cdot 6H_2O$
（3）	Fe_2O_3	Fe_3O_4
（4）	$PbCrO_4$	Cr_2O_3

（0.529 2；1.680；0.966 6；0.940 5）

2. 称取 0.367 5 g $BaCl_2 \cdot 2H_2O$ 试样，将钡沉淀为 $BaSO_4$，需用 0.5 $mol \cdot L^{-1}$ H_2SO_4 溶液多少毫升？

（4.5 mL）

3. 称取 0.175 8 g 含纯 NaCl 与纯 KCl 的混合物，然后将氯沉淀为 AgCl 沉淀，过滤，洗涤，干燥至恒重，称得 0.410 4 g AgCl。试计算试样中 NaCl 与 KCl 的质量分数。

（40.40%；59.60%）

4. 称取风干（空气干燥）的石膏试样 1.202 3 g，经烘干后得吸附水分 0.020 8 g，再经灼烧又测得结晶水 0.242 4 g。试计算分析试样换算成干燥物质时的 $CaSO_4 \cdot 2H_2O$ 的质量分数。

（98.2%）

5. 今有纯的 CaO 和 BaO 的混合物 2.212 g，转化为混合硫酸盐后重 5.023 g。试计算原混合物中 CaO 和 BaO 的质量分数。

（82.77%；17.28%）

6. 测定 1.023 9 g 某试样中的 P_2O_5 的质量分数时，用 $MgCl_2$、NH_4Cl、$NH_3 \cdot H_2O$ 使磷沉淀为 $MgNH_4PO_4$。过滤，洗涤后灼烧成 $Mg_2P_2O_7$，称得质量为 0.283 6 g。试计算试样中 P_2O_5 的质量分数。

（17.66%）

7. 分析芒硝 $Na_2SO_4 \cdot 10H_2O$ 试样，估计纯度约为 90%。用 $BaSO_4$ 重量法测定，试计算需称试样多少克？

（0.8 g）

8. 将 0.508 0 g 黄铁矿（FeS_2）试样分解后，得到 1.561 g $BaSO_4$。若溶液中的铁沉淀为 $Fe(OH)_3$，灼烧可得 Fe_2O_3 多少克？

（0.267 1 g）

第9章 定量分析中的分离方法

第 9 章　定量分析中的分离方法

分析化学中，当试样组成比较简单时，将试样处理制成溶液后就可以直接测定。但在实际工作中常遇到组成比较复杂的试样或者是测定大量基体中的微量组分。在测定复杂试样中某一组分时，共存的其他组分或大量基体可能对测定发生干扰，此时必须选择适当的方法消除干扰。

消除干扰最简单的方法是寻找选择性好的测定方法，或者采用掩蔽的方法，或改变测定条件（如改变体系的 pH）等。但当采用这些方法仍不能消除干扰时，就需采用分离的方法使待测组分与干扰组分分离。

有时试样中待测组分含量极微，而测定方法的灵敏度不够，这时必须先将待测组分富集起来，然后进行测定。例如，测定海水中的痕量铀时，通常 1 L 海水中只有 1～2 μg U(Ⅵ)，往往难以直接进行测定，如果将 1 L 海水经过某种分离手段最后处理成 10 mL 溶液，即将 U(Ⅵ)的浓度提高了 100 倍，既解决了测定方法灵敏度不够的问题，又解决了与海水中其他金属杂质的分离问题。

分离过程中最重要的是要知道待测组分是否有损失，一般可用回收率衡量。回收率是待测组分在指定的分离过程中回收的完全程度，即

$$\text{回收率}=\frac{\text{分离后测得的质量}}{\text{原试样所含质量}}\times 100\%$$

回收率当然愈高愈好，在实际工作中，随着待测组分质量分数的不同，对回收率的要求也不同。在一般情况下，对于质量分数在 1%以上的组分，回收率应在 99%以上；对于微量组分，回收率达 95%或更低一些是允许的。

最常用的分离方法有气态分离法、沉淀分离法、溶剂萃取、离子交换、色谱法及其他分离新技术等。本章将对这些方法作简略介绍。

9.1　蒸　馏　法

液体或固体试样中被分离的组分以气体形式分离出去，称为气态分离法，包括蒸馏、挥发、升华等方法。在此只介绍蒸馏法。

在分析化学中，有时利用蒸馏分离出被测定组分，使其与共存物质分离，排除干扰。蒸馏的原理基于气-液平衡，在一定温度下，将较易挥发的组分从固体或液体中以气体形式被分离富集。蒸馏技术有多种，在分析化学中常用的有减压蒸馏和水蒸气蒸馏等。

1. 减压蒸馏

液体的沸点是指它的蒸气压等于外界压力时的温度，因此液体的沸点是随外界压力的变化而变化的，如果借助于真空泵降低系统内压力，就可以降低液体的沸点，这便是减压蒸馏操作的理论依据。在蒸馏操作中，一些有机物加热到其正常沸点附近时，会由于温度过高而发生氧化、分解或聚合等反应，使其无法在常压下蒸馏。若将蒸馏装置连接在一套减压系统上，在蒸馏开始前先使整个系统压力降低到只有常压的十几分之一至几十分之一，那么这类有机物就可

以在较其正常沸点低得多的温度下进行蒸馏。减压蒸馏是分离可提纯有机化合物的常用方法之一。它特别适用于那些在常压蒸馏时未达沸点即已受热分解、氧化或聚合的物质。

2. 水蒸气蒸馏法

水蒸气蒸馏法分为共水蒸馏法（即直接加热法）、通水蒸气蒸馏法及水上蒸馏法三种。本法的基本原理是根据道尔顿定律，相互不溶也不起化学作用的液体混合物的蒸气总压，等于该温度下各组分饱和蒸气压（即分压）之和。因此尽管各组分本身的沸点高于混合液的沸点，但当分压总和等于大气压时，液体混合物即开始沸腾并被蒸馏出来。

例如，中药挥发油提取的法定方法即为水蒸气蒸馏法。将含挥发性成分药材的粗粉浸泡湿润后，直火加热蒸馏或通入水蒸气蒸馏，药材中的挥发性成分随水蒸气蒸馏而带出，经冷凝后收集馏出液。一般需再蒸馏 1 次，以提高馏出液的纯度和浓度，最后收集一定体积的蒸馏液；但蒸馏次数不宜过多，以免挥发油中某些成分氧化或分解。

9.2　溶剂萃取法

溶剂萃取（solvent extraction）法是利用与水不相溶的有机溶剂与试液（一般为水相）一起振荡，由于不同物质在不同的溶剂中分配系数的大小不同，这时一些组分进入有机相中，另一些组分仍留在水相中，从而达到分离和富集的目的。由于溶剂萃取是在两种液相中进行的，所以亦称液–液萃取（简称萃取）。萃取操作一般在梨形分液漏斗中振荡进行，如图 9-1 所示。对于分配系数较小物质的萃取，则可以在连续萃取器中进行连续萃取。溶剂萃取法具有选择性好、回收率高、设备简单、操作简便、速度快等特点，既能用于除去大量的干扰组分，又适合于微量组分的富集与分离，所以在分析中有着广泛的应用。

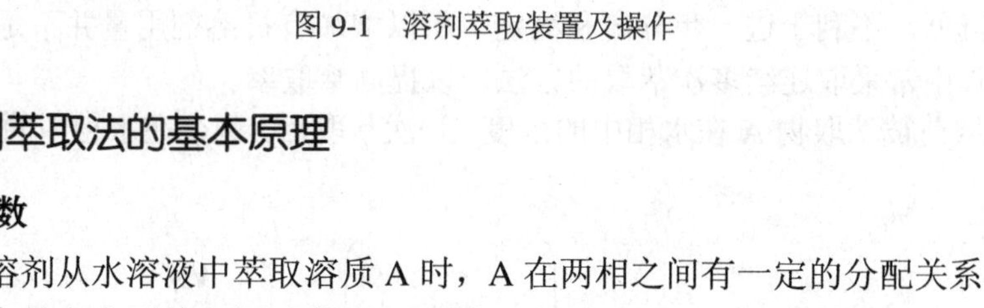

图 9-1　溶剂萃取装置及操作

一、溶剂萃取法的基本原理

1. 分配系数

当用有机溶剂从水溶液中萃取溶质 A 时，A 在两相之间有一定的分配关系。如果溶质在水相和有机相中的存在型体相同，都为 A，即

$$A_{水} \rightleftharpoons A_{有}$$

在一定温度下，物质 A 在有机相与水相中分配达到平衡时，A 在两种溶剂中的活度比保持恒定。当浓度很低时，可忽略离子强度的影响，用浓度代替活度可得到

$$K_D = \frac{[A]_{有}}{[A]_{水}}$$

K_D为分配系数，在给定的温度下为一常数。分配系数大的物质，绝大部分进入有机相中，分配系数小的物质，则留在水相中。上式称为分配定律，它是溶剂萃取分离的基本原理。

2. 分配比

由于溶质A在水相或有机相中有时会发生电离、聚合或与其他组分发生化学反应等，溶质A在溶液中就会存在着多种化学型体，由于不同型体在两相中的分配行为不同，故总的浓度比就不是常数，就不能简单地用分配系数来说明整个萃取过程的平衡问题，因此引入分配比D这一参数。分配比D是存在于两相中的溶质的总浓度之比，即

$$D=\frac{c_{有}}{c_{水}}$$

c 代表溶质以各种型体存在的总浓度。只有在最简单的萃取体系中，溶质在两相中的存在型体又完全相同时，$D=K_D$；在一般情况下，$D\neq K_D$。

3. 萃取率

对于某种物质A萃取的效果如何，可用萃取率E来衡量。E和分配比D_A的关系如下：

$$E=\frac{\text{A在有机相中的总量}}{\text{A在两相中的总量}}\times 100\%$$

$$=\frac{c_{有}V_{有}}{c_{有}V_{有}+c_{水}V_{水}}\times 100\%$$

分子分母同除以$c_{水}$、$V_{有}$，则得

$$E=\frac{D_A}{D_A+\dfrac{V_{水}}{V_{有}}}\times 100\%$$

式中，$V_{有}$和$V_{水}$分别为有机相和水相的体积。可见，如果A的分配比D_A越大，同时$V_{水}/V_{有}$越小，则萃取率越高。若$V_{有}=V_{水}$，即用等体积的溶剂来进行萃取，则

$$E=\frac{D_A}{D_A+1}\times 100\%$$

增加有机溶剂的用量可以减小$V_{水}/V_{有}$，从而提高萃取率。但在D不够大的情况下，如果希望一次萃取就能达到定量萃取的程度，则有机溶剂的体积将大大增加，此时被萃取物在有机相中的浓度降低，不利于进一步分离和测定，所以增加有机溶剂用量并不是行之有效的办法。在实际工作中常采取连续多次萃取的方法，以提高萃取率。

设c_0为萃取前被萃取物A在水相中的浓度，一次萃取后，剩余在水相中的被萃取物A的浓度为c_1，则

$$c_1=c_0(1-E)=c_0\left(1-\frac{D_A}{D_A+\dfrac{V_{水}}{V_{有}}}\right)=c_0\left(\frac{\dfrac{V_{水}}{V_{有}}}{D_A+\dfrac{V_{水}}{V_{有}}}\right)$$

若另取 $V_{有}$体积的有机溶剂再萃取一次，假设D值不变，剩余在水相中的被萃取物的浓度为c_2，则

$$c_2 = c_1\left(\frac{\frac{V_{水}}{V_{有}}}{D_A+\frac{V_{水}}{V_{有}}}\right) = c_0\left(\frac{\frac{V_{水}}{V_{有}}}{D_A+\frac{V_{水}}{V_{有}}}\right)^2$$

当用 $V_{有}$ 体积的有机溶剂萃取了 n 次，剩余在水相中被萃取物的浓度为 c_n，则

$$c_n = c_0\left(\frac{\frac{V_{水}}{V_{有}}}{D_A+\frac{V_{水}}{V_{有}}}\right)^n$$

经过 n 次萃取后的总萃取率 E 可用下式计算，有

$$E = \left(1-\frac{c_n V_{水}}{c_0 V_{水}}\right)\times 100\% = \left[1-\left(\frac{\frac{V_{水}}{V_{有}}}{D_A+\frac{V_{水}}{V_{有}}}\right)^n\right]\times 100\%$$

只要分配比 D 值适当，经过多次萃取，便可以达到定量萃取的目的。

例 9-1　已知某组分 $D=9$，萃取时 $V_{水}/V_{有}=1$。试计算萃取一次、二次和三次的萃取率。

解：因为 $V_{水}/V_{有}=1$，所以

萃取 1 次　$$E_1 = \left(1-\frac{1}{9+1}\right)\times 100\% = 90\%$$

萃取 2 次　$$E_2 = \left[1-\left(\frac{1}{9+1}\right)^2\right]\times 100\% = 99\%$$

萃取 3 次　$$E_3 = \left[1-\left(\frac{1}{9+1}\right)^3\right]\times 100\% = 99.9\%$$

从计算结果可见，经过三次萃取该物质已定量地转入有机相中。

例 9-2　若例 9-1 中水相为 20 mL，（1）用有机溶剂 100 mL 一次萃取；（2）每次用 20 mL 有机溶剂，共萃取两次。问哪种萃取率高？

解：（1）用 100 mL 有机溶剂萃取一次，$D=9$，则

$$E = \left[1-\left(\frac{20/100}{9+20/100}\right)\right]\times 100\% = 97.8\%$$

（2）每次用 20 mL 有机溶剂共萃取两次，则

$$E = \left[1-\left(\frac{1}{9+1}\right)^2\right]\times 100\% = 99\%$$

可见，方法（2）所用有机溶剂的总量虽然少得多，但萃取率反而更高。

4. 分离系数

为了达到分离目的，不仅要求萃取效率高，而且还要考虑共存组分间的分离效果要好，

一般用分离系数 β 来表示分离效果。β 是两种不同组分 A 和 B 分配比的比值，即

$$\beta = \frac{D_A}{D_B}$$

如果 D_A 和 D_B 相差很大，分离系数则大，两种物质可以定量分离；如果 D_A 与 D_B 相差不多，两种物质就难以完全分离。

二、萃取体系的分类和萃取条件的选择

根据被萃取组分与萃取剂所形成的可被萃取分子性质的不同，可把萃取体系分类如下。

1. 螯合物萃取体系

螯合物萃取所用的萃取剂为螯合剂，其在分析化学中有广泛的应用。螯合剂可以与试样中的被萃取金属离子生成稳定的五元或六元环状螯合物，因而萃取灵敏度很高，可用于萃取浓度很低的金属离子，在分离的同时达到富集的效果。

例如，8-羟基喹啉，可与 Pb^{2+}、Tl^{3+}、Fe^{3+}、Ga^{3+}、In^{3+}、Al^{3+}、Co^{2+}、Zn^{2+} 等离子螯合，螯合物结构如下所示（以 M^{n+} 代表金属离子）：

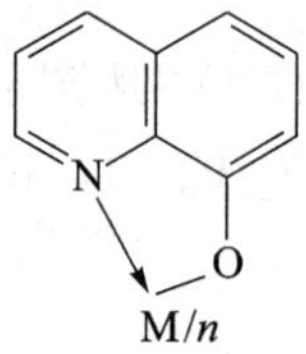

所生成的螯合物难溶于水，可用有机溶剂氯仿萃取。

这类萃取剂如用 HR 表示，它们与金属离子螯合和萃取过程可以简单表示如下：

$$HR \rightleftharpoons H^+ + R^-$$

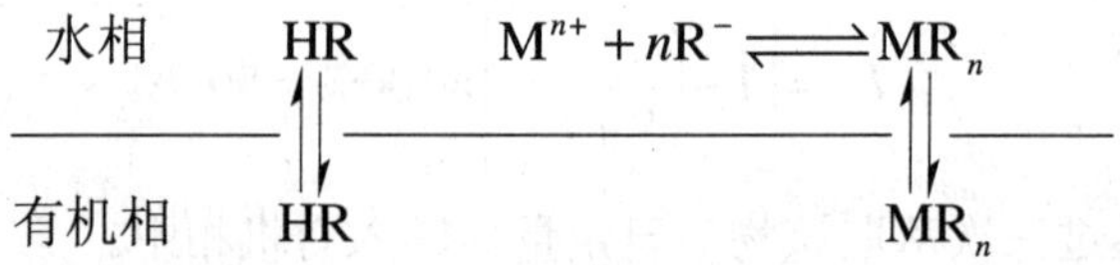

如果萃取剂 HR 易离解，它与金属离子所形成的螯合物 MR_n 愈稳定；螯合物的分配系数愈大，而萃取剂的分配系数愈小，则萃取愈容易进行，萃取效率愈高。对于不同的金属离子，由于其所生成螯合物的稳定性不同，螯合物在两相中的分配系数不同。因而选择和控制适当的萃取条件，包括萃取剂的种类、溶剂的种类、溶液的酸度等，就可使不同的金属离子得以萃取分离。

2. 离子缔合物萃取体系

离子缔合物萃取是被萃取物和萃取剂的两种不同电荷离子缔合生成疏水性中性分子而被有机溶剂萃取。

例如，在 HNO_3 溶液中，用磷酸三丁酯（TBP）萃取 UO_2^{2+}。UO_2^{2+} 在水溶液中生成水合离子 $[UO_2(H_2O)_6]^{2+}$，由于磷酸三丁酯中的氧原子具有较强的配位能力，它能取代水合离子中的水分子形成溶剂化离子，并与 NO_3^- 缔合成疏水性的溶剂化分子 $UO_2(TBP)_6(NO_3)_2$，而被磷酸三丁酯所萃取。

对于这类萃取体系，加入大量的与被萃取化合物具有相同阴离子的盐类，例如，在 HNO_3 溶液中用磷酸三丁酯萃取 UO_2^{2+} 时加入 NH_4NO_3 可显著地提高萃取效率，这种现象称盐析作用，加入的盐类为盐析剂。

3. 协同萃取体系

当由两种或两种以上溶剂组成的混合溶剂萃取某一金属离子或化合物时，如果其分配比显著地大于单一溶剂在相同浓度下单独萃取时的分配比之和，则称这一体系为协同萃取体系。例如，三烷基胺与二（2-乙基己基）磷酸的混合溶剂体系对对氨基苯酚具有明显的协同萃取效应；磷酸三丁酯与三烷基胺类萃取剂对锌离子的协同萃取等。目前有关研究报道很多，详见相关书籍和文献。

三、萃取溶剂的选择原则

在有机物的萃取分离中，溶剂选择的基本原则是“相似相溶”。因此根据相似相溶原则，选用适当溶剂和条件，常可从混合物中选择性地萃取某些组分，从而达到分离目的。通过选择那些对被分离物质溶解度大而对杂质溶解度小的溶剂，一般可以使被分离物质从混合组分中选择性地分离。

常见溶剂的极性大小顺序如下：

饱和烃类 < 全氯代烃类 < 不饱和烃类 < 醚类 < 非全氯代烃类 < 酯类 < 芳胺类 < 酚类< 酮类 < 醇类

例如，焦油废水中油分和酚的分离测定。其分离的依据是：油分易溶于非极性的有机溶剂中，而酚在 pH 较高时以离子状态存在于水相，在 pH 较低时则以分子形式存在而易溶于有机溶剂。因而如欲测定焦油废水中的含酚量，可先将试样 pH 调节到 12，用 CCl_4 萃取分离油分；然后再调节 pH 至 5，以 CCl_4 萃取酚。

9.3　沉淀分离法

沉淀分离是一种经典的分离方法，它利用沉淀反应将被测组分与干扰组分分开。沉淀分离法的主要依据是溶度积原理。常用沉淀分离法有以下几种。

1. 氢氧化物沉淀分离法

常用的沉淀剂有 NaOH、$NH_3 \cdot H_2O$ 等。大多数金属离子都能生成氢氧化物沉淀，但沉淀的溶解度往往相差很大，有可能通过控制酸度的方法使某些金属离子彼此分离。从理论上讲，只要知道氢氧化物的溶度积和金属离子的原始浓度，就能计算出沉淀开始析出和沉淀完全时的酸度。但实际上，金属离子可能形成多种羟基络合物（包括多核络合物）及其他络合物，而沉淀的溶度积又受沉淀晶形的影响。

氢氧化物沉淀分离法的选择性较差，同时又由于氢氧化物是非晶形沉淀，共沉淀现象较为严重。为了改善沉淀性能，减少共沉淀现象，沉淀作用应在较浓的热溶液中进行，使生成的氢氧化物沉淀含水分较少，结构较紧密，体积较小，吸附杂质的机会减小。沉淀完毕后加入适量热水稀释，使吸附的杂质离开沉淀表面转入溶液，从而获得较纯的沉淀。

2. 硫化物沉淀分离法

硫化物沉淀分离所用的沉淀剂主要有硫化氢和硫代乙酰胺。在溶液中 H_2S 存在如下的离

解平衡，即

$$H_2S \underset{+H^+}{\overset{-H^+}{\rightleftharpoons}} HS^- \underset{+H^+}{\overset{-H^+}{\rightleftharpoons}} S^{2-}$$

溶液中的S^{2-}浓度与溶液的酸度有关。因不同金属离子硫化物的溶度积相差很大，因此可以通过控制溶液中S^{2-}浓度的办法使金属离子彼此分离。与氢氧化物沉淀法相似，硫化物沉淀法的选择性较差，硫化物是非晶形沉淀，吸附现象严重。如果改用硫代乙酰胺为沉淀剂，利用硫代乙酰胺在酸性或碱性溶液中水解产生H_2S或S^{2-}来进行均相沉淀，可使沉淀性能和分离效果有所改善。硫代乙酰胺在酸性或碱性溶液中的反应如下式所示：

$$CH_3CSNH_2+2H_2O+H^+=CH_3COOH+H_2S+NH_4^+$$

$$CH_3CSNH_2+3OH^-=CH_3COO^-+S^{2-}+NH_3\uparrow+H_2O$$

3. 共沉淀分离法

在重量分析中，由于共沉淀现象的发生，使所得沉淀混有杂质，所以要设法消除共沉淀现象。但在分离方法中，却可以利用共沉淀现象分离和富集痕量组分。当对微量组分与主要组分进行分离时，如果使主要组分形成沉淀，由于共沉淀现象，微量组分的损失严重，分离效果很差；如果使微量组分形成沉淀，则由于其浓度很小，也很难定量析出。在这种情况下，可以加入某种其他离子与沉淀剂形成沉淀作为载体（也称共沉淀剂），将微量组分定量地共沉淀下来，再将沉淀溶解在少量溶剂中，就可以达到分离和富集的目的。这种方法称为共沉淀分离法。

共沉淀分离法又分为：

（1）利用表面吸附进行的共沉淀。例如，微量的稀土离子用草酸难于使它沉淀完全。如果先加入Ca^{2+}，再用草酸作沉淀剂，则利用生成的CaC_2O_4作载体，可将稀土离子的草酸盐吸附而共同沉淀下来。又如，对于铜中的微量铝，氨水不能使铝沉淀分离。若加入适量的Fe^{3+}，则在加入氨水后，利用生成的$Fe(OH)_3$作载体，可使微量的$Al(OH)_3$共沉淀而分离。

在这些共沉淀分离中，常用的载体有$Fe(OH)_3$、$Al(OH)_3$、$MnO(OH)_2$及硫化物等，都是表面积很大的非晶形沉淀。由于表面积大，与溶液中微量组分接触机会多，容易吸附；又由于非晶型沉淀聚集速率快，吸附在沉淀表面的痕量组分来不及离开沉淀表面，就被夹杂在沉淀中，即所谓吸留，因而富集效率高。硫化物沉淀还易发生后沉淀，更有利于痕量组分的富集。但利用吸附作用的共沉淀分离，一般说来选择性不高，而且引入较多的载体离子，对下一步分析有时会造成困难。

（2）利用生成混晶进行的共沉淀。两种金属离子生成沉淀时，如果它们的晶格相同，就可能生成混晶而共同析出。利用生成混晶进行共沉淀的方法，其选择性比吸附共沉淀法高。例如痕量Ra^{2+}，可用$BaSO_4$作载体，生成$RaSO_4$和$BaSO_4$的混晶共沉淀而得以富集。

9.4 色谱分离法

一、色谱法的基本概念

色谱法（chromatography）最大特点是分离效率高，它能把各种性质类似的组分彼此分离，并分别测定。1906年，俄国植物学家Tswett发表了他的实验结果。为了分离植物色素，他将植物绿叶的石油醚提取液倒入装有碳酸钙粉末的玻璃管中，并用石油醚自上而下淋洗，由于不同的色素组分在碳酸钙颗粒表面的吸附力不同，随着淋洗的进行，不同色素向下移动的速度不同，形成不同颜色的色带，使各色素成分得到了分离。他将这种分离方法命名为色谱法。1931 年，Kuhn 等用同样的方法成功地分离了胡萝卜素和叶黄素，从此，色谱法开始为人们所重视，此后，相继出现了各种色谱方法。

到目前为止，色谱法已发展成为一门内容十分丰富的、独立的学科，并有许多分支。早期的色谱技术只是一种分离技术而已，与萃取、蒸馏等分离技术不同的是色谱分离效率高。当这种高效的分离技术与各种灵敏的检测技术结合在一起后，才使得色谱技术成为最重要的分析方法之一。

在色谱法中，固定相可以是固体的吸附剂，也可以是固体支持剂（载体、担体）上载有液体（即固定液）组成的固定相。流动相可以是气体，也可以是流体。用气体为流动相的称为气相色谱法，用液体作为流动相的称为液相色谱法。液相色谱法又可分为柱色谱法、纸色谱法、薄层色谱法和高效液相色谱法。有关气相色谱法和高效液相色谱法请参考相关书籍，本节只讨论纸色谱法、薄层色谱法、柱色谱法。

二、纸色谱法

纸色谱法（paper chromatography，PC），又称纸层析，它是在滤纸上进行的色谱分析法。滤纸被看做是一种惰性载体，滤纸纤维素中吸附着的水分或其他溶剂，其在层析过程中不流动，称为固定相；在层析过程中沿着滤纸流动的溶剂或混合溶剂是流动相，又称展开剂。将样品溶液点在滤纸上，样品中的各种组分因其在固定相和流动相中溶解度的不同，也就是在两相中的分配系数不同而得以分离。纸色谱法设备简单、操作方便。

纸层析经过一定时间后，流动相前缘已接近滤纸条上端时，即可停止。取出滤纸条，在溶剂前沿处做好标记后在通风橱中挥散溶剂，然后可在可见光下、紫外灯下或经显色后观察纸条上的组分的斑点并测量各斑点到原点的距离以及原点到前沿的距离，如图 9-2 所示。组分色斑在滤纸上的位置一般用比移值 R_f 表示，即

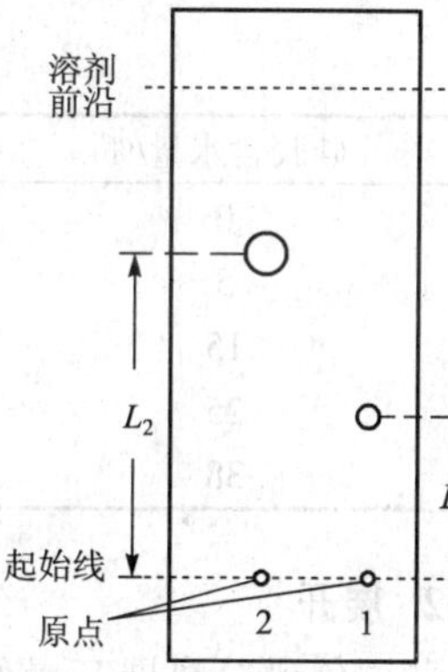

图 9-2　层析法比移值示意图

$$R_f = \frac{\text{原点到组分斑点中心的距离}}{\text{原点到溶剂前沿的距离}}$$

R_f 值与溶质在固定相和流动相间的分配系数有关，在一定色谱条件下，即一定的滤纸，一定组成的固定相和流动相，一定组分的 R_f 值是一定的。因此根据 R_f 值可以进行定性鉴定。

对于纸色谱法，在大多数情况下滤纸不必预先处理。滤纸纤维中吸附着的水分就是固定相，用含水的有机溶剂作为展开剂，试样中的各种组分在纤维素中的吸附水和有机溶剂之间进行分配以达到分离的目的。

对于有色物质的色谱分离，分离后各个斑点可以清楚地看出来。如果色谱分离的是无色物质，则在色谱分离后需要用各种物理的或化学的方法处理滤纸，使各斑点显现出来。由于很多有机化合物在紫外照射下常显现其特有的荧光，因此可在紫外光下观察，用铅笔圈出荧光斑点，也可采用化学显色法，如可用氨熏、用碘蒸气熏、喷以适当的显色剂等，使之与各

组分反应显色。常用的显色剂有 $FeCl_3$ 水溶液、茚三酮正丁醇溶液等。

三、薄层色谱法

薄层色谱法（thin layer chromatography，TLC），又称薄层层析法，它与纸色谱分析法相比较，具有速度快、分离清晰、灵敏度高、可以采用更多种方法显色等特点。

1. 方法原理

在玻璃板上涂布一薄层固体吸附剂（如纤维素、硅胶、活性氧化铝等），一般厚度为 0.25 mm。为了能使吸附剂牢固地黏在玻璃板上，往往同时加入一些黏合剂如煅石膏、羧甲基纤维素钠等。有黏合剂的硅胶薄层比较牢固，展开后便于保存。

与纸色谱法一样，将点好样品的薄层板放入已装有展开剂的层析缸中，使薄层板底部浸入展开剂中。其分离原理是基于固体吸附剂对不同溶质有不同的吸附能力而进行的。当展开剂流过时，由于溶剂分子也被吸附剂吸附，于是被吸附物质竞争，使吸附能力弱的物质被解吸，吸附能力强的则难解吸，展开剂携带着解吸后的溶质向前移动，遇到新的一层吸附剂，溶质又重新被吸附，因为不断有展开剂流动，所以解吸—吸附—解吸过程重复进行。最后，由于不同的物质对吸附剂的亲和力不同而达到分离。硅胶、活性氧化铝活性与含水量之间的关系见表 9-1。

表 9-1　氧化铝和硅胶含水量与活性的比较

硅胶含水量/%	活性级	氧化铝含水量/%
0	Ⅰ	0
5	Ⅱ	3
15	Ⅲ	6
25	Ⅳ	10
38	Ⅴ	15

2. 展开

薄层色谱分离展开操作一般采用上行法，如图 9-3 所示。由于毛细管作用，展开剂通过试样点不断上升，各种溶质以不同速度向前移动，直至需要的距离为止。然后从层析缸中取出薄层板，用铅笔标记溶剂前沿位置，并同时确定各溶质斑点的位置。如果溶质是有色组分，就很容易观察。对于无色物质，和纸色谱法一样，可以用各种化学的或物理的方法使之显色。而且在薄层色谱法中，还可以喷洒强氧化剂（如浓硝酸、浓硫酸、浓硫酸与重铬酸钾、浓硫酸与高锰酸钾以及高氯酸等），再将薄层板加热，使薄层碳化呈现色斑。这种用强氧化剂的显色法在纸色谱法中是不能应用的。

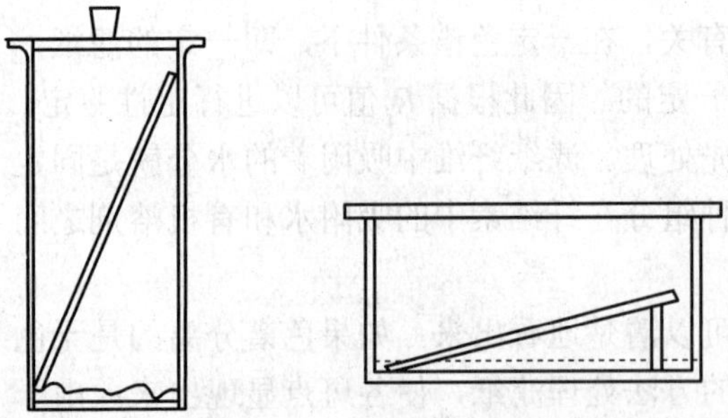

图 9-3　薄层层析法装置

对于组成复杂而难于分离的试样，如果一次展开不能使各组分完全分离，还可以用双向展开法。为此，点试样于薄层板的一角，用一种展开剂朝一个方向展开，展开完后让溶剂挥发干，再用另一种展开剂，朝着与原来垂直的方向进行第二次展开。如果前后两种展开剂选择适当，可以使各种组分完全分离。氨基酸及其衍生物的分离，用双向展开法获得了满意的结果。

3. 测定方法

在薄层板上的待测组分，一般可通过测定斑点面积的大小和比较其颜色深浅，与在同样条件下标准物质的斑点面积和颜色对照，进行半定量分析。或将吸附剂上的斑点刮下，用适当溶剂将溶质溶解，再用适当方法测定其含量，测定结果比较准确，但操作较烦琐。还可以利用光度计、荧光计直接测定薄层板上斑点的吸光度或荧光强度，以确定待测物质的含量。也可以采用薄层扫描，直接扫描薄层板上各个斑点，进行定量测定。

4. 应用示例

薄层色谱法广泛用于有机物的分析，发展极为迅速。例如，薄层色谱法在研究中草药的有效成分、天然化合物的组成，以及药物分析、香精分析、氨基酸及其衍生物的分析等方面的应用十分广泛。

实例　中药延胡索的薄层层析[①]

延胡索为罂粟科植物延胡索的块茎，是常用的镇痛中药。其含 20 多种生物碱，主要有延胡索甲素、乙素、丙素、丁素、戊素、己素等。

供试液的制备：取本品粉末 1 g，加 80% 乙醇 50 mL 回流 1 h，放冷，过滤，滤液蒸干，残渣加水 10 mL 使溶解，加氨试液使成碱性，加乙醚提取 2 次，每次 20 mL，合并乙醚提取液，蒸干，残渣加乙醇溶解成 1 mL 溶液，作为供试品溶液。

对照液制备：取延胡索乙素对照品，加乙醇制成每 1 mL 含 1 mg 的溶液，作为对照品溶液。

薄层板：硅胶 G 加上 2% 氢氧化钠水溶液的自制板，厚度为 0.5 mm。

点样：供试品溶液点样 3 μL，对照液点样 1 μL。

展开剂：正己烷 – 氯仿 – 甲醇（7.5:4:1）

展开方式：展开缸用展开剂预平衡 1 h，上行展开，展距 80 mm。

显色：置紫外光 365 nm 下检视，再依次喷以稀碘化铋钾试液和亚硝酸钠乙醇试液，置日光下检视。

色谱识别：供试液色谱中，在与对照品色谱相应的位置上，显相同颜色的棕色斑点。

注意事项：展开后挥散展开剂后再在紫外光下观察和喷显色剂。

中药延胡索的薄层层析经碘蒸气显色的色谱图如图 9-4（见封三）所示。

四、柱色谱法

柱色谱法（column chromatography）是将固定相（硅胶、氧化铝、硅藻土、离子交换树脂、聚乙酰胺、活性炭等）装于柱内，在柱顶端加入样品后，用适合的溶剂为洗脱剂（流动相）洗脱样品组分。当待分离的混合物溶液流过吸附柱时，各种成分同时被吸附在柱的上端。当洗脱剂流下时，由于不同化合物吸附能力不同，被洗脱的速度也不同，因此样品组分沿竖直方向由上而下移动分离。它既区别于用于分离分析的气相色谱法和高效液相色谱法，也区别于样品在平面形固定相内移动的纸层析和薄层色谱法。本法主要用于分离，也具有浓缩富集作用。

柱色谱通常在玻璃管中填入表面积很大经过活化的多孔性或粉状固体吸附剂，如图 9-5

① 中国卫生部药典委员会. 中华人民共和国药典中药薄层色谱彩色图集［M］. 广州：广东科技出版社，1993：44-45.

(见封三) 所示。用溶剂洗脱时，已经分开的溶质可以依次从柱下端流出、收集；也可以将柱吸干、挤出后按色带分割开，再用溶剂将各色带中的溶质萃取出来。柱层析的关键是装柱要紧密，要求无断层、无缝隙；在装柱、洗脱过程中，始终保持有溶剂覆盖吸附剂；一个色带与另一色带的洗脱液在收集时不要交叉。

本法广泛用于化工、有机合成、环境、食品、植物、中药等样品的纯化或前处理。例如在水和气溶胶的有机污染分析中，将萃取液转移到层析柱内，而后用环己烷洗脱烷烃部分，用苯洗脱多环芳烃类污染物，用乙醇洗脱极性组分；在中药成分研究中，因为其组成复杂，常常先对样品进行提取，然后利用柱层析采用不同的洗脱剂对提取物的组分进行分离。

9.5 离子交换分离法

离子交换（ion exchange）分离法是利用离子交换剂与溶液中离子发生交换反应而使离子分离的一种方法。现在最常用的是聚苯乙烯树脂的离子交换剂，这种离子交换剂呈球形小颗粒，强度大，很稳定，酸碱和氧化剂对它不起作用，具有较大的交换容量。它已广泛应用于无机离子的分离与富集。例如，微量分析中除去大量的基体；从大量溶液中富集某些痕量组分；分离性质相近的离子，如碱金属离子、稀土离子和某些同位素；制备高纯水和高纯试剂等。离子交换法还可用于有机化合物和生化物质等的分离。近年来高效离子色谱仪器化，它将分离与测定结合起来，大大提高了工作效率。

一、离子交换剂的类型、结构和性能

1. 离子交换树脂类型

一般离子交换剂由骨架（R）和可交换基团如$—SO_3H$、$—COOH$、$—N^+(CH_3)_3OH^-$、$—N^+(CH_3)_2(C_2H_4OH)OH^-$、—OH（酚羟基）、$—NH_2$等组成。这些可交换基团是通过化学反应接到骨架上的。在水溶液中离子交换剂可离解出H^+或OH^-。例如：

$$RSO_3H + Na^+ \rightleftharpoons RSO_3Na + H^+$$

$$RN^+(CH_3)_3OH^- + Cl^- \rightleftharpoons RN^+(CH_3)_3Cl^- + OH^-$$

其中 R 代表树脂骨架的一个单元。前一种类型树脂的H^+可与溶液中的阳离子交换，称为阳离子交换树脂；后一种树脂的OH^-可与溶液中的阴离子交换，称为阴离子交换树脂。根据可交换基团的酸碱性的强弱，离子交换树脂的分类见表 9-2。此外，还有一种螯合树脂，树脂内含有可与某些金属离子形成螯合物的活性基团，在一定条件下，它能选择性地交换某种金属离子。

表 9-2　离子交换树脂的基本分类

离子交换树脂	类　型	通常使用的可交换基团
阳离子交换树脂	强酸性阳离子交换树脂 中等酸性阳离子交换树脂 弱酸性阳离子交换树脂	$—SO_3H$（磺酸基） $—PO(OH)_2$（膦酸基） —COOH（羧酸基）
阴离子交换树脂	强碱性阴离子交换树脂 中等碱性阴离子交换树脂 弱碱性阴离子交换树脂	$—N^+(CH_3)_3OH^-$（季胺） $—N^+(CH_3)_2(C_2H_4OH)OH^-$（季胺） $—NH_2$（胺、多胺）

2. 离子交换树脂的结构

离子交换树脂是一类高分子有机聚合物，它具有三度空间的网状结构，而且有一定的伸缩性。在网状的骨架之间有一定的空隙，容许游离的离子自由进出。此外，在网状结构的骨架上有许多可以被交换的活性基团，当溶液中的离子扩散进入树脂内部并置换了这些离子，就发生了离子交换反应。

聚苯乙烯树脂是由苯乙烯和二乙烯苯共聚而成，反应式如下：

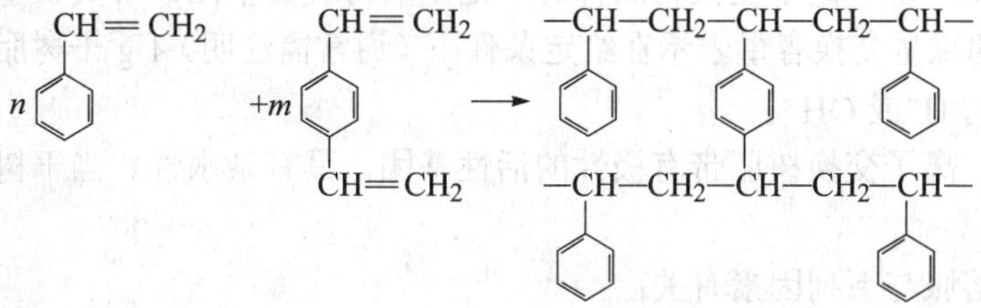

聚苯乙烯树脂引入活性基团后才成为离子交换树脂，可以制成阳离子交换树脂和阴离子交换树脂。

聚苯乙烯树脂被磺化后，在苯环上导入磺酸基即成阳离子交换树脂。

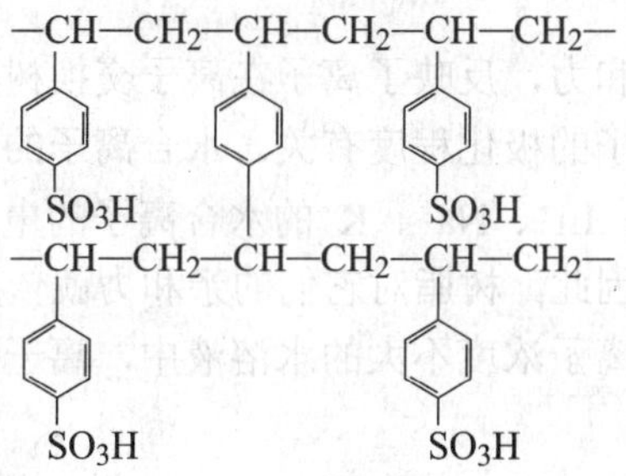

阴离子交换树脂是在聚苯乙烯树脂苯环上先进行氯甲基化，然后与三甲胺作用得到季铵盐树脂。结构式如下：

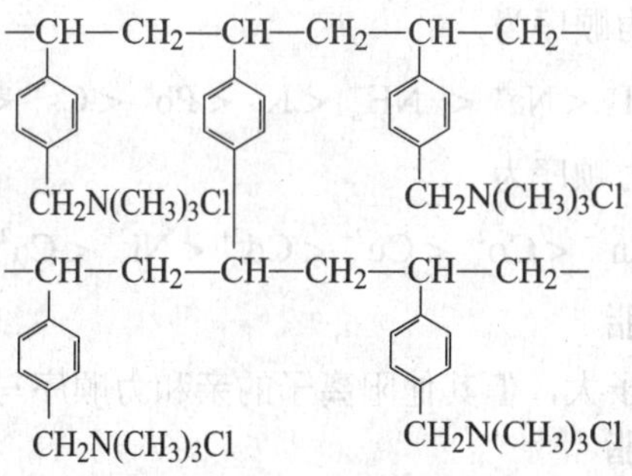

这样的树脂再用碱处理，则转变成季铵碱树脂。

3. 离子交换树脂的性能

（1）交联度。聚苯乙烯树脂的本体是苯乙烯，加入二乙烯苯的目的是使苯乙烯聚合时碳键之间产生交叉，构成网状结构。显然，二乙烯苯越多树脂网状结构交叉越多，网间孔隙越小。所以二乙烯苯成分的多少是衡量树脂结构中交联的程度，故二乙烯苯称为交联剂。交联

度的大小可用交换剂中含有交联剂的质量分数表示，即

$$交联度=\frac{交联剂}{交换剂}\times 100\%$$

树脂的交联度是树脂的重要性质之一，交联度大，即网眼小，对大离子有较大的阻力，使交换的选择性提高；另外，交联度大时形成的树脂结构紧密，机械强度高。树脂的交联度一般以 4%～14%为宜。

（2）交换容量。每种离子交换树脂都有一定量的可交换基团。可交换基团的含量用交换容量表示。分析的重量交换容量表示在给定条件下（通常需注明）1 g 干树脂含有相当于多少毫摩尔的可交换的 H^+或 OH^-。

（3）溶胀性。离子交换树脂带有极性的活性基团，具有亲水性。当干树脂浸入水中时，树脂吸水而膨胀。

通常树脂的溶胀与下列因素有关：

① 可交换基团易离解（如强酸性、强碱性）、水合程度高，溶胀程度高；

② 与骨架有关，尤其是与交联度和孔结构有关，交联度大，溶胀性少；

③ 与外部溶液的性质有关，电解质浓度低，溶胀程度高。

二、离子交换的亲和力

离子交换树脂对离子的亲和力，反映了离子在离子交换树脂上的交换能力。这种亲和力与水合离子的半径、电荷及离子的极化程度有关。水合离子的半径越小，电荷越高，极化度越大，其亲和力也越大。例如，Li^+、Na^+、K^+的水合离子的电荷数目相同，但水合离子半径依次减小，极化度依次增大，因此，树脂对它们的亲和力就依次增强。

实验证明，在常温下，在离子浓度不大的水溶液中，离子交换树脂对不同离子的亲和力有下列顺序。

1. 强酸性阳离子交换树脂

（1）不同价的离子，电荷越高，亲和力越大。如

$$Na^+ < Ca^{2+} < Al^{3+} < Th（\text{IV}）$$

（2）一价阳离子的亲和力顺序为

$$Li^+ < H^+ < Na^+ < NH_4^+ < K^+ < Pb^+ < Cs^+ < Tl^+ < Ag^+$$

（3）二价阳离子的亲和力顺序为

$$UO_2^{2+} < Mg^{2+} < Zn^{2+} < Co^{2+} < Cu^{2+} < Cd^{2+} < Ni^{2+} < Ca^{2+} < Sr^{2+} < Pb^{2+} < Ba^{2+}$$

2. 弱酸性阳离子交换树脂

H^+的亲和力比其他阳离子大，但其他阳离子的亲和力顺序与上面所述相似。

3. 强碱性阴离子交换树脂

常见阴离子的亲和力顺序为

$F^- < OH^- < CH_3COO^- < HCOO^- < Cl^- < NO_2^- < CN^- < Br^- < C_2O_4^{2-} < NO_3^- < HSO_4^- <$
$I^- < CrO_4^{2-} < SO_4^{2-} <$ 柠檬酸根

4. 弱碱性阴离子交换树脂

常见阴离子的亲和力顺序为

$F^- < Cl^- < Br^- < I^- = CH_3COO^- < MoO_4^{2-} < PO_4^{3-} < AsO_4^{3-} < NO_3^-$ < 酒石酸根 < 柠檬酸根 < $CrO_4^{2-} < SO_4^{2-} < OH^-$

应该指出，以上所述仅是一般的规则。在温度较高、离子浓度较大及有络合剂存在的水溶液中，或在非水介质中，离子的亲和力顺序会发生改变。此外，不同牌号的树脂，对各种离子的亲和力顺序有时也略有不同。

三、离子交换分离的操作方法

1. 树脂的选择和预处理

首先根据分离对象，选择合适的树脂，同时按照不同情况选择不同颗粒大小的树脂。对于分离性质相近的元素，一般采用颗粒细小的树脂。因为树脂颗粒减小，可以使表面积增大，树脂颗粒之间的空隙相应变小，溶液不易从空隙中流下。因而离子更容易扩散到树脂表面和树脂内部的交换基团，使整个交换速度加快，提高分离效果。但树脂过于细小会使阻力增大，流速减慢。常用作分离的离子交换树脂为 80～100 目或 100～120 目。

一般商品树脂中含有少量的有机或无机杂质，使用前必须经过净化处理。先将树脂放在水中浸泡 12 h 左右，让其充分溶胀，漂洗多次，然后，对于强酸性阳离子交换树脂，用 3～5 $mol \cdot L^{-1}$ HCl 浸泡成 H^+式，同时使杂质交换出来，然后用水漂洗，可反复处理多次。对于 OH^- 式的强碱性阴离子交换树脂先后用 1 $mol \cdot L^{-1}$ HCl、水、0.5 $mol \cdot L^{-1}$ NaOH 溶液和水处理。如果需要的是 Cl^- 式树脂，则最后用 HCl 和水处理。用水洗去残留在树脂中的酸或碱后，浸泡在水中备用。

2. 装柱

离子交换分离法通常都是在交换柱上进行的。交换柱装得均匀与否对分离效果有很大影响。一般先在柱内装入 1/3 体积蒸馏水，然后将处理好的树脂从柱顶缓缓加入，让树脂在柱内均匀、自由沉降，使树脂层均匀一致。树脂层上保持一定的液面，防止树脂干裂或树脂间隙中存有气泡。

3. 交换

将需要进行交换的溶液倾入交换柱，调节流速，使溶液中的离子能充分进行交换。接着用不含试样的空白溶液洗涤交换柱。

4. 洗脱

交换完毕后用蒸馏水进行洗涤，把留在交换柱中未被交换的溶液和交换后形成的酸（阳离子交换树脂）或碱（阴离子交换树脂）除去。洗涤至流出液呈中性。

5. 再生

经过洗脱后的交换柱或丧失工作能力的树脂，必须进行再生才能继续使用。例如阳离子交换树脂用 3 $mol \cdot L^{-1}$ HCl 处理，使转化成 H^+式；阴离子交换树脂用 1 $mol \cdot L^{-1}$ NaOH 处理，将其转化成 OH^- 式备用。

四、离子交换分离法的应用

1. 去离子水的制备

天然水中含有各种电解质，可用离子交换法净化。该法用 H^+式强酸阳离子交换树脂除去水中的阳离子，再用强碱阴离子交换树脂除去水中的阴离子。以除去 NaCl 为例，如

$$R—SO_3^-H^+ + Na^+ \rightleftharpoons R—SO_3^-Na^+ + H^+$$

$$R'—N^+(CH_3)_3OH^- + Cl^- \rightleftharpoons R'—N^+(CH_3)_3Cl^- + OH^-$$

交换出来的 H^+ 和 OH^- 结合生成水，净化水都用复柱法，把阴、阳离子交换柱串联起来，串联的级数增加，水的纯高提高。但仅增加串联级数不能制得超纯水，因为柱上的交换反应多少会发生一些逆反应，例如 H^+ 又将 Na^+ 交换下来，OH^- 又将 Cl^- 交换下来。因此在串联柱后增加一级“混合柱”（阳离子树脂和阴离子树脂按 1:2 体积混合装柱），这样交换出来的 H^+ 及时与 OH^- 结合成水，可以得到超纯水。

离子交换树脂交换饱和后失去净化作用，此时需要再生。再生是上述交换反应的逆过程，以强酸（如 HCl）处理阳离子交换柱，以强碱（如 NaOH）处理阴离子交换柱，混合柱应先利用比重的差别将两种树脂分开，分别再生后混合装柱。

2. 痕量元素的预富集

用离子交换技术可将痕量元素从几升或几十升溶液中交换到小柱上，然后用少量淋洗液洗脱，这样痕量元素的富集倍数可达 10^3～10^5。一种测定到 10^{-6} mol•L^{-1}的测定方法，经离子交换富集后可测定到 10^{-9}～10^{-11} mol•L^{-1}。为了富集痕量元素，必须选择合适的离子交换剂-溶剂体系，使被富集元素对离子交换剂有很高的亲和力，才能达到定量回收或有效分离的目的。

9.6 其他分离新技术

一、加速溶剂萃取

加速溶剂萃取（accelerated solvent extraction，ASE）是一种在较高温度（50～200℃）和较大压力（10.3～20.6 MPa）条件下用溶剂萃取固体或半固体的新颖的样品前处理方法。提高温度能增加被提取物的溶解度、增加扩散速度、降低溶质与基质间的相互作用、降低溶剂的黏度、降低溶剂与基质间的表面张力等。液体对溶质的溶解能力远大于气体对溶质的溶解能力。增加压力能提高溶剂的沸点，使溶剂在萃取过程中始终保持液态。如丙酮在常压下的沸点为 56.3℃，而在 5 个大气压下，其沸点高于 100℃。此外，增加压力还可提高溶剂对溶质的萃取速度，缩短分析时间。与传统的萃取法相比，ASE 具有萃取时间短、溶剂用量少、萃取效率高等突出优点。

二、微波辅助萃取

微波辅助萃取（microwave assisted extraction，MAE）是利用微波能来提高萃取率的一种新技术。它的原理是在微波场中，吸收微波能力的差异使得基体物质的某些区域或萃取体系中的某些组分被选择性加热，从而使得被萃取物质从基体或体系中分离，进入到介电常数较小、微波吸收能力相对差的萃取剂中。微波萃取具有设备简单、适用范围广、萃取效率高、重现性好、节省时间、节省试剂、污染小等特点。目前，该技术已在环境、化工、生化、药物、食品、工业分析和天然产物提取等领域有广泛应用。

三、固相萃取

固相萃取（solid phase extraction，SPE）最早在 20 世纪 70 年代提出。其基本原理是基于样品在固定相和流动相之间的分配差异。SPE 保留或洗脱的机制取决于被分析物与固相表面的活性基团、被分析物与液相之间的分子间作用力。现代 SPE 方法采用长约 2～3 cm 的聚丙烯小柱，内装各种固定相填料。除了经典的柱管式 SPE 外，圆盘式 SPE 的使用也日渐广泛。圆盘式 SPE 使用一张扁平过滤膜，厚度<1 mm，直径 4～96 mm。它与柱管式 SPE 比较，具有相对较大的横截面，固定相薄，这就使流速增大，萃取速度也增大，特别适合被测组分含量低的样品如水中痕量有机物的分析、尿中药物代谢物的分析等，可以通过增大样品体积来提高检测灵敏度。

SPE 的固定相填料种类繁多，其中吸附型的固定相有：活性炭、硅胶、硅藻土、氧化铝等。化学键合相硅胶中，正相的有氨基、腈基、二醇基等；反相的有 C_6、C_8、C_{18}、腈基、环己基、苯基等；离子交换型的有季胺、氨基、二氨基、苯磺酸基、羧基等。此外还有聚合物，如苯乙烯–二乙烯苯共聚物等。目前还有新型的填料，如限入性介质、分子印迹吸附剂等。

四、固相微萃取

固相微萃取（solid-phase microextraction，SPME）是由加拿大的 Waterloo 大学 Pawliszyn 教授于 1990 年发明的一种吸附/解吸技术，其装置如图 9-6 所示。SPME 是以涂渍在石英玻璃纤维上的固定相（高分子涂层或吸附剂）作为吸收（吸附）介质，对目标分析物进行萃取和浓缩，并在气相色谱进样口中直接热解吸（或用 HPLC 流动相冲洗到液相色谱柱中），进行分离检测。SPME 集萃取、浓缩、解吸、进样于一体，具有样品用量少、选择性高、使用方便、快捷等优点，目前已在环境、食品、医药、临床、法庭分析等众多领域得到广泛的应用，已成功地应用于气态、水体、固态样品中的挥发性有机物、半挥发性有机物以及无机物的分析。

在进行样品提取时，根据样品的状态，可以将萃取纤维直接放入样品溶液中对被测组分进行提取（直接 SPME 法），也可以将萃取纤维置于样品的上方进行提取（顶空 SPME 法）。在应用 SPME 进行样品提取时，需先考察萃取纤维涂层的类型、萃取温度、萃取时间、搅拌速度和时间、盐析效应、溶液酸度、解析温度和时间等因素对被测组分提取效率的影响，以确定最佳提取条件。

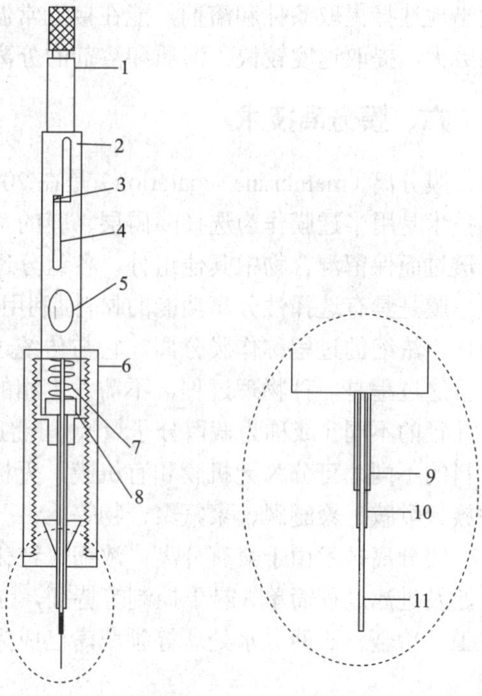

图 9-6　商品 SPME 装置结构示意图

1—压杆；2—筒体；3—压杆卡持螺钉；4—Z 形槽；5—筒体视窗；6—调节针头长度的定位器；7—拉伸弹簧；8—密封隔膜；9—注射针管；10—纤维联接管；11—熔融石英纤维

五、超临界萃取

超临界流体萃取法（supercritical fluid extraction，SFE）是一种物理分离和纯化方法，它是以 CO_2 为萃取剂，在超临界状态下，加压后使目标物溶解度增大将其溶解，然后通过减压又将其释放出来。该过程中 CO_2 循环使用。在压力为 8～40 MPa 时的超临界，CO_2 足以溶解任何非极性、中极性化合物，在加入改性剂后则可溶解极性化合物。

所谓超临界流体，是指物体处于其临界温度和临界压力以上时的状态。这种流体兼有液体和气体的优点，密度大，黏稠度低，表面张力小，有极高的溶解能力，能深入到提取材料的基质中，发挥非常有效的萃取功能。而且这种溶解能力随着压力的升高而急剧增大。这些特性使得超临界流体成为一种好的萃取剂。而超临界流体萃取，就是利用超临界流体的这一强溶解能力特性，从复杂基质样品中提取各种目标成分，再通过减压将其释放出来的过程。

该技术除可替代传统溶剂分离法外，还可以解决生物大分子、热敏性和化学不稳定性物质的分离，因而在食品、医药、香料、化工、生命科学等领域受到广泛重视。在传统的分离方法中，溶剂萃取是利用溶剂和各溶质间的亲和性（表现在溶解度）的差异来实现分离的；蒸馏是利用溶液中各组分的挥发度（蒸气压）的不同来实现分离的。而超临界 CO_2 萃取则是通过调节 CO_2 的压力和温度来控制溶解度和蒸气压这两个参数进行分离的，故超临界 CO_2 萃取综合了溶剂萃取和蒸馏的两种功能和特点，进而决定了超临界 CO_2 萃取具有传统普通流体萃取方法所不具有的优势：通过调节压力和温度而方便地改变溶剂的性质，控制其选择性；适当地选择提取条件和溶剂，能在接近常温下操作，对热敏性物质可适用；因黏度小、扩散系数大，提取速度较快；溶质和溶剂的分离彻底而且容易。

六、膜分离技术

膜分离（membrane separation）是在 20 世纪 60 年代后迅速崛起的一门分离新技术。膜分离技术是用半透膜作为选择障碍层、膜的两侧存在的一定量的能量差作为动力，允许某些组分透过而保留混合物中其他组分，各组分透过膜的迁移率不同，从而达到分离目的的技术。

膜是具有选择性分离功能的材料。利用膜的选择性分离实现样品溶液中不同组分的分离、纯化、浓缩的过程称作膜分离。它与传统过滤的不同在于，膜可以在分子范围内进行分离，并且这过程是一种物理过程，不需发生相的变化和添加助剂。膜的孔径一般为微米级，依据其孔径的不同（或称为截留分子量），可将膜分为微滤膜、超滤膜、纳滤膜和反渗透膜；根据材料的不同，可分为无机膜和有机膜，无机膜有陶瓷膜和金属膜，有机膜有醋酸纤维素、芳香族聚酰胺、聚醚砜、聚氟聚合物等。

膜分离技术由于兼有分离、浓缩、纯化和精制的功能，又有高效、节能、环保、分子级过滤及过滤过程简单、易于控制等特征，因此，目前已广泛应用于食品、医药、生物、环保、化工、冶金、石油、水处理等领域，已成为当今分离科学中最重要的手段之一。

思 考 题

1. 试述分离在定量分析中的重要性，分离时对各组分的回收率要求如何？
2. 举例说明各种形式沉淀分离的作用原理，并比较它们的优缺点。

3. 分别说明分配系数和分配比的物理意义。在溶剂萃取分离中，为什么要引入分配比这一参数？

4. 在溶剂萃取分离中萃取剂起什么作用？

5. 根据形成螯合物萃取体系的平衡过程，试讨论萃取条件的选择问题。

6. 举例说明纸色谱法和薄层色谱法的分离机理。

7. 说明各种分离新技术的原理和特点。

附　　录

附录一　常用酸、碱在水中的离解常数（25℃）

化合物	英文名称	分子式	分步	K_a	pK_a
无机酸					
砷酸	Arsenic acid	H_3AsO_4	1	5.5×10^{-3}	2.26
			2	1.7×10^{-7}	6.76
			3	5.1×10^{-12}	11.29
亚砷酸	Arsenious acid	H_2AsO_3		5.1×10^{-10}	9.29
硼酸	Boric acid	H_3BO_3	1	5.4×10^{-10}	9.27（20℃）
			2		＞14（20℃）
碳酸	Carbonic acid	H_2CO_3	1	4.5×10^{-7}	6.35
			2	4.7×10^{-11}	10.33
铬酸	Chromic acid	H_2CrO_4	1	0.18	0.74
			2	3.2×10^{-7}	6.49
氢氟酸	Hydrofluoric acid	HF		6.3×10^{-4}	3.20
氢氰酸	Hydrocyanic acid	HCN		6.2×10^{-10}	9.21
氢硫酸	Hydrogen sulfide	H_2S	1	8.9×10^{-8}	7.05
			2	1.0×10^{-19}	19
过氧化氢	Hydrogen peroxide	H_2O_2		2.4×10^{-12}	11.62
次溴酸	Hypobromic acid	$HBrO$		2.8×10^{-9}	8.55
次氯酸	Hypochlorous acid	$HClO$		4.0×10^{-8}	7.40
次碘酸	Hypoiodous acid	HIO		3.2×10^{-11}	10.50
碘酸	Iodic acid	HIO_3		0.17	0.78
亚硝酸	Nitrous acid	HNO_2		5.6×10^{-4}	3.25
高氯酸	Perchloric acid	$HClO_4$			−1.6（20℃）
高碘酸	Periodic acid	HIO_4		2.3×10^{-2}	1.64
磷酸	Phosphoric acid	H_3PO_4	1	6.9×10^{-3}	2.16
			2	6.2×10^{-8}	7.12
			3	4.8×10^{-13}	12.32
亚磷酸	Phosphorous acid	H_3PO_3	1	5.0×10^{-2}	1.30（20℃）
			2	2.0×10^{-7}	6.70（20℃）
焦磷酸	Pyrophosphoric acid	$H_4P_2O_7$	1	0.12	0.91
			2	7.9×10^{-3}	2.10
			3	2.0×10^{-7}	6.70
			4	4.8×10^{-10}	9.32
硅酸	Silicic acid	H_4SiO_4	1	1.6×10^{-10}	9.9（30℃）
			2	1.6×10^{-12}	11.8（30℃）
			3	1.0×10^{-12}	12.0（30℃）

续表

化合物	英文名称	分子式	分步	K_a	pK_a
			4	1.0×10^{-12}	12.0（30℃）
硫酸	Sulfuric acid	H_2SO_4	2	1.0×10^{-2}	1.99
亚硫酸	Sulfurous acid	H_2SO_3	1	1.4×10^{-2}	1.85
			2	6.3×10^{-8}	7.20
水	Water	H_2O		1.01×10^{-14}	14.0
无机碱					
氨水	Ammonia	$NH_3\cdot H_2O$		5.6×10^{-10}	9.25
羟胺	Hydroxylamine	NH_2OH		1.1×10^{-6}	5.94
钙	Calcium (Ⅱ) ion	Ca^{2+}		2.5×10^{-13}	12.6
铝	Aluminum (Ⅲ) ion	Al^{3+}		1.0×10^{-5}	5.0
钡	Barium (Ⅱ) ion	Ba^{2+}		4.0×10^{-14}	13.4
钠	Sodium ion	Na^+		1.6×10^{-15}	14.8
镁	Magnesium (Ⅱ) ion	Mg^{2+}		4.0×10^{-12}	11.4
有机酸					
甲酸	Formic acid	HCOOH		1.8×10^{-4}	3.75（20℃）
乙酸	Acetic acid	CH_3COOH		1.8×10^{-5}	4.76
丙烯酸	Acrylic acid	$H_2CCHCOOH$		5.6×10^{-5}	4.25
苯甲酸	Benzoic acid	C_6H_5COOH		6.5×10^{-5}	4.19
一氯乙酸	Chloroacetic acid	$CH_2ClCOOH$		1.4×10^{-3}	2.85
三氯乙酸	Trichloroacetic acid	CCl_3COOH		0.2	0.70
草酸	Oxalic acid	$H_2C_2O_4$	1	5.9×10^{-2}	1.23
（乙二酸）			2	6.5×10^{-5}	4.19
已二酸	Adipic acid	$(CH_2CH_2COOH)_2$	1	3.7×10^{-5}	4.43
			2	3.9×10^{-6}	5.41
丙二酸	Malonic acid	$CH_2(COOH)_2$	1	1.5×10^{-3}	2.83
			2	2.0×10^{-6}	5.69
丁二酸	Succinic acid	$(CH_2COOH)_2$	1	6.9×10^{-5}	4.16
（琥珀酸）			2	2.5×10^{-6}	5.61
马来酸	Maleic acid	$C_2H_2(COOH)_2$	1	1.5×10^{-2}	1.83
（顺式丁烯二酸）			2	8.5×10^{-7}	6.07
富马酸	*trans*-Fumaric acid	$C_2H_2(COOH)_2$	1	9.3×10^{-4}	3.03（18℃）
（反式丁烯二酸）			2	3.6×10^{-5}	4.44（18℃）
邻苯二甲酸	*o*-Phthalic acid	$C_6H_4(COOH)_2$	1	1.3×10^{-3}	2.89
			2	3.1×10^{-6}	5.51
酒石酸	Tartaric acid	$(CHOHCOOH)_2$	1	1.0×10^{-3}	2.98
			2	4.6×10^{-5}	4.34
水杨酸	Salicylic acid	$C_6H_4OHCOOH$	1	1.1×10^{-3}	2.97（19℃）

续表

化合物	英文名称	分子式	分步	K_a	pK_a
（邻羟基苯甲酸）			2	4.0×10^{-14}	13.40（18℃）
苹果酸	Malic acid	$HOCHCH_2(COOH)_2$	1	4.0×10^{-4}	3.40
（羟基丁二酸）			2	7.8×10^{-6}	5.11
柠檬酸	Citric acid	$C_3H_4OH(COOH)_3$	1	7.2×10^{-4}	3.14（20℃）
			2	1.7×10^{-5}	4.77（20℃）
			3	4.1×10^{-7}	6.39（20℃）
抗坏血酸	Ascorbic acid	$C_6H_8O_6$	1	7.9×10^{-5}	4.10（24℃）
			2	1.6×10^{-12}	11.79（16℃）
苯酚	Phenol	C_6H_5OH		1.3×10^{-10}	9.89（20℃）
羟基乙酸	Glycolic acid	$HOCH_2COOH$		1.5×10^{-4}	3.83
对羟基苯甲酸	*p*-Hydroxy-benzoic acid	HOC_6H_5COOH	1	3.3×0^{-5}	4.48（19℃）
			2	4.8×10^{-10}	9.32（19℃）
甘氨酸	Glycine	H_2NCH_2COOH	1	4.6×10^{-3}	2.34（COOH）
（乙氨酸）			2	2.5×10^{-10}	9.69（NH_3）
丙氨酸	*L*-Alanine	H_3CCHNH_2COOH	1	4.6×10^{-3}	2.34（COOH）
			2	2.0×10^{-10}	9.69（NH_3）
丝氨酸	Serine	$HOCH_2CHNH_2COOH$	1	6.2×10^{-3}	2.21（COOH）
			2	7.1×10^{-10}	9.15（NH_3）
苏氨酸	Threonine	$H_3CCHOHCHNH_2COOH$	1	8.1×10^{-3}	2.09（COOH）
			2	7.9×10^{-10}	9.10（NH_3）
蛋氨酸	Methionine	$H_3CSC_3H_5NH_2COOH$	1	5.2×10^{-3}	2.28（COOH）
			2	6.2×10^{-10}	9.21（NH_3）
谷氨酸	*L*-Glutamic acid	$C_3H_5NH_2(COOH)_2$	1	6.5×10^{-3}	2.19（COOH）
			2	2.1×10^{-10}	9.67（NH_3）
苦味酸	Picric acid	$C_6H_2OH(NO_2)_3$		0.42	0.38
乙二胺四乙酸	Ethylenediamine-	$(HOOCCH_2)_2\overset{H}{\underset{+}{N}}CH_2$—	1	0.1	0.9
	tetraacetic acid	$CH_2\underset{H}{\overset{+}{N}}(CH_2COOH)_2$	2	2.5×10^{-2}	1.6
			3	1.0×10^{-2}	2.0
			4	2.1×10^{-3}	2.67
			5	6.9×10^{-7}	6.16（NH）
			6	5.5×10^{-11}	10.26（NH）
有机碱					
甲胺	Methylamine	CH_3NH_2		2.3×10^{-11}	10.63
正丁胺	Butylamine	$CH_3(CH_2)_3NH_2$		1.7×10^{-11}	10.77（20℃）
二乙胺	Diethylamine	$(C_2H_5)_2NH$		9.5×10^{-12}	11.02（40℃）
二甲胺	Dimethylamine	$(CH_3)_2NH$		2.1×10^{-11}	10.68

续表

化合物	英文名称	分子式	分步	K_a	pK_a
乙胺	Ethylamine	$C_2H_5NH_2$		2.0×10^{-11}	10.70
乙二胺	Ethanediamine	$H_2NCH_2CH_2NH_2$	1	2.0×10^{-11}	10.71
			2	2.8×10^{-8}	7.56
三乙胺	Triethylamine	$(C_2H_5)_3N$		1.8×10^{-11}	10.75
*六次甲基四胺	Hexamethylene-tetramine	$(CH_2)_6N_4$		7.1×10^{-6}	5.15
乙醇胺	Ethanolamine	$HOCH_2CH_2NH_2$		3.2×10^{-10}	9.50
苯胺	Aniline	$C_6H_5NH_2$		2.3×10^{-5}	4.63
联苯胺	*p*-Benzidine	$(C_6H_4NH_2)_2$	1	2.2×10^{-5}	4.66
			2	2.7×10^{-4}	3.57
α-萘胺	α-Naphthylamine	$C_{10}H_9N$		1.2×10^{-4}	3.92
β-萘胺	β-Naphthylamine	$C_{10}H_9N$		6.9×10^{-5}	4.16
对甲氧基苯胺	*p*-Anisidine	$CH_3OC_6H_4NH_2$		4.5×10^{-5}	4.35
尿素	Urea	NH_2CONH_2		0.79	0.10（21℃）
吡啶	Pyridine	C_5H_5N		5.6×10^{-6}	5.25
马钱子碱	Brucine	$C_{23}H_{26}N_2O_4$		5.2×10^{-9}	8.28
可待因	Codeine	$C_{18}H_{21}NO_3$		6.2×10^{-9}	8.21
吗啡	Morphine	$C_{17}H_{19}NO_3$		6.2×10^{-9}	8.21
烟碱	Nicotine	$C_{10}H_{14}N_2$	1	9.5×10^{-9}	8.02
			2	7.6×10^{-4}	3.12
毛果芸香碱	Pilocarpine	$C_{11}H_{16}N_2O_2$		1.3×10^{-7}	6.87（30℃）
8-羟基喹啉	8-Quinolinol	$C_9H_6N(OH)$	1	9.6×10^{-6}	5.02（20℃）
			2	1.6×10^{-10}	9.81
奎宁	Quinine	$C_{20}H_{24}N_2O_2$	1	3.0×10^{-9}	8.52
			2	7.4×10^{-5}	4.13
番木鳖碱(士的宁)	Strychnine	$C_{21}H_{22}NO_3$		5.5×10^{-9}	8.26

数据录自：David R.Lide. Handbook of Chemistry and Physics [M]. 78th.Ed. CRC Press，1997.

* 数据录自：武汉大学. 分析化学（第四版）[M]. 北京：高等教育出版社，2000：32.

附录二　常用市售酸碱试剂的浓度

试剂名称	密度/（$g \cdot mL^{-1}$）	质量分数/%	浓度/（$mol \cdot L^{-1}$）
盐酸	1.18～1.19	36～38	11.6～12.4
硝酸	1.39～1.40	65.0～68.0	14.4～15.2
硫酸	1.83～1.84	95～98	17.8～18.4
磷酸	1.69	85	14.6
高氯酸	1.68	70.0～72.0	11.7～12.0
冰醋酸	1.05	99.8（优级纯），99.0（分析纯、化学纯）	17.4
氢氟酸	1.13	40	22.5
氢溴酸	1.49	47.0	8.6
氨水	0.88～0.90	25.0～28.0	13.3～14.8
三乙醇胺	1.124		7.5
浓氢氧化钠	1.44	40	14.4
饱和氢氧化钠	1.539		20.1

附录三 常用的缓冲溶液

缓冲溶液	酸的存在型体	碱的存在型体	pK_a	K_a
氨基乙酸-HCl	$^{+}NH_3CH_2COOH$	NH_2CH_2COOH	2.35 (pK_{a_1})	4.5×10^{-3}
一氯乙酸-NaOH	$CH_2ClCOOH$	CH_2ClCOO^-	2.85	1.4×10^{-3}
邻苯二甲酸氢钾-HCl	$C_6H_4(COOH)_2$	$C_6H_4(COO)_2H^-$	2.96 (pK_{a_1})	1.1×10^{-3}
甲酸-NaOH	HCOOH	$HCOO^-$	3.74	1.8×10^{-4}
HAc-NaAc	HAc	Ac^-	4.74	1.8×10^{-5}
六亚甲基四胺	$(CH_2)_6N_4H^+$	$(CH_2)_6N_4$	5.15	7.1×10^{-6}
NaH_2PO_4-Na_2HPO_4	$H_2PO_4^-$	HPO_4^{2-}	7.17 (pK_{a_2})	6.8×10^{-8}
三乙醇胺-HCl	$^{+}HN(CH_2CH_2OH)_3$	$N(CH_2CH_2OH)_3$	7.77	1.7×10^{-8}
三羟甲基甲胺-HCl	$^{+}NH_3C(CH_2OH)_3$	$NH_2C(CH_2OH)_3$	8.21	6.2×10^{-9}
$Na_2B_4O_7$-NaOH	H_3BO_3	$H_2BO_3^-$	9.24	5.8×10^{-10}
NH_3-NH_4Cl	NH_4^+	NH_3	9.26	5.6×10^{-10}
乙醇胺-HCl	$^{+}NH_3CH_2CH_2OH$	$NH_2CH_2CH_2OH$	9.50	3.2×10^{-10}
氨基乙酸-NaOH	NH_2CH_2COOH	$NH_2CH_2COO^-$	9.60 (pK_{a_2})	2.5×10^{-10}
$NaHCO_3$-Na_2CO_3	HCO_3^-	CO_3^{2-}	10.25 (pK_{a_2})	5.6×10^{-11}
Na_2HPO_4-NaOH	HPO_4^{2-}	PO_4^{3-}	12.36 (pK_{a_3})	4.4×10^{-13}

附录四　不同温度下标准缓冲溶液的pH

温度/℃	0.05 $mol \cdot L^{-1}$ 草酸三氢钾	25℃饱和酒石酸氢钾	0.05 $mol \cdot L^{-1}$ 邻苯二甲酸氢钾	0.025 $mol \cdot L^{-1}$ KH_2PO_4+ 0.025 $mol \cdot L^{-1}$ Na_2HPO_4	0.01 $mol \cdot L^{-1}$ 硼砂	25℃饱和氢氧化钙
0	1.668	—	4.003	6.984	9.464	13.423
5	1.668	—	3.999	6.951	9.395	13.207
10	1.670	—	3.998	6.923	9.332	13.003
15	1.672	—	3.999	6.900	9.276	12.810
20	1.675	—	4.002	6.881	9.225	12.627
25	1.679	3.557	4.008	6.865	9.180	12.454
30	1.683	3.552	4.015	6.853	9.139	12.289
35	1.688	3.549	4.024	6.844	9.102	12.133
38	1.691	3.548	4.030	6.840	9.081	12.043
40	1.694	3.547	4.035	6.838	9.068	11.984
45	1.700	3.547	4.047	6.834	9.038	11.841
50	1.707	3.549	4.060	6.833	9.011	11.705
55	1.715	3.554	4.075	6.834	8.985	11.574
60	1.723	3.560	4.091	6.836	8.962	11.449
70	1.743	3.580	4.126	6.845	8.921	—
80	1.766	3.609	4.164	6.859	8.885	—
90	1.792	3.650	4.205	6.877	8.850	—
95	1.806	3.674	4.227	6.886	8.833	—

附录五　金属络合物的稳定常数

金属离子	离子强度	n	$\lg\beta_n$
氨络合物			
Ag^+	0.1	1，2	3.40，7.40
Cd^{2+}	0.1	1，…，6	2.60，4.65，6.04，6.92，6.6，4.9
Co^{2+}	0.1	1，…，6	2.05，3.62，4.61，5.31，5.43，4.75
Cu^{2+}	2	1，…，4	4.13，7.61，10.48，12.59
Ni^{2+}	0.1	1，…，6	2.75，4.95，6.64，7.79，8.50，8.49
Zn^{2+}	0.1	1，…，4	2.27，4.61，7.01，9.06
氟络合物			
Al^{3+}	0.53	1，…，6	6.1，11.15，15.0，17.7，19.4，19.7
Fe^{3+}	0.5	1，2，3	5.2，9.2，11.9
Th^{4+}	0.5	1，2，3	7.7，13.5，18.0
TiO^{2+}	3	1，…，4	5.4，9.8，13.7，17.4
Sn^{4+}	*	6	25
Zr^{4+}	2	1，2，3	8.8，16.1，21.9
氯络合物			
Ag^+	0.2	1，…，4	2.9，4.7，5.0，5.9
Hg^{2+}	0.5	1，…，4	6.7，13.2，14.1，15.1
碘络合物			
Cd^{2+}	0	1，…，4	2.10，3.43，4.49，5.41
Hg^{2+}	0.5	1，…，4	12.9，23.8，27.6，29.8
氰络合物			
Ag^+	0～0.3	1，…，4	–，21.1，21.8，20.7
Cd^{2+}	3	1，…，4	5.5，10.6，15.3，18.9
Cu^+	0	1，…，4	–，24.0，28.6，30.3
Fe^{2+}	0	6	35.4
Fe^{3+}	0	6	43.6
Hg^{2+}	0.1	1，…，4	18.0，34.7，38.5，41.5
Ni^{2+}	0.1	4	31.3
Zn^{2+}	0.1	4	16.7
硫氰酸络合物			
Fe^{3+}	*	1，…，5	2.3，4.2，5.6，6.4，6.4
Hg^{2+}	1	1，…，4	–，16.1，19.0，20.9
硫代硫酸络合物			
Ag^+	0	1，2	8.82，13.5
Hg^{2+}	0	1，2	29.86，32.26

续表

金属离子	离子强度	n	$\lg\beta_n$
柠檬酸络合物			
Al^{3+}	0.5	1	20.0
Cu^{2+}	0.5	1	18
Fe^{3+}	0.5	1	25
Ni^{2+}	0.5	1	14.3
Pb^{2+}	0.5	1	12.3
Zn^{2+}	0.5	1	11.4
磺基水杨酸络合物			
Al^{3+}	0.1	1，2，3	12.9，22.9，29.0
Fe^{3+}	3	1，2，3	14.4，25.2，32.2
乙酰丙酮络合物			
Al^{3+}	0.1	1，2，3	8.1，15.7，21.2
Cu^{2+}	0.1	1，2	7.8，14.3
Fe^{3+}	0.1	1，2，3	9.3，17.9，25.1
邻二氮菲络合物			
Ag^{+}	0.1	1，2	5.02，12.07
Cd^{2+}	0.1	1，2，3	6.4，11.6，15.8
Co^{2+}	0.1	1，2，3	7.0，13.7，20.1
Cu^{2+}	0.1	1，2，3	9.1，15.8，21.0
Fe^{2+}	0.1	1，2，3	5.9，11.1，21.3
Hg^{2+}	0.1	1，2，3	–，19.65，23.35
Ni^{2+}	0.1	1，2，3	8.8，17.1，24.8
Zn^{2+}	0.1	1，2，3	6.4，12.15，17.0
乙二胺络合物			
Ag^{+}	0.1	1，2	4.7，7.7
Cd^{2+}	0.1	1，2	5.47，10.02
Cu^{2+}	0.1	1，2	10.55，19.60
Co^{2+}	0.1	1，2，3	5.89，10.72，13.82
Hg^{2+}	0.1	2	23.42
Ni^{2+}	0.1	1，2，3	7.66，14.06，18.59
Zn^{2+}	0.1	1，2，3	5.71，10.37，12.08

注：*表示离子强度不定。

附录六　金属离子–氨羧络合剂络合物的稳定常数（$\lg K_{MY}$）（20～25℃，I=0.1）

金属离子	EDTA	EGTA	DCTA
Ag^{+}	7.3		
Al^{3+}	16.1		17.6
Ba^{2+}	7.76	8.4	8.0
Bi^{3+}	27.94		24.1
Ca^{2+}	10.69	11.0	12.5
Ce^{3+}	15.98		
Cd^{2+}	16.46	15.6	19.2
Co^{2+}	16.31	12.3	18.9
Cr^{3+}	23.0		
Cu^{2+}	18.80	17	21.3
Fe^{2+}	14.33		18.2
Fe^{3+}	25.1		29.3
Hg^{2+}	21.8	23.2	24.3
La^{3+}	15.4	15.6	
Mg^{2+}	8.69	5.2	10.3
Mn^{2+}	14.04	10.7	16.8
Na^{+}	1.66		
Ni^{2+}	18.67	17.0	19.4
Pb^{2+}	18.0	15.5	19.7
Sn^{2+}	22.1		
Sr^{2+}	8.63	6.8	10.0
Th^{4+}	23.2		23.2
Ti^{3+}	21.3		
TiO^{2+}	17.3		
UO_2^{2+}	10		
U^{4+}	25.5		
V^{3+}	25.9		
Y^{3+}	18.1		
Zn^{2+}	16.50	14.5	18.7

附录七　一些金属离子的 $\lg\alpha_{M(OH)}$ 值

金属离子	离子强度	pH													
		1	2	3	4	5	6	7	8	9	10	11	12	13	14
Al^{3+}	2					0.4	1.3	5.3	9.3	13.3	17.3	21.3	25.3	29.3	33.3
Bi^{3+}	3	0.1	0.5	1.4	2.4	3.4	4.4	5.4							
Ca^{2+}	0.1													0.3	1.0
Cd^{2+}	3									0.1	0.5	2.0	4.5	8.1	12.0
Co^{2+}	0.1								0.1	0.4	1.1	2.2	4.2	7.2	10.2
Cu^{2+}	0.1								0.2	0.8	1.7	2.7	3.7	4.7	5.7
Fe^{2+}	1									0.1	0.6	1.5	2.5	3.5	4.5
Fe^{3+}	3			0.4	1.8	3.7	5.7	7.7	9.7	11.7	13.7	15.7	17.7	19.7	21.7
Hg^{2+}	0.1			0.5	1.9	3.9	5.9	7.9	9.9	11.9	13.9	15.9	17.9	19.9	21.9
La^{3+}	3										0.3	1.0	1.9	2.9	3.9
Mg^{2+}	0.1											0.1	0.5	1.3	2.3
Mn^{2+}	0.1										0.1	0.5	1.4	2.4	3.4
Ni^{2+}	0.1									0.1	0.7	1.6			
Pb^{2+}	0.1						0.1	0.5	1.4	2.7	4.7	7.4	10.4	13.4	
Th^{4+}	1				0.2	0.8	1.7	2.7	3.7	4.7	5.7	6.7	7.7	8.7	9.7
Zn^{2+}	0.1									0.2	2.4	5.4	8.5	11.8	15.5

附录八 EDTA 的 $\lg\alpha_{Y(H)}$ 值

pH	$\lg\alpha_{Y(H)}$	pH	$\lg\alpha_{Y(H)}$	pH	$\lg\alpha_{Y(H)}$	pH	$\lg\alpha_{Y(H)}$	pH	$\lg\alpha_{Y(H)}$
0.0	23.64	2.5	11.90	5.0	6.45	7.5	2.78	10.0	0.45
0.1	23.06	2.6	11.62	5.1	6.26	7.6	2.68	10.1	0.39
0.2	22.47	2.7	11.35	5.2	6.07	7.7	2.57	10.2	0.33
0.3	21.89	2.8	11.09	5.3	5.88	7.8	2.47	10.3	0.28
0.4	21.32	2.9	10.84	5.4	5.69	7.9	2.37	10.4	0.24
0.5	20.75	3.0	10.60	5.5	5.51	8.0	2.27	10.5	0.20
0.6	20.18	3.1	10.37	5.6	5.33	8.1	2.17	10.6	0.16
0.7	19.62	3.2	10.14	5.7	5.15	8.2	2.07	10.7	0.13
0.8	19.08	3.3	9.92	5.8	4.98	8.3	1.97	10.8	0.11
0.9	18.54	3.4	9.70	5.9	4.81	8.4	1.87	10.9	0.09
1.0	18.01	3.5	9.48	6.0	4.65	8.5	1.77	11.0	0.07
1.1	17.49	3.6	9.27	6.1	4.49	8.6	1.67	11.1	0.06
1.2	16.98	3.7	9.06	6.2	4.34	8.7	1.57	11.2	0.05
1.3	16.49	3.8	8.85	6.3	4.20	8.8	1.48	11.3	0.04
1.4	16.02	3.9	8.65	6.4	4.06	8.9	1.38	11.4	0.03
1.5	15.55	4.0	8.44	6.5	3.92	9.0	1.28	11.5	0.02
1.6	15.11	4.1	8.24	6.6	3.79	9.1	1.19	11.6	0.02
1.7	14.68	4.2	8.04	6.7	3.67	9.2	1.10	11.7	0.02
1.8	14.27	4.3	7.84	6.8	3.55	9.3	1.01	11.8	0.01
1.9	13.38	4.4	7.64	6.9	3.43	9.4	0.92	11.9	0.01
2.0	13.51	4.5	7.44	7.0	3.32	9.5	0.83	12.0	0.01
2.1	13.16	4.6	7.24	7.1	3.21	9.6	0.75	12.1	0.01
2.2	12.82	4.7	7.04	7.2	3.10	9.7	0.67	12.2	0.005
2.3	12.50	4.8	6.84	7.3	2.99	9.8	0.59	13.0	0.000 8
2.4	12.19	4.9	6.65	7.4	2.88	9.9	0.52	13.9	0.000 1

附录九　标准电极电位（18～25℃）

半 反 应	$\varphi^{\ominus}$ /V
$Li^{+}+e^{-} \rightleftharpoons Li$	−3.045
$K^{+}+e^{-} \rightleftharpoons K$	−2.924
$Ba^{2+}+2e^{-} \rightleftharpoons Ba$	−2.90
$Sr^{2+}+2e^{-} \rightleftharpoons Sr$	−2.89
$Ca^{2+}+2e^{-} \rightleftharpoons Ca$	−2.76
$Na^{+}+e^{-} \rightleftharpoons Na$	−2.711
$Mg^{2+}+2e^{-} \rightleftharpoons Mg$	−2.375
$Al^{3+}+3e^{-} \rightleftharpoons Al$	−1.706
$ZnO_2^{2-}+2H_2O+2e^{-} \rightleftharpoons Zn+4OH^{-}$	−1.216
$Mn^{2+}+2e^{-} \rightleftharpoons Mn$	−1.18
$Sn(OH)_6^{2-}+2e^{-} \rightleftharpoons HSnO_2^{-}+3OH^{-}+H_2O$	−0.96
$SO_4^{2-}+H_2O+2e^{-} \rightleftharpoons SO_3^{2-}+2OH^{-}$	−0.92
$TiO_2+4H^{+}+4e^{-} \rightleftharpoons Ti+2H_2O$	−0.89
$2H_2O+2e^{-} \rightleftharpoons H_2+2OH^{-}$	−0.828
$HSnO_2^{-}+H_2O+2e^{-} \rightleftharpoons Sn+3OH^{-}$	−0.79
$Zn^{2+}+2e^{-} \rightleftharpoons Zn$	−0.763
$Cr^{3+}+3e^{-} \rightleftharpoons Cr$	−0.74
$AsO_4^{3+}+2H_2O+2e^{-} \rightleftharpoons AsO_2^{-}+4OH^{-}$	−0.71
$S+2e^{-} \rightleftharpoons S^{2-}$	−0.508
$2CO_2+2H^{+}+2e^{-} \rightleftharpoons H_2C_2O_4$	−0.49
$Cr^{3+}+e^{-} \rightleftharpoons Cr^{2+}$	−0.41
$Fe^{2+}+2e^{-} \rightleftharpoons Fe$	−0.409
$Cd^{2+}+2e^{-} \rightleftharpoons Cd$	−0.403
$Cu_2O+H_2O+2e^{-} \rightleftharpoons 2Cu+2OH^{-}$	−0.361
$Co^{2+}+2e^{-} \rightleftharpoons Co$	−0.28
$Ni^{2+}+2e^{-} \rightleftharpoons Ni$	−0.246
$AgI+e^{-} \rightleftharpoons Ag+I^{-}$	−0.15
$Sn^{2+}+2e^{-} \rightleftharpoons Sn$	−0.136
$Pb^{2+}+2e^{-} \rightleftharpoons Pb$	−0.126

续表

半反应	$\varphi^{\ominus}$ /V
$CrO_4^{2-} + 4H_2O + 3e^- \rightleftharpoons Cr(OH)_3 + 5OH^-$	−0.12
$Ag_2S + 2H^+ + 2e^- \rightleftharpoons 2Ag + H_2S$	−0.036
$Fe^{3+} + 3e^- \rightleftharpoons Fe$	−0.036
$2H^+ + 2e^- \rightleftharpoons H_2$	0.000
$NO_3^- + H_2O + 2e^- \rightleftharpoons NO_2^- + 2OH^-$	0.01
$TiO^{2+} + 2H^+ + e^- \rightleftharpoons Ti^{3+} + H_2O$	0.10
$S_4O_6^{2-} + 2e^- \rightleftharpoons 2S_2O_3^{2-}$	0.09
$AgBr + e^- \rightleftharpoons Ag + Br^-$	0.10
$S + 2H^+ + 2e^- \rightleftharpoons H_2S$(水溶液)	0.141
$Sn^{4+} + 2e^- \rightleftharpoons Sn^{2+}$	0.15
$Cu^{2+} + e^- \rightleftharpoons Cu^+$	0.158
$BiOCl+2H^+ + 3e^- \rightleftharpoons Bi + Cl^- + H_2O$	0.158
$SO_4^{2-} + 4H^+ + 2e^- \rightleftharpoons H_2SO_3 + H_2O$	0.20
$AgCl + e^- \rightleftharpoons Ag + Cl^-$	0.22
$IO_3^- + 3H_2O + 6e^- \rightleftharpoons I^- + 6OH^-$	0.26
$Hg_2Cl_2 + 2e^- \rightleftharpoons 2Hg + 2Cl^-$(0.1 mol·L^{-1} NaOH)	0.268
$Cu^{2+} + 2e^- \rightleftharpoons Cu$	0.340
$VO^{2+} + 2H^+ + e^- \rightleftharpoons V^{3+} + H_2O$	0.36
$Fe(CN)_6^{3-} + e^- \rightleftharpoons Fe(CN)_6^{4-}$	0.36
$2H_2SO_3 + 2H^+ + 4e^- \rightleftharpoons S_2O_3^{2-} + 3H_2O$	0.40
$Cu^+ + e^- \rightleftharpoons Cu$	0.522
$I_3^- + 2e^- \rightleftharpoons 3I^-$	0.534
$I_2 + 2e^- \rightleftharpoons 2I^-$	0.535
$IO_3^- + 2H_2O + 4e^- \rightleftharpoons IO^- + 4OH^-$	0.56
$MnO_4^- + e^- \rightleftharpoons MnO_4^{2-}$	0.56
$H_3AsO_4 + 2H^+ + 2e^- \rightleftharpoons HAsO_2 + 2H_2O$	0.56
$MnO_4^- + 2H_2O + 3e^- \rightleftharpoons MnO_2 + 4OH^-$	0.58
$O_2 + 2H^+ + 2e^- \rightleftharpoons H_2O_2$	0.682
$Fe^{3+} + e^- \rightleftharpoons Fe^{2+}$	0.77
$Hg_2^{2+} + 2e^- \rightleftharpoons 2Hg$	0.796

续表

半 反 应	$\varphi^{\ominus}$ /V
$Ag^+ + e^- \rightleftharpoons Ag$	0.799
$Hg^{2+} + 2e^- \rightleftharpoons Hg$	0.851
$2Hg^{2+} + 2e^- \rightleftharpoons Hg_2^{2+}$	0.907
$NO_3^- + 3H^+ + 2e^- \rightleftharpoons HNO_2 + H_2O$	0.94
$NO_3^- + 4H^+ + 3e^- \rightleftharpoons NO + 2H_2O$	0.96
$HNO_2 + H^+ + e^- \rightleftharpoons NO + H_2O$	0.99
$VO_2^+ + 2H^+ + e^- \rightleftharpoons VO^{2+} + H_2O$	1.00
$N_2O_4 + 4H^+ + 4e^- \rightleftharpoons 2NO + 2H_2O$	1.03
$Br_2 + 2e^- \rightleftharpoons 2Br^-$	1.08
$IO_3^- + 6H^+ + 6e^- \rightleftharpoons I^- + 3H_2O$	1.085
$IO_3^- + 6H^+ + 5e^- \rightleftharpoons 1/2I_2 + 3H_2O$	1.195
$MnO_2 + 4H^+ + 4e^- \rightleftharpoons Mn^{2+} + 2H_2O$	1.23
$O_2 + 4H^+ + 4e^- \rightleftharpoons 2H_2O$	1.23
$Au^{3+} + 2e^- \rightleftharpoons Au^+$	1.29
$Cr_2O_7^{2-} + 14H^+ + 6e^- \rightleftharpoons 2Cr^{3+} + 7H_2O$	1.33
$Cl_2 + 2e^- \rightleftharpoons 2Cl^-$	1.358
$BrO_3^- + 6H^+ + 6e^- \rightleftharpoons Br^- + 3H_2O$	1.44
$Ce^{4+} + e^- \rightleftharpoons Ce^{3+}$	1.443
$ClO_3^- + 6H^+ + 6e^- \rightleftharpoons Cl^- + 3H_2O$	1.45
$PbO_2 + 4H^+ + 2e^- \rightleftharpoons Pb^{2+} + 2H_2O$	1.46
$MnO_4^- + 8H^+ + 5e^- \rightleftharpoons Mn^{2+} + 4H_2O$	1.491
$Mn^{3+} + e^- \rightleftharpoons Mn^{2+}$	1.51
$BrO_3^- + 6H^+ + 5e^- \rightleftharpoons 1/2Br_2 + 3H_2O$	1.52
$HClO + H^+ + e^- \rightleftharpoons 1/2Cl_2 + H_2O$	1.63
$MnO_4^- + 4H^+ + 3e^- \rightleftharpoons MnO_2 + 2H_2O$	1.679
$H_2O_2 + 2H^+ + 2e^- \rightleftharpoons 2H_2O$	1.776
$Co^{3+} + e^- \rightleftharpoons Co^{2+}$	1.842
$S_2O_3^{2-} + 2e^- \rightleftharpoons 2SO_4^{2-}$	2.00
$O_3 + 2H^+ + 2e^- \rightleftharpoons O_2 + H_2O$	2.07
$F_2 + 2e^- \rightleftharpoons 2F^-$	2.87

附录十　条件电极电位

半反应	$\varphi^{\ominus\prime}$/V	介质
$Ag(Ⅱ)+e^- \rightleftharpoons Ag^+$	1.927	$4\ mol\cdot L^{-1}\ HNO_3$
$Ce(Ⅳ)+e^- \rightleftharpoons Ce(Ⅲ)$	1.70	$1\ mol\cdot L^{-1}\ HClO_4$
	1.61	$1\ mol\cdot L^{-1}\ HNO_3$
	1.44	$0.5\ mol\cdot L^{-1}\ H_2SO_4$
	1.28	$1\ mol\cdot L^{-1}\ HCl$
$Co^{3+}+e^- \rightleftharpoons Co^{2+}$	1.85	$4\ mol\cdot L^{-1}\ HNO_3$
Co(乙二胺)$_3^{3+}+e^- \rightleftharpoons$ Co(乙二胺)$_3^{2+}$	−0.2	$0.1\ mol\cdot L^{-1}\ KNO_3$+
		$0.1\ mol\cdot L^{-1}$ 乙二胺
$Cr(Ⅲ)+e^- \rightleftharpoons Cr(Ⅱ)$	−0.40	$5\ mol\cdot L^{-1}\ HCl$
$Cr_2O_7^{2-}+14H^++6e^- \rightleftharpoons 2Cr^{3+}+7H_2O$	1.00	$1\ mol\cdot L^{-1}\ HCl$
	1.025	$1\ mol\cdot L^{-1}\ HClO_4$
	1.08	$3\ mol\cdot L^{-1}\ HCl$
	1.05	$2\ mol\cdot L^{-1}\ HCl$
	1.15	$4\ mol\cdot L^{-1}\ H_2SO_4$
$CrO_4^{2-}+2H_2O+3e^- \rightleftharpoons CrO_2^-+4OH^-$	−0.12	$1\ mol\cdot L^{-1}\ NaOH$
$Fe(Ⅲ)+e^- \rightleftharpoons Fe(Ⅱ)$	0.73	$1\ mol\cdot L^{-1}\ HClO_4$
	0.71	$0.5\ mol\cdot L^{-1}\ HCl$
	0.68	$1\ mol\cdot L^{-1}\ H_2SO_4$
	0.68	$1\ mol\cdot L^{-1}\ HCl$
	0.46	$2\ mol\cdot L^{-1}\ H_3PO_4$
	0.51	$1\ mol\cdot L^{-1}\ HCl$
		$0.25\ mol\cdot L^{-1}\ H_3PO_4$
$H_3AsO_4+2H^++2e^- \rightleftharpoons H_3AsO_3+H_2O$	0.557	$1\ mol\cdot L^{-1}\ HCl$
	0.557	$1\ mol\cdot L^{-1}\ HClO_4$
$Fe(EDTA)^-+e^- \rightleftharpoons Fe(EDTA)^{2-}$	0.12	$0.1\ mol\cdot L^{-1}$ EDTA
		pH4～6
$Fe(CN)_6^{3-}+e^- \rightleftharpoons Fe(CN)_6^{4-}$	0.48	$0.01\ mol\cdot L^{-1}\ HCl$
	0.56	$0.1\ mol\cdot L^{-1}\ HCl$
	0.71	$1\ mol\cdot L^{-1}\ HCl$
	0.72	$1\ mol\cdot L^{-1}\ HClO_4$

续表

半反应	$\varphi^{\ominus\prime}$/V	介质
I_2(水) $+ 2e^- \rightleftharpoons 2I^-$	0.628	$1\ mol \cdot L^{-1}\ H^+$
$I_3 + 2e^- \rightleftharpoons 3I^-$	0.545	$1\ mol \cdot L^{-1}\ H^+$
$MnO_4^- + 8H^+ + 5e^- \rightleftharpoons Mn^{2+} + 4H_2O$	1.45	$1\ mol \cdot L^{-1}\ HClO_4$
	1.27	$8\ mol \cdot L^{-1}\ H_3PO_4$
$Os(VII) + 4e^- \rightleftharpoons Os(IV)$	0.79	$5\ mol \cdot L^{-1}\ HCl$
$SnCl_6^{2-} + 2e^- \rightleftharpoons SnCl_4^{2-} + 2Cl^-$	0.14	$1\ mol \cdot L^{-1}\ HCl$
$Sn^{2+} + 2e^- \rightleftharpoons Sn$	−0.16	$1\ mol \cdot L^{-1}\ HClO_4$
$Sb(V) + 2e^- \rightleftharpoons Sb(III)$	−0.75	$3.5\ mol \cdot L^{-1}\ HCl$
$Sb(OH)_6^- + 2e^- \rightleftharpoons SbO_2^- + 2OH^- + 2H_2O$	−0.428	$3\ mol \cdot L^{-1}\ NaOH$
$SbO_2^- + 2H_2O + 3e^- \rightleftharpoons Sb + 4OH^-$	−0.675	$10\ mol \cdot L^{-1}\ KOH$
$Ti(IV) + e^- \rightleftharpoons Ti(III)$	−0.01	$0.2\ mol \cdot L^{-1}\ H_2SO_4$
	0.12	$2\ mol \cdot L^{-1}\ H_2SO_4$
	−0.04	$1\ mol \cdot L^{-1}\ HCl$
	−0.05	$1\ mol \cdot L^{-1}\ H_3PO_4$
$Pb(II) + 2e^- \rightleftharpoons Pb$	−0.32	$1\ mol \cdot L^{-1}\ NaOAc$
	−0.14	$1\ mol \cdot L^{-1}\ HClO_4$
$UO_2^{2+} + 4H^+ + 2e^- \rightleftharpoons U(IV) + 2H_2O$	0.41	$0.5\ mol \cdot L^{-1}\ H_2SO_4$

附录十一　微溶化合物的溶度积（18～25℃，I=0）

微溶化合物	K_{sp}	pK_{sp}	微溶化合物	K_{sp}	pK_{sp}
Ag_3AsO_4	1×10^{-22}	22.0	$Ca_3(PO_4)_2$	2.0×10^{-29}	28.70
$AgBr$	5.0×10^{-13}	12.30	$CaSO_4$	9.1×10^{-6}	5.04
Ag_2CO_3	8.1×10^{-12}	11.09	$CaWO_4$	8.7×10^{-9}	8.06
$AgCl$	1.8×10^{-10}	9.75	$CdCO_3$	5.2×10^{-12}	11.28
Ag_2CrO_4	2.0×10^{-12}	11.71	$Cd_2[Fe(CN)_6]$	3.2×10^{-17}	16.49
$AgCN$	1.2×10^{-16}	15.92	$Cd(OH)_2$ 新析出	2.5×10^{-14}	13.60
$AgOH$	2.0×10^{-8}	7.71	$CdC_2O_4\cdot3H_2O$	9.1×10^{-8}	7.04
AgI	9.3×10^{-17}	16.03	CdS	8×10^{-27}	26.1
$Ag_2C_2O_4$	3.5×10^{-11}	10.46	$CoCO_3$	1.4×10^{-13}	12.84
Ag_3PO_4	1.4×10^{-16}	15.84	$Co_2[Fe(CN)_6]$	1.8×10^{-15}	14.74
Ag_2SO_4	1.4×10^{-5}	4.84	$Co(OH)_2$ 新析出	2×10^{-15}	14.7
Ag_2S	2×10^{-49}	48.7	$Co(OH)_3$	2×10^{-44}	43.7
$AgSCN$	1.0×10^{-12}	12.00	$Co[Hg(SCN)_4]$	1.5×10^{-8}	7.82
$Al(OH)_3$ 无定形	1.3×10^{-33}	32.9	α-CoS	4×10^{-21}	20.4
$As_2S_3$①	2.1×10^{-22}	21.68	β-CoS	2×10^{-25}	24.7
$BaCO_3$	5.1×10^{-9}	8.29	$Co_3(PO_4)_2$	2×10^{-35}	34.7
$BaCrO_4$	1.2×10^{-10}	9.93	$Cr(OH)_3$	6×10^{-31}	30.2
BaF_2	1×10^{-6}	6.0	$CuBr$	5.2×10^{-9}	8.28
$BaC_2O_4\cdot H_2O$	2.3×10^{-8}	7.64	$CuCl$	1.2×10^{-8}	7.92
$BaSO_4$	1.1×10^{-10}	9.96	$CuCN$	3.2×10^{-20}	19.49
$Bi(OH)_3$	4×10^{-31}	30.4	CuI	1.1×10^{-12}	11.96
$BiOOH$②	4×10^{-10}	9.4	$CuOH$	1×10^{-14}	14.0
BiI_3	8.1×10^{-19}	18.09	Cu_2S	2×10^{-48}	47.7
$BiOCl$	1.8×10^{-31}	30.75	$CuSCN$	4.8×10^{-15}	14.32
$BiPO_4$	1.3×10^{-23}	22.89	$CuCO_3$	1.4×10^{-10}	9.86
Bi_2S_3	1×10^{-97}	97.0	$Cu(OH)_2$	2.2×10^{-20}	19.66
$CaCO_3$	2.9×10^{-9}	8.54	CuS	6×10^{-36}	35.2
CaF_2	2.7×10^{-11}	10.57	$FeCO_3$	3.2×10^{-11}	10.50
$CaC_2O_4\cdot H_2O$	2.0×10^{-9}	8.70	$Fe(OH)_2$	8×10^{-16}	15.1

续表

微溶化合物	K_{sp}	pK_{sp}	微溶化合物	K_{sp}	pK_{sp}
FeS	6×10^{-18}	17.2	PbClF	2.4×10^{-9}	8.62
$Fe(OH)_3$	4×10^{-38}	37.4	$PbCrO_4$	2.8×10^{-13}	12.55
$FePO_4$	1.3×10^{-22}	21.89	PbF_2	2.7×10^{-8}	7.57
$Hg_2Br_2$③	5.8×10^{-23}	22.24	$Pb(OH)_2$	1.2×10^{-15}	14.93
Hg_2CO_3	8.9×10^{-17}	16.05	PbI_2	7.1×10^{-9}	8.15
Hg_2Cl_2	1.3×10^{-18}	17.88	$PbMoO_4$	1×10^{-13}	13.0
$Hg_2(OH)_2$	2×10^{-24}	23.7	$Pb_3(PO_4)_2$	8.0×10^{-43}	42.10
Hg_2I_2	4.5×10^{-29}	28.35	$PbSO_4$	1.6×10^{-8}	7.79
Hg_2SO_4	7.4×10^{-7}	6.13	PbS	8×10^{-28}	27.9
Hg_2S	1×10^{-47}	47.0	$Pb(OH)_4$	3×10^{-66}	65.5
$Hg(OH)_2$	3.0×10^{-26}	25.52	$Sb(OH)_3$	4×10^{-42}	41.4
HgS 红色	4×10^{-53}	52.4	Sb_2S_3	2×10^{-93}	92.8
黑色	2×10^{-52}	51.7	$Sn(OH)_2$	1.4×10^{-23}	27.85
$MgNH_4PO_4$	2×10^{-13}	12.7	SnS	1×10^{-25}	25.0
$MgCO_3$	3.5×10^{-8}	7.46	$Sn(OH)_4$	1×10^{-56}	56.0
MgF_2	6.4×10^{-9}	8.19	SnS_2	2×10^{-27}	26.7
$Mg(OH)_2$	1.8×10^{-11}	10.74	$SrCO_3$	1.1×10^{-10}	9.96
$MnCO_3$	1.8×10^{-11}	10.74	$SrCrO_4$	2.2×10^{-5}	4.65
$Mn(OH)_2$	1.9×10^{-13}	12.72	SrF_2	2.4×10^{-9}	8.61
MnS 无定形	2×10^{-10}	9.7	$SrC_2O_4\cdot H_2O$	1.6×10^{-7}	6.80
MnS 晶形	2×10^{-13}	12.7	$Sr_2(PO_4)_2$	4.1×10^{-28}	27.39
$NiCO_3$	6.6×10^{-9}	8.18	Sr_3SO_4	3.2×10^{-7}	6.49
$Ni(OH)_2$ 新析出	2×10^{-15}	14.7	$Ti(OH)_3$	1×10^{-40}	40.0
$Ni_3(PO_4)_2$	5×10^{-31}	30.3	$Ti(OH)_2$④	1×10^{-29}	29.0
α-NiS	3×10^{-19}	18.5	$ZnCO_3$	1.4×10^{-11}	10.84
β-NiS	1×10^{-24}	24.0	$Zn_2[Fe(CN)_6]$	4.1×10^{-16}	15.39
γ-NiS	2×10^{-26}	25.7	$Zn(OH)_2$	1.2×10^{-17}	16.92
$PbCO_3$	7.4×10^{-14}	13.13	$Zn_3(PO_4)_2$	9.1×10^{-33}	32.04
$PbCl_2$	1.6×10^{-5}	4.79	ZnS	2×10^{-22}	21.7

注：① 为下列平衡的平衡常数 $As_2S_3 + 4H_2O \rightleftharpoons 2HAsO_2 + 3H_2S$；

② BiOOH　$K_{sp} = [BiO^+][OH^-]$；

③ $(Hg_2)_mX_n$　$K_{sp} = [Hg_2^{2+}]^m[X^{-2m/n}]^n$；

④ $TiO(OH)_2$　$K_{sp} = [TiO^{2+}][OH^-]^2$。

附录十二　一些化合物的相对分子质量

化合物	相对分子质量	化合物	相对分子质量	化合物	相对分子质量
Ag_3AsO_4	462.52	CH_3COOH	60.052	H_3AsO_3	125.94
$AgBr$	187.77	$C_6H_4COOHCOOK$	204.23	H_3AsO_4	141.94
$AgCl$	143.32	CO_2	44.01	H_3BO_3	61.88
$AgCN$	133.89	$CoCl_2$	129.84	HBr	80.912
$AgSCN$	165.95	$CoCl_2 \cdot 6H_2O$	237.93	HCN	27.026
Ag_2CrO_4	331.73	$Co(NO_3)_2$	182.94	$HCOOH$	46.026
AgI	234.77	$Co(NO_3)_2 \cdot 6H_2O$	291.03	H_2CO_3	62.025
$AgNO_3$	169.87	CoS	90.99	$H_2C_2O_4$	90.035
$AlCl_3$	133.34	$CoSO_4$	154.99	$H_2C_2O_4 \cdot 2H_2O$	126.07
$AlCl_3 \cdot 6H_2O$	241.43	$CoSO_4 \cdot 7H_2O$	281.10	HCl	36.461
$Al(NO_3)_3$	213.00	$CO(NH_2)_2$	60.06	$HClO_4$	100.46
$Al(NO_3)_3 \cdot 9H_2O$	375.13	$CrCl_3$	158.35	HF	20.006
Al_2O_3	101.96	$CrCl_3 \cdot 6H_2O$	266.45	HI	127.91
$Al(OH)_3$	78.00	$Cr(NO_3)_3$	238.01	HIO_3	175.91
$Al_2(SO_4)_3$	342.14	Cr_2O_3	151.99	HNO_3	63.013
$Al_2(SO_4)_3 \cdot 18H_2O$	666.41	$CuCl$	98.999	HNO_2	47.013
As_2O_3	197.84	$CuCl_2$	134.45	H_2O	18.015
As_2O_5	229.84	$CuCl_2 \cdot 2H_2O$	170.48	H_2O_2	34.015
As_2S_3	246.02	$CuSCN$	121.62	H_3PO_4	97.995
		CuI	190.45	H_2S	34.08
$BaCO_3$	197.34	$Cu(NO_3)_2$	187.56	H_2SO_3	82.07
BaC_2O_4	225.35	$Cu(NO_3)_2 \cdot 3H_2O$	241.60	H_2SO_4	98.07
$BaCl_2$	208.24	CuO	79.545	$Hg(CN)_2$	252.63
$BaCl_2 \cdot 2H_2O$	244.27	Cu_2O	143.09	$HgCl_2$	271.50
$BaCrO_4$	253.32	CuS	95.61	Hg_2Cl_2	472.09
BaO	153.33	$CuSO_4$	159.60	HgI_2	454.40
$Ba(OH)_2$	171.34	$CuSO_4 \cdot 5H_2O$	249.68	$Hg_2(NO_3)_2$	525.19
$BaSO_4$	233.39			$Hg_2(NO_3)_2 \cdot 2H_2O$	561.22
$BiCl_3$	315.34	$FeCl_2$	126.75	$Hg(NO_3)_2$	324.60
$BiOCl$	260.43	$FeCl_2 \cdot 4H_2O$	198.81	HgO	216.59
		$FeCl_3$	162.21	HgS	232.65
CaO	56.08	$FeCl_3 \cdot 6H_2O$	270.30	$HgSO_4$	296.65
$CaCO_3$	100.09	$FeNH_4(SO_4)_2 \cdot 12H_2O$	482.18	Hg_2SO_4	497.24
CaC_2O_4	128.10	$Fe(NO_3)_3$	241.86		
$CaCl_2$	110.99	$Fe(NO_3)_3 \cdot 9H_2O$	404.00	$KAl(SO_4)_2 \cdot 12H_2O$	474.38
$CaCl_2 \cdot 6H_2O$	219.08	FeO	71.846	KBr	119.00
$Ca(NO_3)_2 \cdot 4H_2O$	236.15	Fe_2O_3	159.69	$KBrO_3$	167.00
$Ca(OH)_2$	74.09	Fe_3O_4	231.54	KCl	74.551
$Ca_3(PO_4)_2$	310.18	$Fe(OH)_2$	106.87	$KClO_3$	122.55
$CaSO_4$	136.14	FeS	87.91	$KClO_4$	138.55
$CdCO_3$	172.42	Fe_2S_3	207.87	KCN	65.116
$CdCl_2$	183.32	$FeSO_4$	151.90	$KSCN$	97.18
CdS	144.47	$FeSO_4 \cdot 7H_2O$	278.01	K_2CO_3	138.21
$Ce(SO_4)_2$	332.24	$FeSO_4 \cdot (NH_4)_2SO_4 \cdot 6H_2O$	392.13	K_2CrO_4	194.19
$Ce(SO_4)_2 \cdot 4H_2O$	404.30			$K_2Cr_2O_7$	294.18

续表

化合物	相对分子质量	化合物	相对分子质量	化合物	相对分子质量
$K_3Fe(CN)_6$	329.25	NH_4HCO_3	79.055	$PbCrO_4$	323.20
$K_4Fe(CN)_6$	368.35	$(NH_4)_2MoO_4$	196.01	$Pb(CH_3COO)_2$	325.30
$KFe(SO_4)_2 \cdot 12H_2O$	503.24	NH_4NO_3	80.043	$Pb(CH_3COO)_2 \cdot 3H_2O$	379.30
$KHC_2O_4 \cdot H_2O$	146.14	$(NH_4)_2HPO_4$	132.06	PbI_2	461.00
$KHC_2O_4 \cdot H_2C_2O_4 \cdot 2H_2O$	245.19	$(NH_4)_2S$	68.14	$Pb(NO_3)_2$	331.20
$KHC_4H_4O_6$	188.18	$(NH_4)_2SO_4$	132.13	PbO	223.20
$KHSO_4$	136.16	NH_4VO_3	116.98	PbO_2	239.20
KI	166.00	Na_3AsO_3	191.89	$Pb_3(PO_4)_2$	811.54
KIO_3	214.00	$Na_2B_4O_7$	201.22	PbS	239.30
$KIO_3 \cdot HIO_3$	389.91	$Na_2B_4O_7 \cdot 10H_2O$	381.37	$PbSO_4$	303.30
$KMnO_4$	158.03	$NaBiO_3$	279.97		
$KNaC_4H_4O_6 \cdot 4H_2O$	282.22	NaCN	49.007	SO_3	80.06
KNO_3	101.10	NaSCN	81.07	SO_2	64.06
KNO_2	85.104	Na_2CO_3	105.99	$SbCl_3$	228.11
K_2O	94.196	$Na_2CO_3 \cdot 10H_2O$	286.14	$SbCl_5$	299.02
KOH	56.106	$Na_2C_2O_4$	134.00	Sb_2O_3	291.50
K_2SO_4	174.25			Sb_2S_3	339.68
		CH_3COONa	82.034	SiF_4	104.08
$MgCO_3$	84.314	$CH_3COONa \cdot 3H_2O$	136.08	SiO_2	60.084
$MgCl_2$	95.211	NaCl	58.443	$SnCl_2$	189.60
$MgCl_2 \cdot 6H_2O$	203.30	NaClO	74.442	$SnCl_2 \cdot 2H_2O$	225.63
MgC_2O_4	112.33	$NaHCO_3$	84.007	$SnCl_4$	260.50
$Mg(NO_3)_2 \cdot 6H_2O$	256.41	$Na_2HPO_4 \cdot 12H_2O$	358.14	$SnCl_4 \cdot 5H_2O$	350.58
$MgNH_4PO_4$	137.32	$Na_2H_2Y \cdot 2H_2O$	372.24	SnO_2	150.69
MgO	40.304	$NaNO_2$	68.995	SnS	150.75
$Mg(OH)_2$	58.32	$NaNO_3$	84.995	$SrCO_3$	147.63
$Mg_2P_2O_7$	222.55	Na_2O	61.979	SrC_2O_4	175.64
$MgSO_4 \cdot 7H_2O$	246.47	Na_2O_2	77.978	$SrCrO_4$	203.61
$MnCO_3$	114.95	NaOH	39.997	$Sr(NO_3)_2$	211.63
$MnCl_2 \cdot 4H_2O$	197.91	Na_3PO_4	163.94	$Sr(NO_3)_2 \cdot 4H_2O$	283.69
$Mn(NO_3)_2 \cdot 6H_2O$	287.04	Na_2S	78.04	$SrSO_4$	183.69
MnO	70.937	$Na_2S \cdot 9H_2O$	240.18		
MnO_2	86.937	Na_2SO_3	126.04	$UO_2(CH_2COO)_2 \cdot 2H_2O$	424.15
MnS	87.00	Na_2SO_4	142.04		
$MnSO_4$	151.00	$Na_2S_2O_3$	158.10	$ZnCO_3$	125.39
$MnSO_4 \cdot 4H_2O$	223.06	$Na_2S_2O_3 \cdot 5H_2O$	248.17	ZnC_2O_4	153.40
		$NiCl_2 \cdot 6H_2O$	237.69	$ZnCl_2$	136.29
NO	30.006	NiO	74.69	$Zn(CH_3COO)_2$	183.47
NO_2	46.006	$Ni(NO_3)_2 \cdot 6H_2O$	290.79	$Zn(CH_3COO)_2 \cdot 2H_2O$	219.50
NH_3	17.03	NiS	90.75	$Zn(NO_3)_2$	189.39
CH_3COONH_4	77.083	$NiSO_4 \cdot 7H_2O$	280.85	$Zn(NO_3)_2 \cdot 6H_2O$	297.48
NH_4Cl	53.491			ZnO	81.38
$(NH_4)_2CO_3$	96.086	P_2O_5	141.94	ZnS	97.44
$(NH_4)_2C_2O_4$	124.10	$PbCO_3$	267.20	$ZnSO_4 \cdot 7H_2O$	287.54
$(NH_4)_2C_2O_4 \cdot H_2O$	142.11	PbC_2O_4	295.22		
NH_4SCN	76.12	$PbCl_2$	278.10		

附录十三　相对原子质量表

元素	符号	相对原子质量	元素	符号	相对原子质量	元素	符号	相对原子质量
银	Ag	107.868 2	铪	Hf	178.49	铷	Rb	85.467 8
铝	Al	26.981 539	汞	Hg	200.59	铼	Re	186.207
氩	Ar	39.948	钬	Fo	164.930 32	铑	Rh	102.905 5
砷	As	74.921 59	碘	I	126.904 47	钌	Ru	101.07
金	Au	196.966 54	铟	In	114.82	硫	S	32.066
硼	B	10.811	铱	Ir	192.22	锑	Sb	121.75
钡	Ba	137.327	钾	K	39.098 3	钪	Sc	44.955 91
铍	Be	9.012 182	氪	Kr	83.80	硒	Se	78.96
铋	Bi	208.980 37	镧	La	138.905 5	硅	Si	28.085 5
溴	Br	79.904	锂	Li	6.941	钐	Sm	150.36
碳	C	12.011	镥	Lu	174.967	锡	Sn	118.71
钙	Ca	40.078	镁	Mg	24.305	锶	Sr	87.62
镉	Cd	112.411	锰	Mn	54.938 05	钽	Ta	180.947 9
铈	Ce	140.115	钼	Mo	95.94	铽	Tb	158.925 34
氯	Cl	35.452 7	氮	N	14.006 747	碲	Te	127.60
钴	Co	58.933 2	钠	Na	22.989 768	钍	Th	232.038 1
铬	Cr	51.996	铌	Nb	92.906 384	钛	Ti	47.88
铯	Cs	132.905 43	钕	Nd	144.24	铊	Tl	204.383 3
铜	Cu	63.546	氖	Ne	20.179 7	铥	Tm	168.934 21
镝	Dy	162.50	镍	Ni	58.69	铀	U	238.028 9
铒	Er	167.26	镎	Np	(237)	钒	V	50.941 5
铕	Eu	151.965	氧	O	15.999 4	钨	W	183.85
氟	F	18.998 403	锇	Os	190.2	氙	Xe	131.29
铁	Fe	55.847	磷	P	30.973 762	钇	Y	88.905 85
镓	Ga	69.723	铅	Pb	207.2	镱	Yb	173.04
钆	Gd	157.25	钯	Pd	106.42	锌	Zn	65.39
锗	Ge	72.61	镨	Pr	140.907 65	锆	Zr	91.224
氢	H	1.007 94	铂	Pt	195.08			
氦	He	4.002 602	镭	Ra	(226)			

注：天然放射性元素选列最重要的同位素的质量数用括号表示。

附录十四　分析化学常用英文术语

分析化学	analytical chemistry
定性分析	qualitative analysis
定量分析	quantitative analysis
化学分析	chemical analysis
结构分析	structure analysis
仪器分析	instrumental analysis
常量分析	macro analysis
微量分析	micro analysis
半微量分析	semimicro analysis
痕量分析	trace analysis
超痕量分析	ultra-trace analysis
常规分析	routine analysis
仲裁分析	referee analysis
重量分析	gravimetry
滴定分析	titrimetry
容量分析	volumetry
滴定	titration
滴定剂	titrant
被滴定物	titrand
化学计量点	stoichiometric point（SP）
终点	end point
标定	standardization
标准溶液	standard solution
基准物	primary standard
保证试剂	guarantee reagent（GR）
分析试剂	analytical reagent（AR）
化学纯	chemically pure
标准样	reference sample
误差	error
偏差	deviation
系统误差	systematic error
可测误差	determinate error
随机误差	random error
偶然误差	accidental error
绝对误差	absolute error
相对误差	relative error

准确度	accuracy
精密度	precision
批内精密度	within-run precision
日内精密度	within-day precision
批间精密度	between-run precision
日间精密度	day-to-day precision
定量限	limit of quantitation（LOQ）
检测限	limit of detection（LOD）
选择性	selectivity
专属性	specificity
线性与范围	linearity and range
重复性	repeatability
重现性	reproducibility
参比溶液	reference solution
试剂空白	reagent blank
标准曲线	standard curve
校正曲线	calibration curve
工作曲线	working curve
耐用性	robustness, ruggedness
散布图	scatter diagram
质量保证	quality assurance（QA）
质量控制	quality control（QC）
置信水平	confidence level
置信区间	confidence interval
频率	frequency
频率密度	frequency density
总体	population
样本，样品	sample
直方图	histogram
频率分布	frequency distribution
正态分布	normal distribution
概率	probability
测量值	measured value
真值	true value
平均值	mean，average
中位数	median
极差	range
标准偏差	standard deviation
平均偏差	deviation average

变异系数	coefficient of variation
相对标准偏差	relative standard deviation（RSD）
自由度	degree of freedom
离群值	outlier
显著性检验	significance test
显著性水平	level of significance
合并标准偏差	pooled standard deviation
舍弃商	rejection quotient（Q）
有效数字	significant figure
修约规则	rules for rounding off
线性回归	linear regression
相关系数	correlation coefficient
平行测定	parallel determination
空白	blank
校正	correction
校准	calibration
换算因素法	method of conversion factor
等物质的量规则	rule of equal amount of subatance
酸碱滴定	acid-base titration
共轭酸碱对	conjugate acid-base pair
离解常数	dissociation constant
酸度常数	acidity constant
中和	neutralization
质子	proton
质子化	protonation
溶剂合质子	solvated proton
溶剂化	solvation
质子化常数	protonation constant
质子自递反应	autoprotolysis reaction
质子自递常数	autoprotolysis constant
质子条件式	proton balance equation
酸碱指示剂	acid-base indicator
滴定常数	titration constant
活度	activity
活度系数	activity coefficient
离子强度	ionic strength
浓度常数	concentration constant
混合常数	mixed constant
分析浓度	analytical concentration

平衡浓度	equilibrium concentration
型体	species
分布图	distribution diagram
参考水平	reference level
零水平	zero level
物料平衡	material balance
质量平衡	mass balance
电荷平衡	charge balance
质子条件	proton condition
一元酸	monoacid
二元酸	dibasic acid
三元酸	triacid
多元酸	polyprotic acid
两性物	amphoteric substance
缓冲溶液	buffer solution
缓冲容量	buffer capacity
滴定曲线	titration curve
滴定突跃	titration jump
指示剂	indicator
颜色转变点	color transition point
滴定指数	titration index
指示剂常数	indicator constant
变色范围	colour change interval
双指示剂滴定法	double indicator titration
甲基橙	methyl orange（MO）
甲基红	methyl red（MR）
酚酞	phenolphthalein（PP）
邻苯二甲酸氢钾	potassium hydrogen phthalate
混合指示剂	mixed indicator
分步滴定	stepwise titration
终点误差	end point error
滴定误差	titration error
非水滴定	non-aqueous titration
质子溶剂	protonic solvent
酸性溶剂	acidic solvent
碱性溶剂	basic solvent
无质子溶剂	aprotic solvent
极性溶剂	polar solvent
中性溶剂	neutral solvent

两性溶剂	amphiprotic solvent, amphoteric solvent
惰性溶剂	inert solvent
固有酸度	intrinsic acidity
固有碱度	intrinsic basicity
质子自递常数	autoprotolysis constant
区分效应	differentiating effect
拉平效应	leveling effect
介电常数	dielectric constant
离子化	ionization
离解	dissociation
结晶紫	crystal violet
萘酚苯甲醇	α-naphthalphenol benzyl alcohol
奎哪啶红	quinadine red
百里酚蓝	thymol blue
偶氮紫	azo violet
溴酚蓝	bromophenol blue
络合滴定法	complexometry, compleximetry, complexometric titration
络合物	complex
络合作用	complexation
络合剂	complexing agent
配位体	ligand
螯合物	chelate
氨羧络合剂	complexone（= complexon）
乙二胺四乙酸	ethylenediamine tetraacetic acid（EDTA）
乙二胺四乙酸盐	complexonate
稳定常数	stability constant
形成常数	formation constant
不稳定常数	instability constant
逐级稳定常数	stepwise stability constant
累积常数	cumulative constant（=gross constant）
副反应系数	side reaction coefficient
酸效应系数	acidic effective coefficient
酸效应曲线	acidic effective curve
条件形成常数	conditional formation constant
表观形成常数	apparent formation constant
金属指示剂	metallochromic indicator
二甲酚橙	xylenol orange（XO）
PAN	1-（2-pyridylazo）-2-naphthol
铬黑 T	eriochrome black T（EBT）

钙指示剂	calconcarboxylic acid
指示剂的封闭	blocking of indicator
指示剂的僵化	ossification of indicator
掩蔽	masking
解蔽	demasking
掩蔽指数	masking index
氧化还原滴定	redox titration
标准电位	standard potential
条件电位	conditional potential
催化反应	catalyzed reaction
诱导反应	induced reaction
氧化还原指示剂	redox indicator
二苯胺磺酸钠	sodium diphenylamine sulfonate
邻二氮菲亚铁离子	ferroin
自身指示剂	self indicator
淀粉	starch
重铬酸钾法	potassium dichromate titration
高锰酸钾法	potassium permanganate titration
碘量法	iodimetry
铈量法	cerimetry
溴量法	bromometry
卡尔·费歇尔法	Karl Fisher titration
沉淀滴定法	precipitation titration
银量法	argentimetry
莫尔法	Mohr method
福尔哈德法	Volhard method
法杨斯法	Fajans method
吸附指示剂	adsorption indicator
荧光黄	fluorescein
二氯荧光黄	dichlorofluorescein
曙红	eosin
重量分析法	gravimetric analysis
挥发法	volatilization method
引湿水	water of hydroscopicity
包埋（藏）水	occluded water
结晶水	water of crystallization
组成水	water of composition
固有溶解度	intrinsic solubility
沉淀形	precipitation form

称量形	weighing form
换算因数	conversion factor
沉淀剂	precipitant
溶度积	solubility product
条件溶度积	conditional solubility product
过饱和	supersaturation
无定形沉淀	amorphous precipitate
晶形沉淀	crystalline precipitate
凝乳状沉淀	curdy precipitate
沾污	contamination
纯度	purity
共沉淀	coprecipitation
混晶	mixed crystal
吸附	adsorption
包藏	occlusion
后沉淀	postprecipitation
均相沉淀	homogeneous precipitation
陈化	aging
过滤	filtration
定量滤纸	quantitative filter paper
滤液	filtrate
灰化	ashing
灼烧	ignition
恒重	constant weight
分离	separation
富集	enrichment
富集因子	enrichment factor
预富集	preconcentration
分离因数	separation factor
回收率	recovery
蒸馏	distillation
挥发	volatilization
取样	sampling
（筛）目	mesh
四分法	quartering
试液	test solution
熔融	fusion
溶剂萃取	solvent extraction
液-液萃取	liquid-liquid extraction

分配系数	distribution coefficient
分配比	distribution ratio
萃取率	extraction ratio
相比	phase ratio
水相	aqueous phase
有机相	organic phase
反萃取	back extraction
连续萃取	continuous extraction
螯合物萃取	chelate extraction
离子缔合物萃取	ion association extraction
萃取常数	extraction constant
条件萃取常数	conditional extraction constant
色谱法	chromatography
气相色谱	gas chromatography（GC）
高效液相色谱	high performance liquid chromatography（HPLC）
柱色谱	column chromatography
纸色谱	paper chromatography（PC）
薄层色谱	thin layer chromatography（TLC）
上行展开	ascending development
下行展开	descending development
双向展开	two dimensional development
流动相	mobile phase
固定相	stationary phase
吸附剂	absorbent
淋洗剂	eluant
离子交换	ion exchange
离子交换树脂	ion exchange resin
交联度	extent of cross-linking
交换容量	exchange capacity
亲和力	affinity
加速溶剂萃取	accelereated solvent extraction（ASE）
微波辅助萃取	microwave assisted extraction（MAE）
固相微萃取	solid-phase microextraction（SPME）
超临界流体萃取	supercritical fluid extraction（SFE）
膜分离	membrane separation
分析天平	analytical balance
单盘天平	single-pan balance
双盘天平	dual-pan balance
电子天平	electronic balance

托盘天平	platform balance
指针刻度表	pointer and scale
砝码	weights
游码	rider
称量瓶	weighing bottle
保干器	desiccator
干燥剂	desiccant
玻璃漏斗	glass funnel
漏斗架	funnel support, filtration stand
滤纸	filter paper
蒸发皿	evaporating dish
水浴	water bath
坩埚	crucible
烘箱	oven
容量瓶	volumetric flask
移液管	pipette
滴定管	burette
玻璃活塞	stopcock
吸量管	measuring pipette
胖肚吸管	one-mark pipette
刻度吸管	graduated pipette
量筒	measuring cylinder
锥形瓶	Erelenmeyer flask
试剂瓶	reagent bottle
洗瓶	wash bottle
洗液	washings
试管	test tube
烧杯	beaker
分液漏斗	separatory funnel
搅拌棒	stirring bar
磁力搅拌棒	magnetic stirrer
冷凝器	condenser
圆颈烧瓶	round-bottom flask
洗耳球	rubber suction bulb
玻璃棒	glass rod

参 考 文 献

[1] 赵郑通. 分析化学. 北京：北京理工大学（校内教材），2001.
[2] 华东理工大学分析化学教研组，等. 分析化学［M］. 第4版. 北京：高等教育出版社，1995.
[3] 薛华等. 分析化学（第2版）［M］. 北京：清华大学出版社，1994.
[4] 武汉大学，等. 分析化学（第3版）［M］. 北京：高等教育出版社，1995.
[5] 武汉大学，等. 分析化学（第5版）［M］. 北京：高等教育出版社，2006.
[6] 华中师范大学，等. 分析化学（第2版）［M］. 北京：高等教育出版社，1986.
[7] 南京药学院，等. 分析化学［M］. 北京：人民卫生出版社，1979.
[8] 张锡瑜，等. 分析化学原理［M］. 北京：科学出版社，1991.
[9] 彭崇慧. 酸碱平衡的处理［M］. 北京：北京大学出版社，1980.
[10] 彭崇慧，张锡瑜. 络合滴定原理［M］. 北京：北京大学出版社，1981.
[11] I.M. Kolthoff，E. B. Sandell，E. J. Meehan，et al. 定量化学分析（上册）［M］. 南京化工学院分析化学教研组，译. 北京：人民教育出版社，1983.
[12] R. A. Day. Jr.，A.L. Underwood. 定量分析［M］. 何葆善，等，译. 上海：上海科技出版社，1980.
[13] 宋清. 定量分析中的误差和数据评价［M］. 北京：高等教育出版社，1982.
[14] 浙江大学分析化学教研组. 分析化学习题集［M］. 北京：人民教育出版社，1980.
[15] 张铁垣. 分析化学中的法定计量单位［M］. 北京：水利电力出版社，1982.
[16] 周群英. 分析化验中法定计量单位实用指南［M］. 北京：中国计量出版社，1993.
[17] 张铁垣. 分析化学中的量和单位（第2版）［M］. 北京：中国标准出版社，2002.
[18] 彭崇慧，等. 定量化学分析简明教程（第2版）［M］. 北京：北京大学出版社，1997.
[19] 肖新亮，等. 实用分析化学（修订版）［M］. 天津：天津大学出版社，2000.
[20] 李发美. 分析化学（第5版）［M］. 北京：人民卫生出版社，2006.
[21] 孙毓庆. 分析化学［M］. 北京：科学出版社，2003.
[22] 华东理工大学化学系，四川大学化工学院. 分析化学（第5版）［M］. 北京：高等教育出版社，2003.
[23] 李龙泉，等. 定量化学分析（第2版）［M］. 合肥：中国科技大学出版社，2005.
[24] 周光明. 分析化学习题精解［M］. 北京：科学出版社，2001.
[25] 孙毓庆. 分析化学习题集［M］. 北京：科学出版社，2004.
[26] 李发美. 分析化学学习指导［M］. 北京：人民卫生出版社，2004.
[27] 周同惠. 英汉汉英分析化学词汇（第2版）［M］. 北京：化学工业出版社，2000.

高等教育自学考试系列辅导丛书
丛书组编　四川英华教育文化传播有限公司
Sichuan Yinghua Education & Culture Communication Co.,Ltd
编写依据　《中国近现代史纲要》（李捷 王顺生主编 高等教育出版社出版 2015年版）

中国近现代史纲要模拟试题集

（思想政治理论课）

（第二版）

主　编　梁　勤
副主编　赵　玲

高等教育自学考试《中国近现代史纲要》辅导资料

课程代码
03708

西南财经大学出版社
Southwestern University of Finance & Economics Press
中国·成都

图书在版编目(CIP)数据

中国近现代史纲要模拟试题集/梁勤主编．—2版．—成都：西南财经大学出版社，2018.7
ISBN 978-7-5504-3601-5

Ⅰ．①中…　Ⅱ．①梁…　Ⅲ．①中国历史—近现代—成人高等教育—习题集　Ⅳ．①K25-44

中国版本图书馆CIP数据核字(2018)第155848号

中国近现代史纲要模拟试题集(第二版)

ZHONGGUO JINXIANDAISHI GANGYAO MONI SHITIJI

主　编：梁勤

副主编：赵玲

责任编辑：冯雪

封面设计：张姗姗

责任印制：朱曼丽

出版发行	西南财经大学出版社(四川省成都市光华村街55号)
网　　址	http://www.bookcj.com
电子邮件	bookcj@foxmail.com
邮政编码	610074
电　　话	028-87353785　87352368
照　　排	四川胜翔数码印务设计有限公司
印　　刷	四川新财印务有限公司
成品尺寸	185mm×260mm
印　　张	12.5
字　　数	200千字
版　　次	2018年7月第2版
印　　次	2018年7月第1次印刷
印　　数	1—7000册
书　　号	ISBN 978-7-5504-3601-5
定　　价	35.80元